理工科典型物理问题的教学研究与拓展

刘道森　任晓辉　梁法库　著

哈尔滨工程大学出版社
Harbin Engineering University Press

内容简介

本书共21章，内容包括质点力学、刚体定轴转动、振动与波动、稳恒磁场、热力学和循环过程、静电场和稳恒电场等。

本书理论联系实际，简明实用，启发性强，是教师进行创造性工作的一个缩影，不仅可供广大理工科师生参考使用，也可为致力于本领域研究的人士提供借鉴。

图书在版编目(CIP)数据

理工科典型物理问题的教学研究与拓展 / 刘道森，任晓辉，梁法库著. —哈尔滨 ：哈尔滨工程大学出版社，2023. 7

ISBN 978-7-5661-4054-8

Ⅰ. ①理… Ⅱ. ①刘… ②任… ③梁… Ⅲ. ①物理学-教学研究-高等学校 Ⅳ. ①O4-42

中国国家版本馆 CIP 数据核字(2023)第 131223 号

理工科典型物理问题的教学研究与拓展
LIGONGKE DIANXING WULI WENTI DE JIAOXUE YANJIU YU TUOZHAN

选题策划 刘凯元
责任编辑 宗盼盼
封面设计 李海波

出版发行 哈尔滨工程大学出版社
社　　址 哈尔滨市南岗区南通大街 145 号
邮政编码 150001
发行电话 0451-82519328
传　　真 0451-82519699
经　　销 新华书店
印　　刷 哈尔滨市海德利商务印刷有限公司
开　　本 787 mm×1 092 mm　1/16
印　　张 15
字　　数 355 千字
版　　次 2023 年 7 月第 1 版
印　　次 2023 年 7 月第 1 次印刷
书　　号 ISBN 978-7-5661-4054-8
定　　价 80.00 元
http://www.hrbeupress.com
E-mail:heupress@hrbeu.edu.cn

前　　言

理工科物理教学是高等院校科学类课程的典型代表。其教学内容为自然科学和工程技术提供了理论依据、工作语言、思维方法与实验手段。在课程体系中,物理教学处于第一层次,居基础地位,其教学效果的好坏直接影响理工科学生后续专业课程的学习。

多年的教学实践表明,在我国现代社会高速发展的大环境下,传统教学理念已不能充分调动学生的学习积极性,其潜能已得不到充分开发。这主要表现为学生的感受力较弱,缺乏洞察事物内在关系和本质的能力,感知外界信息多浮于浅表,极易为事物表象所迷惑;独立学习和思考能力较弱,知识结构和思维模式给予的对自我、他人及他物的建模过于简单与理想化,尚不能直面复杂的现实;实践能力较弱,眼高手低,知行还远未统一。为改善以上现状,本书对教学中的典型物理问题进行了研究并加以拓展,以提高学生的学习动力,激发学生的学习兴趣,保持学生强烈的好奇心和求知欲。

本书是著者多年来教学经验的升华,不仅强调了课堂教学引入生活常识的重要性,更重要的是把本不能进入课堂的实验通过自行设计、简易制作等手段搬入了课堂。在理论知识学习的同时辅助自行设计的演示实验,能够培养学生的创造力,让学生将实验原理、仪器使用、观察现象、数据处理、分析结论、误差、精度计算等内容与理论知识密切结合起来,以拓展学生的视野;让学生从狭隘的"学生实验"的束缚中解脱出来,引导学生探索新的实验原理,提出新的操作思路;引导学生发散思维,使学生思维处于积极主动的探索状态,不断提高学生的创新能力和迁移能力,使学生学会融会贯通,举一反三。这些优势都加深了学生对知识点的理解。

本书在著者发表于核心期刊《力学与实践》《大学物理》《物理实验》等上的论文的基础上,简明而重点地介绍了典型基础理论和理论教学研究与拓展,最后提出了今后的工作方向。其中教学研究与拓展部分介绍了递增球体碰撞仪、水火箭系列、陀螺仪系列、驻波演示系列仪、声传播机理演示、热机实验演示、显色演示磁场力以及适合引入教学研究的科学前沿的小孔周期性泄流密度振荡实验等,几乎涵盖了力学、热学、电磁学、光学以及微观的量子物理等知识。

本书的第 1 章、第 2 章、第 5 章、第 9 章、第 10 章、第 11 章、第 12 章、第 13 章、第 15 章、第 16 章、第 17 章的 17.1 节、第 18 章、第 19 章的 19.1 节由刘道森撰写;第 3 章、第 4 章、第 6 章、第 7 章、第 8 章、第 14 章、第 17 章的 17.2 节、第 19 章的 19.2 节和 19.3 节由任晓辉撰写;第 20 章和第 21 章由梁法库撰写。

本书得到了黑龙江省教育厅教改项目“模块化创新型物理教具的研发及教学应用”(NO. SJGY20170385)、黑龙江省教育厅科技项目“一种新型静电动力机及热机的研制与应用”(NO. 135209251)、黑龙江省教育厅科技项目“石墨烯压力传感器的制备与性能研究”(NO. 135409327)和黑龙江省教育厅科技项目“天体环境中含 S 自由基跃迁性质的高精度理论研究”(NO. 135509217)的支持。

本书在撰写过程中,得到了清华大学国家名师陈信义教授等许多教育界同行和学科专家的帮助与支持,参考和引用了国内外一些专家、学者的论著,在此一并表示衷心感谢。

由于著者水平有限,书中难免有疏漏和不当之处,敬请读者批评指正。

著　者

2023 年 5 月

目　录

第一编　典型理论

第二编 教学研究与拓展

第三编　总结与展望

第一编　典 型 理 论

第1章 质点力学

在多种多样的物质运动形式中，最简单、最基本的一种运动形式是物体间或物体各部分之间相对位置的变化，这种运动称为机械运动。力学就是研究机械运动的规律及其应用的学科。在力学中，只描述物体在空间位置如何随时间变化，而不涉及物体运动原因的部分称为运动学；探讨物体在运动过程中同周围其他物体的相互作用，以及这些作用对物体运动产生影响的部分称为动力学。

本章着重介绍质点力学的基本概念、基本物理量，以及质点运动学和动力学的基本规律。

1.1 物 理 量

1.1.1 参照系与坐标系

世界是物质的，自然界的一切物质都处于永恒的运动之中，大到星系，小到分子、原子、电子，无一不在运动。地球除自转之外，还以 30 km/s 的速度绕太阳公转；太阳则以 250 km/s 的速度绕银河系的中心旋转。银河系在总星系中旋转，而总星系又在无限的宇宙中运动。运动和物质是不可分割的，运动是物质存在的形式，是物质的固有属性，物质的运动存在于人们意识之外，即运动本身具有绝对性。

在自然界多种多样的运动物体中，如何描述某一个具体物体的运动，是物理学所面临的问题。在物理学中，我们观察一个物体的位置及其变化时，总是要选择另外一个物体作为标准物；由于选择的标准物不同，对同一个物体所做的同一种运动的描述往往是不相同的。例如，一个自由下落的石块，在地面上观察，它做直线运动；在近旁驶过的车厢内观察，它做曲线运动。这就是物体运动描述的相对性。

参照系就是为了描述物体的运动而选择的标准物。参照系的引入从根本上解决了物体运动描述相对性的问题。首先，物体运动的描述依赖于参照系的选取。所以，在描述某个物体的具体运动时，必须指明该物体运动所对应的参照系。其次，参照系的选取是任意的。一般地，在地面附近讨论物体运动时，通常选择地球或相对地球静止的物体为参照系；在讨论地球及其他行星运动时，通常以太阳为参照系。

参照系是一个物体，它只能定性地说明物体的运动。为了定量地描述物体的位置和位置随时间的变化,必须使参照系这一物理学概念数学化。在参照系上建立坐标系,就可以用数学的语言来描述物体的运动状态。

数学中运用的坐标系比较多,如直角坐标系、极坐标系、柱坐标系、球坐标系等,选取哪一种坐标系,主要根据物体的运动形式而定。下面介绍在描述物体做机械运动时常用的两种坐标系。

1. 直角坐标系

直角坐标系是力学中最常用的一种坐标系,它是由三个相互正交的坐标轴汇交而成的,交点 O 固定在参照系上,称为原点;三个坐标轴 x、y、z 的方向构成右手螺旋系,这就要求矢量叉乘运算应遵循右手螺旋定则。直角坐标系如图 1.1(a)所示。

2. 自然坐标系

自然坐标系也是一种正交系。当物体做曲线运动时,以物体所在位置为坐标原点,两个正交的坐标轴,一个沿轨道的切线,指向物体运动的方向,称为切向轴,用 e_t 表示;另一个沿着轨道的法线,指向曲线凹的方向,称为法向轴,用 e_n 表示,如图 1.1(b)所示。

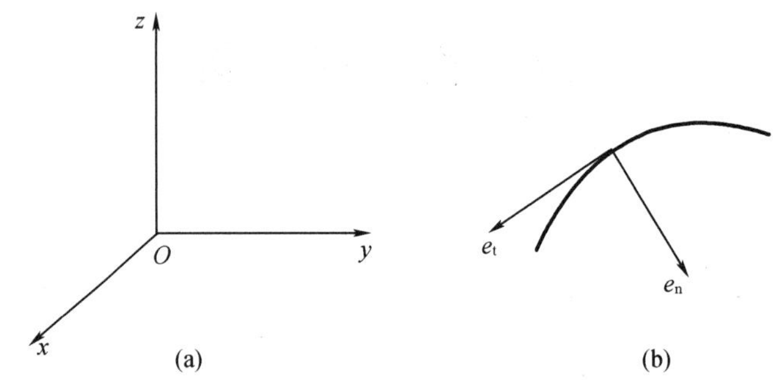

图 1.1　直角坐标系和自然坐标系

显然,由图 1.1 可知,物体做曲线运动时用自然坐标系较为方便。

1.1.2　质点

任何物体都有大小和形状等空间特性。一般地,物体的运动情况比较复杂,其内部各点的运动状况各不相同。例如,在公路上行驶的汽车,车身整体沿公路做平动,而车轮除了做平动外还有转动。由于运动的复杂性,要精确描述某一个物体的实际运动,不是一件简单的事情。在物理学研究中,通常根据一定的条件和要求,突出主要因素,忽略次要因素,使运动的物体理想化。这种理想化的物理模型,称为理想模型。

质点是物理学中最基本、最重要的一个理想模型。所谓质点,就是具有质量但在运动过程中可以忽略大小、形状和内部结构而视为几何点的物体。质点模型突出了物体的两个根本性质,即“物体具有质量”和“物体占有位置”。采用质点模型可以简化所研究的问题,便于做比较精确的描述。

质点是一个理想化的物理模型,现实中并不存在。在实际研究中,一个物体能否作为质点处理,主要取决于物体的相对大小和所研究问题的性质。一般在下述两种情况下,可以把物体抽象为质点。第一种是物体平动时,物体中各点的运动情况完全相同,其上任一点的运动都能代表整体的运动。例如,研究汽车或火车行驶的路程和快慢时,只需研究整体的平动,即可把汽车或火车视为质点。第二种是物体的形状和线度对所研究问题的性质影响很小,如研究地球绕太阳公转时,由于地球的半径远远小于其公转的轨道半径,地球上各点相对于太阳的运动基本上可视为相同的,因此在研究地球绕太阳公转时,可以将地球作为质点处理。

1.1.3 位置矢量

当物体运动时,其空间位置可以用坐标系中的一个点 P 来表示。为了更好地描述质点运动的方向性,物理学中用一个矢量来定义它在任意瞬间的位置,这个矢量称为位置矢量,简称位矢。所谓位矢,就是由坐标系原点指向质点所在空间位置 P 的有向线段 $\boldsymbol{r}$,如图1.2所示。

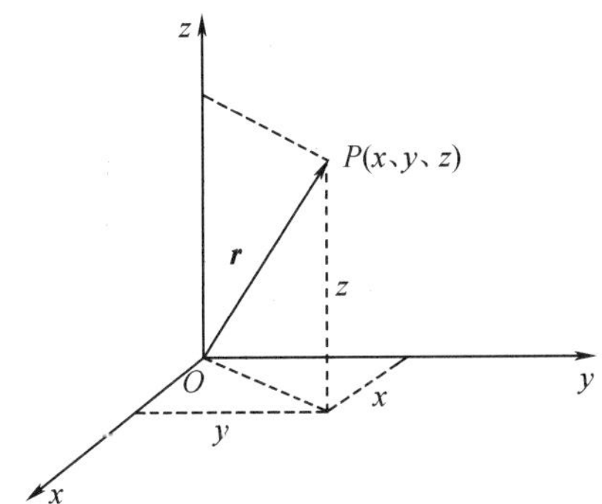

图1.2 位矢示意图

在直角坐标系中,位矢的数学表达式为

$$\boldsymbol{r}=x\boldsymbol{i}+y\boldsymbol{j}+z\boldsymbol{k} \tag{1.1}$$

式中,x、y、z 是 P 点的坐标;$\boldsymbol{i}$、$\boldsymbol{j}$、$\boldsymbol{k}$ 分别表示沿 x、y、z 坐标轴的单位矢量。位矢的大小为

$$r=\sqrt{x^2+y^2+z^2}$$

方向由其方向余弦确定,即

$$\begin{cases}\cos\alpha=\dfrac{x}{r}\\[2ex]\cos\beta=\dfrac{y}{r}\\[2ex]\cos\gamma=\dfrac{z}{r}\end{cases}$$

式中,α、β、γ 分别是位矢 $\boldsymbol{r}$ 与 x、y、z 三个坐标轴的夹角,称为方向角,满足

$$\cos^2\alpha+\cos^2\beta+\cos^2\gamma=1$$

1.1.4 运动方程 轨迹方程

质点运动时,它的位矢 $\boldsymbol{r}$ 随时间而变化,因此质点的位矢是时间的函数,记作

$$\boldsymbol{r}=\boldsymbol{r}(t) \tag{1.2(a)}$$

或用参数形式表示

$$\begin{cases}x=x(t)\\y=y(t)\\z=z(t)\end{cases} \tag{1.2(b)}$$

上述函数式表示了质点位置随时间变化的规律,称为质点的运动方程。知道了运动方程,我们就能确定任一时刻质点的位置,从而确定质点的运动规律。

运动质点在空间所经过的路径称为轨迹(或轨道),从式(1.2(b))中消去参数即得到轨迹方程。若质点运动的轨迹方程为一直线,则称该质点做直线运动;若轨迹方程为曲线,则该质点所做的运动称为曲线运动。

1.1.5 位移

设质点沿图 1.3(a)中的曲线运动,在时刻 t,质点处于 A 点,其位矢为 $\boldsymbol{r}_A$;在时刻 $t+\Delta t$,质点处于 B 点,其位矢为 $\boldsymbol{r}_B$。在 Δt 时间内,质点位置的变化可以用由始点 A 指向终点 B 的有向线段 $\Delta\boldsymbol{r}$ 来表示,称 $\Delta\boldsymbol{r}$ 为质点在时间间隔 Δt 内的位矢,简称位移。

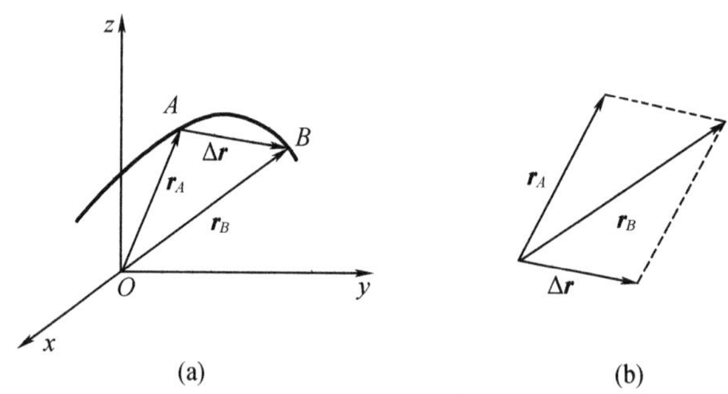

图 1.3 位矢及位矢的关系

在直角坐标系中,位移的数学表达式为

$$\Delta\boldsymbol{r}=\boldsymbol{r}_B-\boldsymbol{r}_A=\Delta x\boldsymbol{i}+\Delta y\boldsymbol{j}+\Delta z\boldsymbol{k} \tag{1.3}$$

其大小为

$$\Delta r=\sqrt{(\Delta x)^2+(\Delta y)^2+(\Delta z)^2}$$

方向由其方向余弦确定,即

$$\begin{cases}\cos\alpha=\dfrac{\Delta x}{\Delta r}\\ \cos\beta=\dfrac{\Delta y}{\Delta r}\\ \cos\gamma=\dfrac{\Delta z}{\Delta r}\end{cases}$$

位移是矢量，它除了可以表示质点在始、末两个位置之间的距离外，还表明了始、末位置的相对方位。由图 1.3(b)可知，质点在始、末两点的位置矢量 $\boldsymbol{r}_A$、$\boldsymbol{r}_B$ 及其位移 $\Delta\boldsymbol{r}$ 之间符合矢量平行四边形法则。

必须注意，位移表示质点位置的改变，它并不是质点所经历的路程。路程是指 Δt 时间内质点在轨迹上经过路径的长度，一般情况下路程与位移大小并不相等。在国际单位制(SI)中，位矢和位移的单位均为 m。

1.1.6 速度

质点运动的快慢除了与其位置的变化有关外，还与完成这一变化所经历的时间有关。通常我们将质点的位移与完成该位移所经历的时间之比定义为质点在该时间内的平均速度，即

$$\bar{\boldsymbol{v}}=\frac{\Delta\boldsymbol{r}}{\Delta t} \tag{1.4}$$

平均速度只能粗略地描述质点在某一时间内，或某一段位移内的运动快慢情况。在描述质点运动的快慢时，我们也常采用“速率”这个物理量。通常把路程 Δs 与 Δt 时间的比值定义为质点在该时间内的平均速率。显然，平均速度与平均速率是不等同的。

如图 1.4 所示，设质点的运动方程为 $\boldsymbol{r}=\boldsymbol{r}(t)$，它从 t 时刻开始由 A 点经过任一路径 AB 运动，在 $t+\Delta t$ 时刻到达 B 点。在这一运动过程中，质点的速度为

$$\boldsymbol{v}=\lim_{\Delta t\to 0}\frac{\Delta\boldsymbol{r}}{\Delta t}=\frac{\mathrm{d}\boldsymbol{r}}{\mathrm{d}t} \tag{1.5}$$

式(1.5)表明，速度是位矢对时间 t 的导数，故在一般情况下，速度也是 t 的函数，即速度具有瞬时性，它可以精确地描述质点运动的快慢。

速度还具有矢量性，它的大小称为速率。在直角坐标系中，速度矢量可以写为

$$\boldsymbol{v}=\frac{\mathrm{d}x}{\mathrm{d}x}\boldsymbol{i}+\frac{\mathrm{d}y}{\mathrm{d}t}\boldsymbol{j}+\frac{\mathrm{d}z}{\mathrm{d}t}\boldsymbol{k}=v_x\boldsymbol{i}+v_y\boldsymbol{j}+v_z\boldsymbol{k} \tag{1.6}$$

速度大小为

$$v=\sqrt{v_x^2+v_y^2+v_z^2}$$

速度的方向是位移的极限方向。如图 1.4 所示，当 Δt 逐渐减小而趋近于零时，B 点逐渐趋近于 A 点，相应地，直线 AB 逐渐趋近于 A 点的切线。所以质点速度的方向，是沿着轨道上质点所在点的切线，并指向质点前进的方向。

在国际单位制中，速度的单位为 m/s。

图 1.4　平均速度及其极限

1.1.7　加速度

速度具有瞬时性，即质点在轨迹上不同的位置有着不同的速度，通常我们用加速度这一物理量来描述质点速度的变化。

1. 平均加速度

如图 1.5 所示，一质点在时刻 t，处于 A 点时的速度为 $\boldsymbol{v}_A$，在时刻 $t+\Delta t$，处于 B 点时的速度为 $\boldsymbol{v}_B$，则在时间 Δt 内，质点速度的增量为

$$\Delta\boldsymbol{v}=\boldsymbol{v}_B-\boldsymbol{v}_A$$

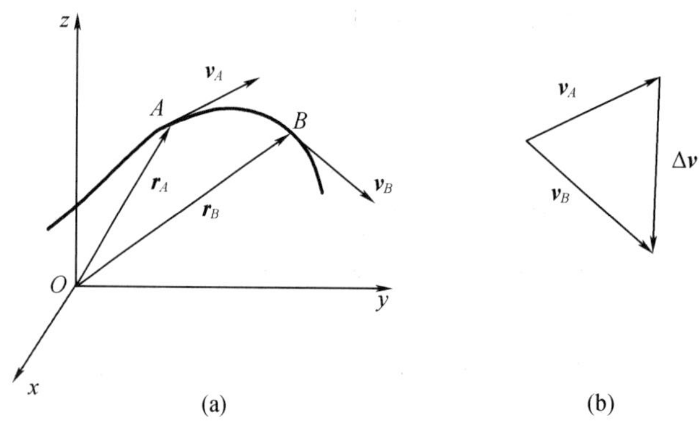

图 1.5　速度的增量

与平均速度的定义相类似，我们把质点速度的增量与所经历的时间之比定义为质点在该时间内的平均加速度，即

$$\bar{\boldsymbol{a}}=\frac{\Delta\boldsymbol{v}}{\Delta t} \tag{1.7}$$

显然，平均加速度只能描述在时刻 t 附近 Δt 时间间隔内质点速度的平均变化率。为了精确地描述质点在任一时刻 t（或任一位置处）的速度变化趋势，必须在平均加速度的基础上引入瞬时加速度。

2. 瞬时加速度

质点在某时刻（或某点）处的瞬时加速度，等于从该时刻开始的时间间隔趋近于零时平均加速度的极限，即

$$\boldsymbol{a}=\lim_{\Delta t\to 0}\frac{\Delta\boldsymbol{v}}{\Delta t}=\frac{\mathrm{d}\boldsymbol{v}}{\mathrm{d}t}=\frac{\mathrm{d}^2\boldsymbol{r}}{\mathrm{d}t^2} \tag{1.8}$$

瞬时加速度表明质点在 t 时刻附近无限短的一段时间内的速度变化率。从数学上来说,加速度等于速度对时间的一阶导数,或等于位矢对时间的二阶导数,故在一般情况下加速度仍是时间的函数,即加速度具有瞬时性。

加速度还具有矢量性。在直角坐标系中,加速度可以写为

$$\boldsymbol{a}=a_x\boldsymbol{i}+a_y\boldsymbol{j}+a_z\boldsymbol{k} \tag{1.9}$$

式中,a_x、a_y 和 a_z 是加速度在三个坐标轴上的分量,即

$$\begin{cases} a_x=\dfrac{\mathrm{d}v_x}{\mathrm{d}t}=\dfrac{\mathrm{d}^2x}{\mathrm{d}t^2} \\ a_y=\dfrac{\mathrm{d}v_y}{\mathrm{d}t}=\dfrac{\mathrm{d}^2y}{\mathrm{d}t^2} \\ a_z=\dfrac{\mathrm{d}v_z}{\mathrm{d}t}=\dfrac{\mathrm{d}^2z}{\mathrm{d}t^2} \end{cases} \tag{1.10}$$

加速度的大小为

$$a=\sqrt{a_x^2+a_y^2+a_z^2}$$

加速度的方向就是当 Δt 趋近于零时,速度增量 $\Delta\boldsymbol{v}$ 的极限方向。应该注意,$\Delta\boldsymbol{v}$ 的方向与它的极限方向一般不同于速度 $\boldsymbol{v}$ 的方向,因而加速度的方向一般与该时刻的速度方向不一致。例如,质点做直线运动时,如果速率是增加的,那么 $\boldsymbol{a}$ 与 $\boldsymbol{v}$ 同方向;反之,如果速率是减小的,$\boldsymbol{a}$ 与 $\boldsymbol{v}$ 则反方向。因此,在直线运动中,加速度与速度虽然在同一直线上,也可以有同方向或反方向两种情况。质点做曲线运动时,加速度总是指向轨迹凹的一边。如果速率逐渐增加,$\boldsymbol{a}$ 与 $\boldsymbol{v}$ 成锐角,如图 1.6(a)所示;如果速率逐渐减小,$\boldsymbol{a}$ 与 $\boldsymbol{v}$ 成钝角,如图 1.6(b)所示;如果速率不变,$\boldsymbol{a}$ 与 $\boldsymbol{v}$ 成直角,如图 1.6(c)所示。

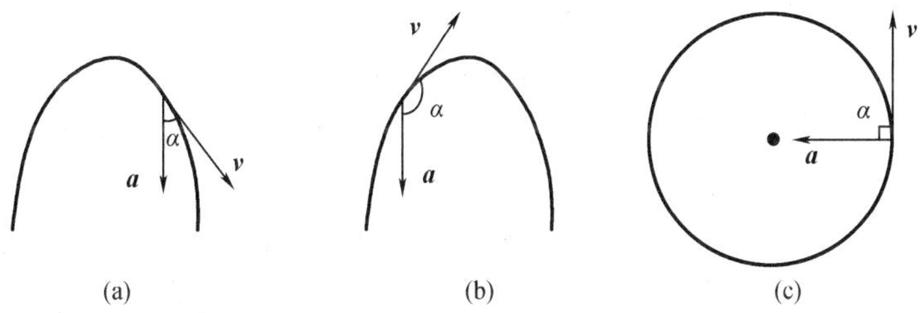

图 1.6 曲线运动中加速度的方向

在国际单位制中,加速度的单位为 m/s^2。

1.2 牛顿运动定律

牛顿运动定律是经典力学的基础。虽然它们是对质点而言的,但这并不限制定律的广泛适用性。从牛顿运动定律出发可以推导出刚体、流体、弹性体等的运动规律,从而建立起

整个经典力学体系。

1.2.1 牛顿第一定律

按照亚里士多德的观点,静止是物体的自然状态,要使物体以某一速度做匀速运动,外界必须对它施加作用。这种对物体运动的直观认识,在两千多年间一直被人们所接受。直到 17 世纪,伽利略通过落体和斜面实验发现,同一物体如沿光滑程度不同的平面以相同的初速度滑动时,平面越光滑,滑过的路程越远。他在《关于两门新科学的对话》中指出,一个运动的物体假如有了某种速度以后,只要没有增加或减少速度的外界原因,便会始终保持这种速度。

牛顿在总结动力学基本规律时,将伽利略的上述思想概括为一条公理,即牛顿第一定律:任何物体都将保持静止或匀速直线运动状态,除非它受到其他物体的作用而被迫改变这种状态。

牛顿第一定律包含了以下几个重要的概念。

1. 惯性

牛顿第一定律说明,任何一个物体都具有保持原来运动状态不变的特性。这种特性是物体所固有的性质,称为惯性。

物体的惯性反映了物体改变运动状态的难易程度。一般而言,质量大的物体,其惯性较大;质量小的物体,其惯性亦较小。质量是物体惯性的量度,而用惯性方式定义的质量,又称为惯性质量。

2. 力

牛顿第一定律说明,仅当物体受到其他物体作用时其运动状态才会改变。物体之间的这种可以使运动状态发生改变的相互作用,称为力。

目前已为实验所证明的基本力可归结为 4 种:强力、电磁力、弱力和万有引力。这 4 种力不仅强弱相差悬殊,作用范围也大不相同。表 1.1 列出了 4 种基本力的相对强度和力程。

表 1.1　4 种基本力的相对强度和力程

	强力	电磁力	弱力	万有引力
相对强度	10^{38}	10^{36}	10^{25}	1
力程/m	10^{-15}	长程	$<10^{-17}$	长程

在日常生活和工程技术中经常遇到的重力属于万有引力,其他的力,如弹性力、摩擦力以及气体的压力、浮力、黏滞阻力等,都是相邻原子或分子之间作用力的宏观表现,因此基本上属于电磁力。

3. 惯性参照系

牛顿第一定律是一个关于运动的描述,而运动只有相对于一定的参照系才有意义。牛顿第一定律还定义了一种参照系,相对于这个参照系,一个不受力作用的物体或处于受力平衡状态下的物体,将保持其静止或匀速直线运动状态不变。这样的参照系称为惯性参照系。

实验指出,对于一般力学现象,地面参照系是一个足够精确的惯性参照系。如果我们选定太阳为参照系,则所观察到的大量天文现象都能和牛顿运动定律推算的结果相符。

1.2.2 牛顿第二定律

牛顿第二定律的文字叙述如下:物体受到外力作用时,它所获得的加速度大小与外力的大小成正比,并与物体的质量成反比,加速度的方向与外力方向相同。

在国际单位制中,力的单位是牛顿(N),质量的单位是千克(kg)。牛顿第二定律的数学表达式为

$$\boldsymbol{F}=m\boldsymbol{a} \tag{1.11}$$

牛顿第二定律给出了力和运动的定量关系,给出了力的定义,概括了力的瞬时性和矢量性。

1. 瞬时性

由于加速度具有瞬时性,所以牛顿第二定律表明了力的瞬时性。牛顿第二定律的瞬时性还表现在,该定律定量地给出了物体加速度与所受外力之间的瞬时关系。在式(1.11)中,加速度与外力对应着同一时刻,它们同时存在、同时改变、同时消失。一旦作用在物体上的外力被撤去,物体的加速度将立刻消失。物体将按照牛顿第一定律或静止或做匀速直线运动。

2. 矢量性

在式(1.11)中,加速度与外力均具有矢量性,因此牛顿第二定律本身是一个矢量关系式。当一个物体同时受到几个外力作用时,这几个外力可以按照矢量多边形法则进行合成,称为合外力;同样,每个外力单独作用于物体时,所产生的加速度也可以按照矢量多边形法则进行合成,称为合加速度。实验证明,如果几个力同时作用在一个物体上,则物体产生的加速度等于每个力单独作用时产生的加速度的叠加,也等于这几个力的合力所产生的加速度。这一结论称为力的独立性原理,或称为力的叠加原理,是牛顿第二定律矢量性的必然结果。

牛顿第二定律矢量性还体现在,式(1.11)可以沿相互无关的方向进行分解。例如,在直角坐标系中,式(1.11)可以写为

$$\begin{cases} F_x=m\dfrac{\mathrm{d}v_x}{\mathrm{d}t}=m\dfrac{\mathrm{d}^2x}{\mathrm{d}t^2} \\ F_y=m\dfrac{\mathrm{d}v_y}{\mathrm{d}t}=m\dfrac{\mathrm{d}^2y}{\mathrm{d}t^2} \\ F_z=m\dfrac{\mathrm{d}v_z}{\mathrm{d}t}=m\dfrac{\mathrm{d}^2z}{\mathrm{d}t^2} \end{cases} \tag{1.12(a)}$$

在自然坐标系中,式(1.11)可以写为

$$\begin{cases} F_t = m\dfrac{\mathrm{d}v}{\mathrm{d}t} \\ F_n = m\dfrac{v^2}{\boldsymbol{p}} \end{cases} \tag{1.12(b)}$$

牛顿在《自然哲学的数学原理》中，首先给出了几个物理量的定义，其中质量和速度的乘积被定义为运动量。现在这个物理量称为动量，用 $\boldsymbol{p}$ 表示，则

$$\boldsymbol{p} = m\boldsymbol{v} \tag{1.13}$$

在随后对定理、定律的叙述中，牛顿将第二定律表述为：作用于一个物体上的力等于它运动量的改变，即

$$\boldsymbol{F} = \frac{\mathrm{d}}{\mathrm{d}t}\boldsymbol{p} = \frac{\mathrm{d}}{\mathrm{d}t}(m\boldsymbol{v}) \tag{1.14}$$

式(1.14)是现代物理学关于力的定义。在质量为常量的情况下，式(1.14)即可写成式(1.11)。

1.2.3 牛顿第三定律

无论是牛顿第一定律，还是牛顿第二定律，都只是说明一个单一质点的行为。牛顿通过对两个物体之间相互作用关系的观察，总结概括了另一个重要的运动规律，即牛顿第三定律：两个物体之间的作用力和反作用力，在同一直线上，大小相等而方向相反。或者说，当物体 A 以力 $\boldsymbol{F}_{AB}$ 作用在物体 B 上时，物体 B 必然同时以力 $\boldsymbol{F}_{BA}$ 作用在物体 A 上；$\boldsymbol{F}_{AB}$ 和 $\boldsymbol{F}_{BA}$ 在同一条直线上，大小相等而方向相反，亦即

$$\boldsymbol{F}_{AB} = -\boldsymbol{F}_{BA} \tag{1.15}$$

牛顿第三定律说明：一个孤立的物体本身既不施力也不受力，力的产生仅仅是两个物体相互作用的结果，并且这两个力总是属于同一种性质，如摩擦力、弹性力、万有引力等。

通常我们把 $\boldsymbol{F}_{AB}$ 和 $\boldsymbol{F}_{BA}$ 中的一个称为作用力，另一个称为反作用力。这里应注意，这两个力总是成对出现的，它们同时出现、同时消失，没有主次、先后之分。

另外，作用力和反作用力分别作用在不同物体上，因此对每一个物体而言，作用力和反作用力不能抵消；但是，如果将两个施力物体作为一个系统考虑，则由作用力和反作用力构成的系统内力总能够相互抵消。

1.3 动量和动量定理及碰撞

物体之间的相互作用力总是伴随着一段持续的作用时间，通常我们用力的冲量来描述这种力的时间累积效应。

1.3.1 冲量

作用在物体上的力与其作用时间的乘积,称为力对物体的冲量,用符号 $\boldsymbol{I}$ 表示。

恒力的冲量 如果物体受到恒力 $\boldsymbol{F}$ 作用,则该恒力的冲量为

$$\boldsymbol{I}=\boldsymbol{F}\Delta t \tag{1.16}$$

变力的冲量 当物体所受作用是变力时,我们可以将力 $\boldsymbol{F}$ 的作用时间 n 等分,即 $\Delta t_i=\Delta t/n$,若 Δt_i 充分地小,以至于作用力可以被看成恒力(用 $\boldsymbol{F}_i$ 表示),则在该时间间隔内力的冲量应为 $\boldsymbol{I}_i=\boldsymbol{F}_i\Delta t_i$。力 $\boldsymbol{F}$ 在时间 Δt 内的冲量可以近似地为

$$\boldsymbol{I}=\sum_{t=1}^{n}\boldsymbol{F}_i\Delta t_i$$

显然,n 越大(即 Δt_i 越小),上式就越精确地等于力 $\boldsymbol{F}$ 在时间 Δt 内的冲量。所以,在 t_1 到 t_2 这段时间内,变力的冲量被定义为

$$\boldsymbol{I}=\lim_{\Delta t_i\to 0}\sum_{i=1}^{n}\boldsymbol{F}_i\Delta t_i=\int_{t_1}^{t_2}\boldsymbol{F}\mathrm{d}t \tag{1.17}$$

合力的冲量 如果在同一时间内有若干个力共同作用于物体上,则合力的冲量为

$$\boldsymbol{I}=\int_{t_1}^{t_2}\left(\sum_{i=1}^{n}\boldsymbol{F}_i\right)\mathrm{d}t=\sum_{i=1}^{n}\int_{t_1}^{t_2}\boldsymbol{F}_i\mathrm{d}t=\sum_{i=1}^{n}\boldsymbol{I}_i \tag{1.18}$$

式(1.18)表明,合力的冲量等于各个分力冲量的矢量和。

冲量是矢量,其方向取决于作用时间内力 $\boldsymbol{F}$ 的变化情况,所以冲量是一个与过程有关的物理量。在国际单位制中,冲量的单位为 N · s。

冲量是一个过程量。如果在力的作用过程中,力 $\boldsymbol{F}$ 的变化是未知或虽然已知但过于复杂,则利用定义式将无法计算力的冲量。下面我们从牛顿定律出发,推导出动力学中的一个重要的规律——动量定理。

1.3.2 动量及动量定理

物体的质量与运动速度的乘积称为物体的动量。一个质量为 m 的质点,以速度 $\boldsymbol{v}$ 运动时,其动量为

$$\boldsymbol{p}=m\boldsymbol{v}$$

动量是一个重要的物理量。动量包含了动力学的惯性和运动学的速度,因此,作为物质运动的一种量度,它可以更好地描述物体运动的状态。另外,因为动量与运动物体的速度有关,所以它是一个与参照系选取有关的相对量。

在国际单位制中,动量的单位为 kg · m/s。

动量定理 一个物体在力 $\boldsymbol{F}$ 的作用下运动,根据牛顿第二定律,物体在任意时刻所受的力为 $\boldsymbol{F}=\dfrac{\mathrm{d}\boldsymbol{p}}{\mathrm{d}t}$,代入式(1.17)可得该物体在 $\Delta t=t_2-t_1$ 时间间隔内的冲量为

$$\boldsymbol{I}=\int_{t_1}^{t_2}\frac{\mathrm{d}\boldsymbol{p}}{\mathrm{d}t}\mathrm{d}t=\boldsymbol{p}_2-\boldsymbol{p}_1 \tag{1.19(a)}$$

式中，$\boldsymbol{p}_1$ 和 $\boldsymbol{p}_2$ 分别是物体在始、末时刻的动量。

式(1.19(a))说明，一个运动的物体在给定时间内的动量增量，等于合外力在这段时间内的冲量。这一结论称为动量定理，通常表示为

$$\boldsymbol{I}=\Delta\boldsymbol{p} \tag{1.19(b)}$$

或写成分量形式

$$\begin{cases}I_x=\Delta p_x\\I_y=\Delta p_y\\I_z=\Delta p_z\end{cases} \tag{1.19(c)}$$

动量定理是描述物体机械运动状态变化规律的基本定理之一，是牛顿第二定律的必然结果，但它的适用范围却远远超过了牛顿定律的适用范围。

1.3.3 动量守恒定律

动量守恒定律是动力学基本规律之一。

动量守恒定律 在系统内部，一个质点动量的增加必然伴随着另一个质点动量的减少，即系统内各质点之间发生了动量的传递，而这种动量的传递是通过内力来完成的。

利用动量守恒定律解决动力学问题时，可以不考虑物体在力作用下所发生的复杂过程。因此，它是解决动力学问题的一个非常有效的手段。在应用动量守恒定律时要注意以下几点：

(1)动量是与惯性系选取有关的物理量，因此在计算系统动量时，各质点的动量必须取同一个惯性系；

(2)当系统所受合外力不为零时，虽然不满足动量守恒条件，但由于垂直合外力方向上系统受力为零，故系统动量在该方向的分量将保持不变；

(3)在某些碰撞问题中，由于外力远远小于内力，因而外力可以忽略不计，此时，仍然可以应用动量守恒定律解决问题。

动量守恒定律经常与机械能守恒定律联合应用，来解决质点运动问题。

1.3.4 碰撞

所谓碰撞是指两个或者两个以上的物体，在相遇过程中，物体之间的相互作用仅持续一个极为短暂的时间。例如，两个钢球的碰撞，其持续时间仅 10^{-4} s。

一般地，碰撞所指的现象比较广泛，除了球的撞击、打桩、锻压，以及分子、原子或原子核等微观粒子之间的相互作用过程外，像人从车上跳下、子弹打入墙壁等现象，也可以作为碰撞处理。

两个球形物体的碰撞是一个典型示例。通常，我们将两个球体碰撞前后的速度均在球

心连线上的一类碰撞称为对心碰撞(或正碰撞)。下面我们分析两个球体的对心碰撞过程。

设两个质量是 m_1 和 m_2 的球体碰撞前的速度分别为 $\boldsymbol{v}_{10}$ 与 $\boldsymbol{v}_{20}$,且 $\boldsymbol{v}_{10}>\boldsymbol{v}_{20}$。当第一个球追上第二个球后,二者相互挤压,后球推动前球使其加速,前球阻挡后球使其减速,直到两球速度相等,形变达到最大,这是碰撞过程的压缩阶段。此后开始恢复阶段,后球以弹性力作用于前球使其进一步加速,前球以弹性力作用于后球使其进一步减速,直到分开,如图1.7所示。

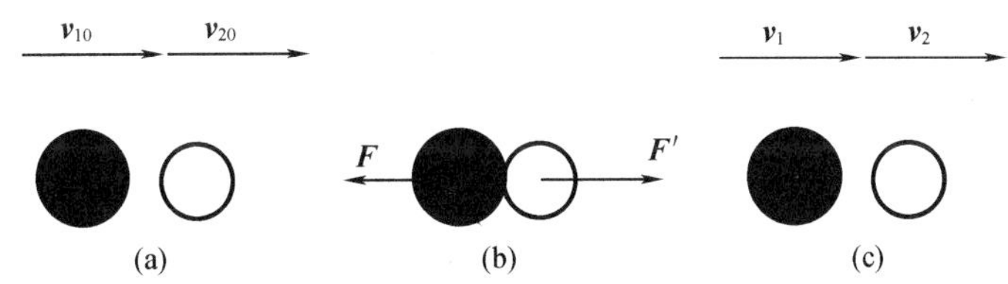

图1.7 两个球体的对心碰撞

1. 完全弹性碰撞

如果碰撞后两个球体能够完全恢复原来状态,即在恢复阶段,系统按相反的次序经历了压缩阶段的所有状态,这一类碰撞称为完全弹性碰撞。

2. 非弹性碰撞

如果碰撞后两个球体并不能完全恢复原来状态,即在恢复阶段,系统不能按照相反次序经历压缩阶段的所有状态,这一类碰撞称为非弹性碰撞。一般的碰撞均属于这一类。

3. 完全非弹性碰撞

在碰撞过程中,如果只有压缩阶段而不存在恢复阶段,即碰撞后两球连为一体,这一类碰撞称为完全非弹性碰撞。

1.3.5 碰撞定律

碰撞是一类传统问题,在力学基本规律的建立过程中起重要作用。例如,惠更斯通过碰撞的研究,提出了动量守恒定律;牛顿在碰撞问题研究的基础上,总结出牛顿第二定律,并给出了对心碰撞所遵循的一般规律:做对心碰撞的两个球体,碰撞后两球的分离速度($\boldsymbol{v}_2-\boldsymbol{v}_1$)与碰撞前两球的接近速度($\boldsymbol{v}_{10}-\boldsymbol{v}_{20}$)成正比,比值由两球的材质决定。这一结论称为牛顿碰撞定律,其数学表达式为

$$e=\frac{\boldsymbol{v}_2-\boldsymbol{v}_1}{\boldsymbol{v}_{10}-\boldsymbol{v}_{20}} \tag{1.20}$$

式中,e 称为恢复系数,$0\leqslant e\leqslant 1$。显然,当 $e=1$ 时,碰撞后两球的分离速度等于碰撞前两球的接近速度,两球做完全弹性碰撞;当 $e=0$ 时,碰撞后两球以相同速度运动,并不分开,两球做完全非弹性碰撞;一般情况下,$0<e<1$,两球做非弹性碰撞。如果两球做斜碰撞,其恢复系数仍然可以用式(1.20)表示。但是分离速度和接近速度是指沿碰撞接触处法线方向上的相对速度。

第2章　刚体定轴转动

质点是物体的一种理想模型,它适合物体的平动研究。在机械运动范围内,物体除做平动之外,还具有转动、振动等运动形式,刚体就是为了研究物体的转动而引入的又一种理想模型。本章从质点运动的知识出发,分析和介绍刚体转动的规律,重点讨论做定轴转动的刚体运动规律。

2.1　刚体及刚体的运动

2.1.1　刚体

刚体是从物体中抽象出来的一种理想模型。任何物体都可以看作一个质点系统,在外力作用下,系统内部各质点之间的距离都要发生变化,表现为物体形状、大小和内部结构的改变。但是在很多情况下,物体的这些变化很小,对所讨论问题的影响可以忽略。

所谓刚体,是由相互之间距离始终保持不变的许多质元(质点)组成的连续物体。在实际问题的研究中,一个物体是否可以看作刚体应视具体情况而定。

2.1.2　刚体的运动

刚体最简单的运动形式是平动和转动,如图2.1所示。一般地,刚体的运动比较复杂,但可以证明:任何刚体的运动都可以看作平动和转动这两种运动形式的叠加。

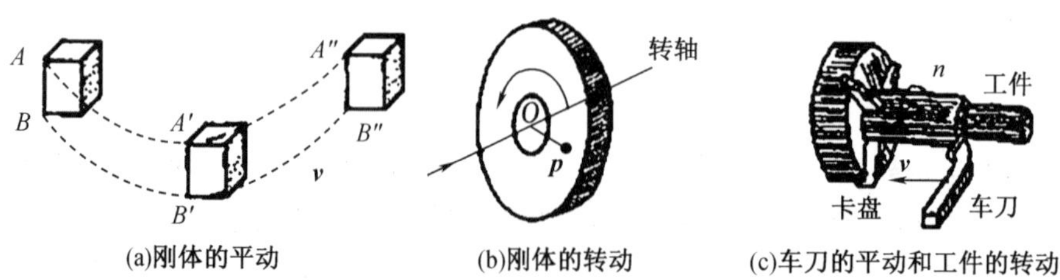

(a)刚体的平动　　(b)刚体的转动　　(c)车刀的平动和工件的转动

图2.1　刚体的运动

1. 刚体的平动

若刚体内任何一条给定的直线，在运动过程中始终保持方位不变，则这种运动形式称为刚体的平动。例如，气缸中活塞的运动、车床上车刀的运动等，都是平动。由于做平动的刚体内部各质点具有相同的运动规律，因此刚体内任何一个质点的运动，都可以代表其整体运动。

2. 刚体的转动

若刚体内部各个质点在运动过程中都绕同一直线做圆周运动，则这种运动形式称为刚体的转动。其中刚体所绕直线称为转轴，与转轴垂直的平面称为转动平面。地球的自转，机器上的齿轮运动、车床上工件的运动等，都是转动。

如果刚体在转动过程中，其转轴固定不变，我们就称刚体做定轴转动。

2.1.3 刚体转动的描述

由于在转动过程中刚体上各质点均做圆周运动，而刚体上各质点之间的距离不变，则在转动过程中，刚体上所有的质点都具有相同的角位置、角速度和角加速度。显然，用类似于圆周运动的角量来描述刚体的转动，是一种简单的方法。

1. 角位置

如图 2.2 所示，通过转轴做两个平面：平面 Ⅰ 相对参照系不动，平面 Ⅱ 与刚体固连，并随刚体转动。在任意时刻，这两个平面之间的夹角标志着刚体在该时刻的位置，称为刚体转动的角位置，通常用 θ 表示，单位是 rad。

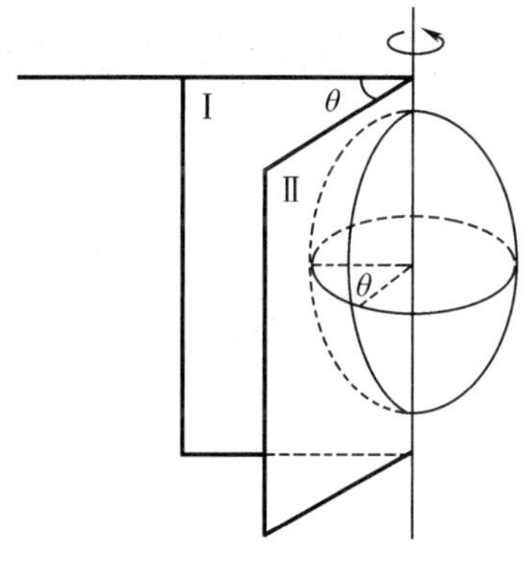

图 2.2 刚体的角位置

2. 角速度

刚体转动时，角位置随时间变化。刚体转动的角速度被定义为刚体转动角位置的瞬时变化率，则刚体转动的角速度大小为

$$\omega=\frac{\mathrm{d}\theta}{\mathrm{d}t} \tag{2.1}$$

角速度是一个矢量,其方向由下式确定:

$$\boldsymbol{v}=\boldsymbol{\omega}\times\boldsymbol{r} \tag{2.2}$$

式中,$\boldsymbol{v}$ 是刚体内任意质点的速度;$\boldsymbol{r}$ 是质点在其转动平面内的位矢。

3. 角加速度

刚体转动的角速度对时间的变化率,称为刚体转动的角加速度,即

$$\boldsymbol{\beta}=\frac{\mathrm{d}\boldsymbol{\omega}}{\mathrm{d}t} \tag{2.3}$$

角加速度 $\boldsymbol{\beta}$ 也是矢量,刚体转动的角加速度方向由角速度的变化确定。

由式(2.2)可知,角速度的方向符合右手螺旋定则,如图 2.3 所示。显然,在定轴转动的情况下,刚体转动的角速度方向和角加速度方向均沿着转轴方向,因此角速度和角加速度可以作为标量处理。

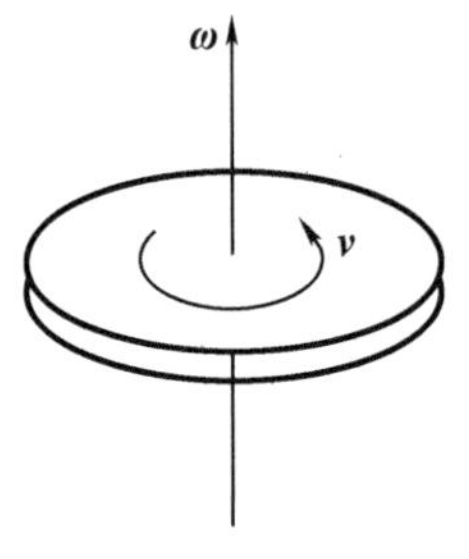

图 2.3 角速度的方向

2.2 刚体定轴转动定律

刚体在外力作用下,一般既产生平动变化又发生转动变化。其中,刚体的平动规律只与作用力有关,遵循质心运动定理。但是它的转动规律却比较复杂,力对刚体转动的影响不仅取决于作用力的大小和方向,而且还与力的作用点有关。为了描述作用力的转动效果,我们引入了力矩。

2.2.1 力矩

力矩又称为转矩,是描述作用力对物体所产生的转动效果的物理量,其定义式为

$$\boldsymbol{M}=\boldsymbol{r}\times\boldsymbol{F} \tag{2.4}$$

式中,$\boldsymbol{r}$ 是由转轴指向力作用点的位矢。

力矩是一个矢量,其方向符合右手螺旋定则。在定轴转动中,由于平行于转轴方向的外力对刚体转动不起作用,因此必须将作用在刚体上的外力分解:平行于转动平面的力 $\boldsymbol{F}_1$

和垂直于转动平面的力 $\boldsymbol{F}_2$。设转动平面内,作用力的分力与位矢的夹角为 θ,则该力对转轴的力矩的大小为

$$M=F_1 r\sin\theta=F_1 d$$

式中,$d=r\sin\theta$ 是力的作用点到转轴的垂直距离,称为力臂。

由图 2.4 可知,在定轴转动中,刚体所受力矩的方向总是与转轴平行,因此有关力矩的计算可以按标量处理。在国际单位制中,力矩的单位是 N·m。

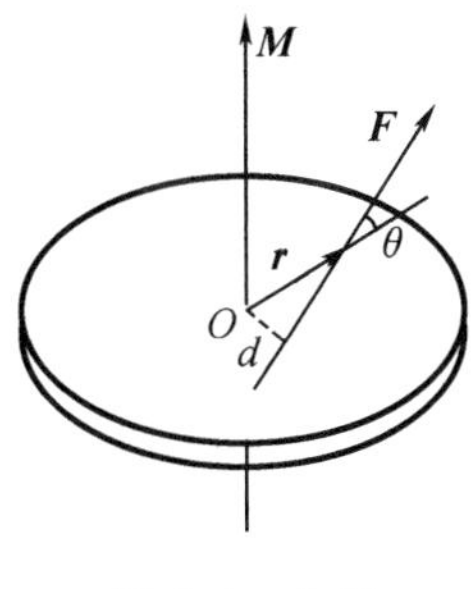

图 2.4　力矩

2.2.2　转动定律

设有一刚体绕固定轴 Oz 转动,如图 2.5 所示。P 表示刚体中任一质点,其质量为 Δm_i,到转轴的垂直距离为 $\boldsymbol{r}_i$。该质点在来自刚体外的力 $\boldsymbol{F}_i$ 和刚体内部其他质点的力 $\boldsymbol{f}_i$ 的共同作用下,以角速度 $\boldsymbol{\omega}$ 和角加速度 $\boldsymbol{\beta}$ 做圆周运动。为使问题简化,我们假设作用力均通过 P 点,并在 P 点的转动平面内。$\boldsymbol{F}_i$ 和 $\boldsymbol{f}_i$ 与位矢 $\boldsymbol{r}_i$ 的夹角分别是 φ_i 和 θ_i。根据牛顿第二定律,有

$$\begin{cases}F_i\cos\varphi_i+f_i\cos\theta_i=\Delta m_i r_i\omega^2\\F_i\sin\varphi_i+f_i\sin\theta_i=\Delta m_i r_i\beta\end{cases}\tag{2.5}$$

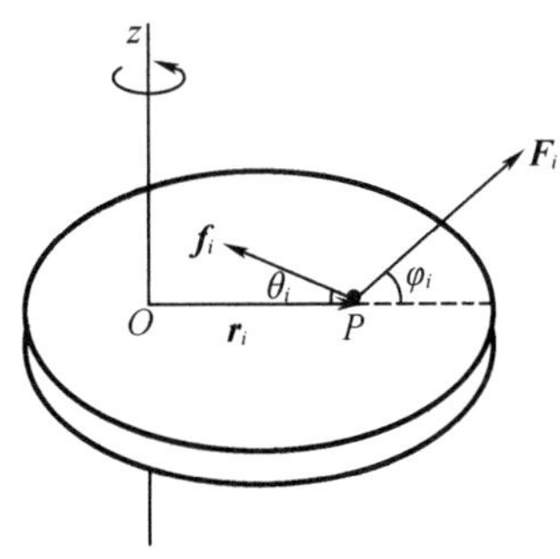

图 2.5　转动定律推导

其中式(2.5)第一式等号左端表示沿半径的分力,它对刚体转动没有影响;式(2.5)第二式等号左端表示沿切线方向的分力,其力矩为 $F_i r_i\sin\varphi_i+f_i r_i\sin\theta_i$,则该式又可以写成

$$F_i r_i \sin\varphi_i + f_i r_i \sin\theta_i = \Delta m_i r_i^2 \beta \tag{2.6}$$

对构成刚体的所有质点，均可以写出式(2.6)的相应表达式，将所有质点相应式相加，得

$$\sum_i F_i r_i \sin\varphi_i + \sum_i f_i r_i \sin\theta_i = \left(\sum_i \Delta m_i r_i^2\right)\beta \tag{2.7}$$

式中，$\sum_i F_i r_i \sin\varphi_i$ 是刚体做定轴转动时所受的外力矩，用 M 表示；$\sum_i f_i r_i \sin\theta_i$ 是刚体内部所有内力对转轴力矩的代数和。由于内力总是成对地出现，并且每一对内力大小相等、方向相反、作用线相同，所以对同一个转轴的力矩为零，即式(2.7)等号左端第二项为零；$\sum_i \Delta m_i r_i^2$ 是一个与转轴位置、刚体质量及其分布有关的物理量，对做定轴转动的刚体是一个恒量，称为转动惯量，用符号 J 表示。显然，式(2.7)可以写成下面的形式，即

$$M = J\beta \tag{2.8}$$

式(2.8)表明，在刚体绕定轴转动时，刚体的角加速度与它受到的合外力矩成正比，与它对转轴的转动惯量成反比，这个关系称为刚体定轴转动的转动定律。

虽然转动定律是在刚体做定轴转动情况下获得的，但是可以证明，式(2.8)对通过质心的非定轴转动的刚体也适用。刚体运动可以分为平动和转动两种形式，因此，质心运动定理和转动定律是研究刚体运动的基础。

2.2.3 转动惯量

由式(2.8)可知，当刚体所受的合外力矩一定时，转动惯量越大则刚体转动的角加速度越小，即刚体越难改变其转动状态，反之亦然。这表明，转动惯量是量度刚体转动惯性的物理量。

1. 质点的转动惯量

设有一个质量为 m 的质点绕固定轴旋转，其半径为 r，则该质点对转轴的转动惯量为

$$J = mr^2 \tag{2.9}$$

2. 质点系的转动惯量

设有一个由 n 个质点构成的质点系统，其中任一质点的质量是 m_i、半径为 r_i，则该质点系对转轴的转动惯量为

$$J = \sum_i \Delta m_i r_i^2 \tag{2.10}$$

刚体的转动惯量对质量连续分布的物体，如刚体，其转动惯量为

$$J = \int r^2 \mathrm{d}m \tag{2.11}$$

在国际单位制中，转动惯量的单位是 $\mathrm{kg \cdot m^2}$。

3. 平行轴定理

事实上，转动惯量是一个比较复杂的物理量，但是对于定轴转动，刚体转动惯量只是一个标量。刚体定轴转动的转动惯量不仅与物体的质量和质量分布有关，而且还同转轴的位置有关。对于一个质量为 m 的刚体，它绕任意定轴的转动惯量为

$$J=J_C+md^2 \tag{2.12}$$

式中，J_C 是刚体对通过质心并且与转轴平行的轴的转动惯量；d 是两个平行轴的距离。

图 2.6 给出了几种常见刚体的转动惯量。

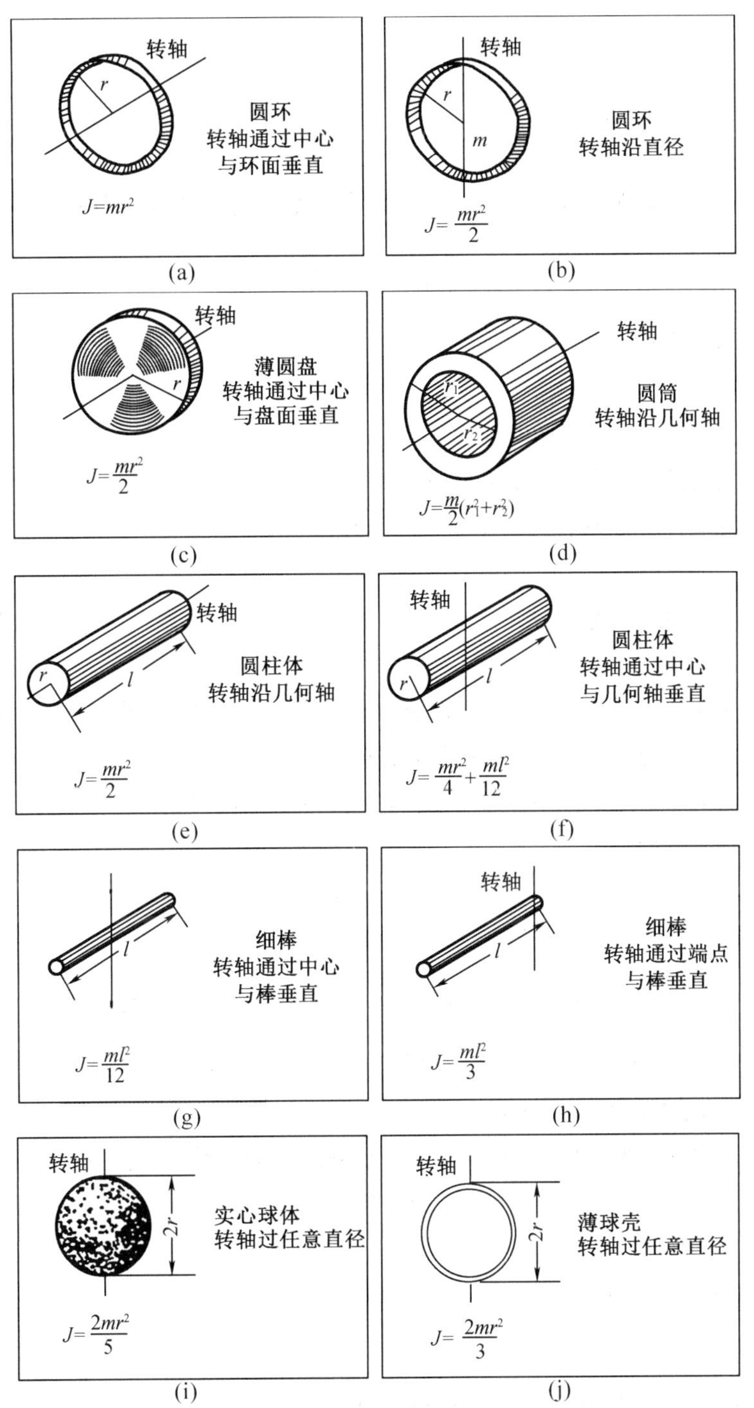

图 2.6　几种常见刚体的转动惯量

2.3 刚体定轴转动动能定理

2.3.1 转动动能

设在刚体中距转轴为 r_i 处有一质点，其质量为 Δm_i，速度为 $\boldsymbol{v}_i$，则该质点的动能为

$$E_{ki}=\frac{1}{2}\Delta m_i v_i^2=\frac{1}{2}\Delta m_i r_i^2\omega^2 \tag{2.13}$$

将刚体内部所有质点的动能相加，即得刚体的转动动能为

$$E_k=\frac{1}{2}\left(\sum_i^n \Delta m_i r_i^2\right)\omega^2=\frac{1}{2}J\omega^2 \tag{2.14}$$

刚体的转动动能，是刚体内部所有质点的动能之和。在数值上，转动动能等于刚体的转动惯量与角速度平方的乘积的一半。

2.3.2 力矩的功

刚体在外力作用下转动，说明力对刚体做了功。在刚体转动过程中，力做的功是以力矩的形式出现的，力所做的功通常称为力矩的功。

设有一个力 $\boldsymbol{F}$ 作用在刚体上，并使刚体产生了 $\mathrm{d}\theta$ 角位移；相应地，力作用点的位移是 $\mathrm{d}\boldsymbol{r}$。根据线量与角量的关系，有

$$\mathrm{d}\boldsymbol{r}=\mathrm{d}\theta\times\boldsymbol{r} \tag{2.15}$$

在这一过程中，力所做的功为

$$A=\int\boldsymbol{F}\cdot\mathrm{d}\boldsymbol{r}=\int\boldsymbol{F}\cdot(\mathrm{d}\theta\times\boldsymbol{r})=\int(\boldsymbol{r}\times\boldsymbol{F})\cdot\mathrm{d}\theta=\int\boldsymbol{M}\cdot\mathrm{d}\theta \tag{2.16}$$

式(2.16)就是力矩的功的表达式，显然，力矩的功实质上就是刚体外力所做的功，是外力做功在刚体转动过程中的具体体现。

力矩在单位时间内所做的功，称为功率。在刚体转动问题中，力矩的功率可以写为

$$P=M\omega \tag{2.17}$$

2.3.3 动能定理

设一个刚体在力矩 $\boldsymbol{M}$ 作用下绕定轴转动，根据转动定律，力矩可以写成 $M=J\omega\dfrac{\mathrm{d}\omega}{\mathrm{d}\theta}$，则在刚体的转动过程中，力矩所做的功为

$$A = \int M\mathrm{d}\theta = \int J\omega \frac{\mathrm{d}\omega}{\mathrm{d}\theta}\mathrm{d}\theta = \int J\omega \mathrm{d}\omega \tag{2.18}$$

若在该力矩作用下,刚体的角速度从 ω_1 变为 ω_2,则力矩所做的功为

$$A=\frac{1}{2}J\omega_2^2-\frac{1}{2}J\omega_1^2 \tag{2.19}$$

式(2. 19)是动能定理在刚体定轴转动问题中的体现,称为定轴转动动能定理,即合外力矩对刚体所做的功,等于刚体转动动能的增量。

刚体定轴转动动能定理在工程上有很多应用。例如,冲床在冲孔时冲力很大,如果用电动机直接带动冲头,电机将无法承受这样大的负荷,因此在其中间装上减速箱和飞轮。工作时,首先是电动机通过减速箱带动飞轮旋转,使其存储动能,然后由飞轮带动冲头对钢板冲孔做功,从而大大地减小了电机的负荷。

2.4 角动量和角动量守恒定律

在研究质点运动规律时,动量是一个非常重要的物理量。考虑到刚体转动过程中,刚体内部各质点均做圆周运动,显然,定义一个角量形式的动量是非常必要的。

2.4.1 角动量

1. 质点的角动量

质点的动量对某一定点的转矩,称为质点对该点的角动量。质点的角动量 $\boldsymbol{L}$ 被定义为

$$\boldsymbol{L}=\boldsymbol{r}\times\boldsymbol{p} \tag{2.20}$$

式中,$\boldsymbol{r}$ 是由定点指向动量为 $\boldsymbol{p}$ 的质点所在位置的矢径。

2. 质点系的角动量

质点系内部所有质点的动量对某一定点的转矩,称为质点系的角动量,它等于所有质点角动量的矢量和,即

$$\boldsymbol{L} = \sum_i (\boldsymbol{r}_i \times \boldsymbol{p}_i) \tag{2.21}$$

3. 刚体的角动量

对于做定轴转动的刚体,由于刚体内部所有质点均做角速度相同的圆周运动,故

$$L=J\omega \tag{2.22}$$

角动量是矢量,同其他角量一样,在定轴转动问题中可以作为标量处理。在国际单位制中,角动量的单位是 $\mathrm{kg\cdot m^2/s}$。

2.4.2 角动量定理

设有一个质点在力 $\boldsymbol{F}$ 作用下绕某点(或轴)旋转,力对质点的转动效果可以用力矩描

述。根据牛顿第二定律,力矩可以写成

$$\boldsymbol{M}=\boldsymbol{r}\times\boldsymbol{F}=\boldsymbol{r}\times\frac{\mathrm{d}\boldsymbol{p}}{\mathrm{d}t}=\frac{\mathrm{d}}{\mathrm{d}t}(\boldsymbol{r}\times\boldsymbol{p})-\frac{\mathrm{d}\boldsymbol{r}}{\mathrm{d}t}\times\boldsymbol{p}=\frac{\mathrm{d}}{\mathrm{d}t}(\boldsymbol{r}\times\boldsymbol{p})=\frac{\mathrm{d}\boldsymbol{L}}{\mathrm{d}t} \tag{2.23}$$

对于质点系或刚体,内力矩之和恒为零,所以式(2.23)也适用于质点系和刚体的转动情况。这里,$\boldsymbol{M}$ 表示质点、质点系或刚体受到的合外力矩,$\boldsymbol{L}$ 则是它们对应的角动量。

由式(2.23)可得

$$\int_{t_1}^{t_2}\boldsymbol{M}\mathrm{d}t=\boldsymbol{L}_2-\boldsymbol{L}_1 \tag{2.24}$$

式中,$\int_{t_1}^{t_2}\boldsymbol{M}\mathrm{d}t$ 表示合外力矩在作用时间 $\Delta t=t_2-t_1$ 内对物体的冲量矩,称为角冲量; $\boldsymbol{L}_1$ 和 $\boldsymbol{L}_2$ 分别是物体在始、末状态(即 t_1、t_2 时刻)的角动量。

式(2.24)说明,物体在转动过程中,合外力矩的角冲量等于物体角动量的增量。这一结论称为角动量定理,它适用于质点、质点系或刚体绕定点(轴)的转动过程。

2.4.3 角动量守恒定律

根据角动量定理可知,若物体不受外力矩作用或所受合外力矩为零,则物体的角动量将保持不变。这一关系称为角动量守恒定律,是动力学基本守恒定律之一。

可以证明,该定律不仅适用于质点运动和刚体转动,对转动惯量会改变的物体或绕轴转动的任一力学系统仍然有效。角动量守恒定律与前面介绍的动量守恒定律和能量守恒定律一样,是自然界中的普遍规律。

第3章　振动与波动

3.1　简 谐 振 动

3.1.1　简谐振动的定义

物体运动时，如果离开平衡位置的位移（或角位移）按余弦函数（或正弦函数）的规律随时间变化，这种运动称为简谐振动，简称谐振动。在忽略阻力的情况下，弹簧振子的小幅度振动以及单摆的小角度振动都是简谐振动。简谐振动是最简单、最基本的振动，一切复杂的振动都可以认为是由简谐振动合成的结果。

3.1.2　描述简谐振动的物理量

1. 振幅

把做简谐振动的物体离开平衡位置的最大位移的绝对值称为振幅，如果用 A 表示，则物体的振动范围为 $-A \sim A$。

2. 周期和频率

振动的特点之一是运动具有周期性，把完成一次完整振动所需要的时间，或振动往复一次所经历的时间称为周期，用 T 表示，单位是 s。因此，每隔一个周期，振动状态就完全重复一次。而单位时间内物体所做的完整振动的次数称为振动频率，用 ν 表示，单位是 Hz（或 1/s，s^{-1}）。频率与周期的关系为

$$\nu = \frac{1}{T} \tag{3.1}$$

如果用 ω 表示物体在 2π s 的时间内所做的完全振动的次数，则

$$\omega = 2\pi\nu \tag{3.2}$$

$$T = \frac{2\pi}{\omega} \tag{3.3}$$

式中，ω 称为振动的圆频率，也称角频率，单位为 rad/s。

3.1.3 简谐振动的运动表达式

物体做简谐振动时,如果物体对于平衡位置的位移为 x,它的数学表达式是

$$x=A\cos(\omega t+\varphi) \tag{3.4}$$

式中,A 为振动物体的振幅;ω 为振动的圆频率(或角频率);φ 为振动物体的初相。

在圆频率 ω 和振幅 A 已定的振动中,由式(3.4)可知,振动物体在任一时刻 t 的位置由 $(\omega t+\varphi)$ 决定,即 $(\omega t+\varphi)$ 是决定简谐振动状态的物理量,称为振动的相位。显然 φ 是 $t=0$ 时(时间原点)的相位,称为振动的初相位。初相位 φ 决定了振动物体在初始时刻的位置。一个简谐振动的物理特征在于其振幅和周期。对于一个振幅和周期已定的简谐振动,用数学公式表示时,选择原点的时刻不同,φ 值也不同。例如,如果选物体到达正向极大位移的时刻为时间原点,则式(3.4)中的 $\varphi=0$;如果选物体到达负向极大位移的时刻为时间原点,则式(3.4)中的 $\varphi=\pm\pi$。

物体的振动,在一个周期之内,每一时刻的振动状态都不相同,这相当于相位经历着从 0 到 2π 的变化。例如,在用余弦函数表示的简谐振动中,若某时刻 $(\omega t+\varphi)=0$,即相位为零,则可决定该时刻 $x=A$,表示物体在最大位移处;当 $(\omega t+\varphi)=\pi/2$ 或 $3\pi/2$ 时,即相位为 $\pi/2$ 或 $3\pi/2$,则 $x=0$,表示物体在平衡位置,但振动方向相反。可见,不同的相位表示物体在各位置的运动状态不同,凡是运动状态完全相同的,所对应的相位差都是 2π 的整数倍。这说明相位反映振动具有周期性的特点。

3.1.4 简谐振动物体的速度和加速度

根据速度和加速度的定义,可以得到物体做简谐振动时速度和加速度分别为

$$v=\frac{dx}{dt}=-\omega A\sin(\omega t+\varphi)=\omega A\cos\left(\omega t+\varphi+\frac{\pi}{2}\right)=v_m\cos\left(\omega t+\varphi+\frac{\pi}{2}\right) \tag{3.5}$$

$$a=\frac{dv}{dt}=\frac{d^2x}{dt^2}=-\omega^2A\cos(\omega t+\varphi)=\omega^2A\cos(\omega t+\varphi+\pi)=a_m\cos(\omega t+\varphi+\pi) \tag{3.6}$$

式中,$v_m=\omega A$ 和 $a_m=\omega^2A$ 分别为速度振幅与加速度振幅。由此可见,物体做简谐振动时,其速度和加速度也随时间做周期性变化。

比较式(3.4)和式(3.6)可得

$$a=\frac{d^2x}{dt^2}=-\omega^2x \tag{3.7}$$

这一关系式说明:简谐振动的加速度和位移成正比且反向。

式(3.4)、式(3.5)、式(3.6)的函数关系可用图 3.1 所示的曲线表示,其中表示 $x-t$ 的关系曲线叫作振动曲线。

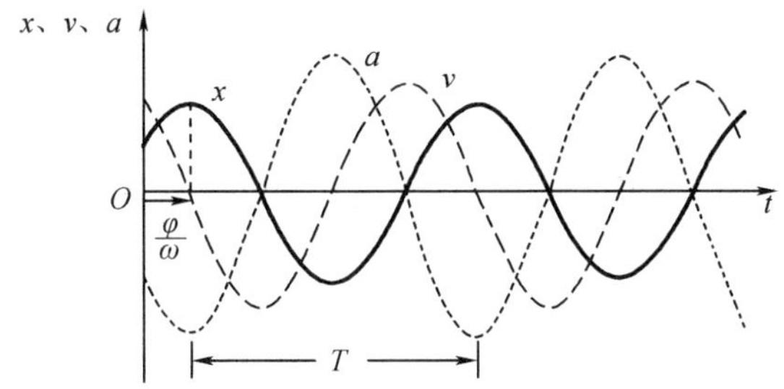

图 3.1 $x-t$、$v-t$、$a-t$ 关系曲线

3.2 简谐波波函数

一般情况下的波是很复杂的,但存在一种最简单也是最基本的波,即当波源做简谐振动时,所引起的媒质各点也做简谐振动而形成的波,这种波称为简谐波。正像复杂的振动可以看成由许多简谐振动合成的一样,任何复杂的波都可以看成由许多简谐波叠加而成。因此,研究简谐波的规律具有重要意义。为简单起见,我们只讨论平面简谐波,即波面为平面的简谐波。

假设在各向同性的均匀介质中沿 x 轴方向无吸收地传播着一列平面简谐波,在波线上取一点 O 作为坐标原点。该波线就是 x 轴。假设在 t 时刻处于原点 O 的质点的位移可以表示为 $y_0=A\cos\omega t$,式中 A 为振幅,ω 为角频率。这样的振动沿着 x 方向传播,每传到一处,那里的质点将以同样的振幅和频率重复着点 O 的振动。现在来考察 x 轴上任意一点 P 的振动情况。如图 3.2 所示,P 点为波线上任意一点,坐标为 x。由于振动从原点 O 传播到点 P 所需要的时间为 x/u,在这段时间内点 O 振动了 $\nu\dfrac{x}{u}$次,每振动一次相位改变 2π,因此点 O 在这段时间内振动相位共改变了 $2\pi\nu\dfrac{x}{u}$。这就是说,点 P 的振动比点 O 的振动落后了 $2\pi\nu\dfrac{x}{u}$的相位,于是点 P 的相位应是$\left(\omega t-2\pi\nu\dfrac{x}{u}\right)$。故点 P 的振动应表达为

$$y=A\cos\left(\omega t-2\pi\nu\frac{x}{u}\right)=A\cos\omega\left(t-\frac{x}{u}\right)\tag{3.8}$$

式(3.8)就是沿 x 轴正方向传播的平面简谐波的表达式,称为平面简谐波波函数。

在简谐波波函数中,包含了 x 和 t 两个自变量。当 x 一定时,对于波线上一个确定点,位移 y 是 x 的余弦函数,式(3.8)表示了该确定点做简谐振动的情形。当 t 一定时,即对于确定瞬间,位移 y 是 x 的余弦函数,式(3.8)表示了在该瞬间媒质中各质点的位移分布。

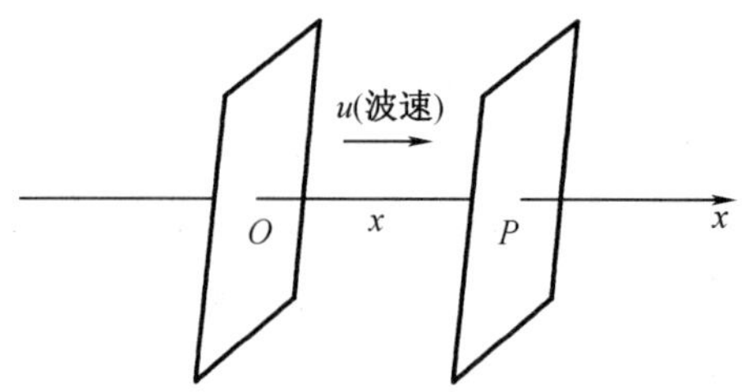

图 3.2　简谐波示意图

当选择一定的 y 值时，式(3.8)表示了 x 与 t 的函数关系。例如，在 t 时刻，x 处质点的位移为 y'，经过了 Δt 时间，位移 y' 出现在 $x+\Delta x$ 处，则有

$$A\cos\omega\left(t-\frac{x}{u}\right)=A\cos\omega\left(t+\Delta t-\frac{x+\Delta x}{u}\right) \tag{3.9}$$

式(3.9)要成立，必定有 $\Delta x=u\Delta t$，这表示，振动状态 y' 以波速 u 沿波的传播方向移动。于是可以得出这样的结论：当 x 和 t 都在变化时，式(3.8)表示整个波形以波速 u 沿波线传播，这就是行波的概念。

3.3　驻波和半波损失

驻波是一种干涉现象的特例。在同一介质中，两列频率相同、振动方向相同，而且振幅也相同的简谐波，在同一直线上沿相反方向传播时，叠加形成驻波。

图 3.3 是驻波实验示意图。弦线上的一端 A 系在音叉上，另一端通过一滑轮系一重物 m(砝码)，使弦线拉紧。音叉振动时，弦线上产生波动，向右传播，达到 B 点反射，产生的反射波向左传播。这样，入射波和反射波在同一弦线上沿相反方向传播，它们将互相叠加。移动劈尖至适当的位置，使 AB 具有某一长度时，可以看到 AB 之间的弦线上形成了稳定的振动状态，如图 3.4 所示。但各点的振幅不同，有些点始终静止不动，即振幅为零(这些点叫波节)；而另一些点则振动最强，即振幅最大(这些点叫波腹)。弦线上的驻波是怎样形成的呢？现在用图 3.4 来说明驻波的产生。

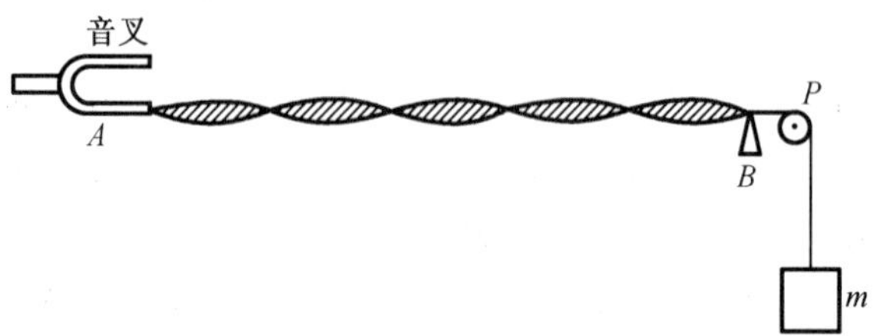

图 3.3　驻波实验示意图

在图 3.4 中，用长虚线表示沿 x 轴正方向传播的波 y_1，用短虚线表示沿 x 轴负方向传播

的波 y_2(反射波)，用粗实线表示两波叠加的结果，各行表示 $t=0$、$T/8$、$T/4$、$3T/8$、$T/2$ 时刻各质点的分位移和合位移。由图 3.4 可见，不论什么时刻，合成波波节的位置总是不动，在两波节之间同一分段上的所有点振动的相位都相同，各分段的中点是具有最大振幅的点，就是波腹；相邻两分段上各点的振动则相位相反。

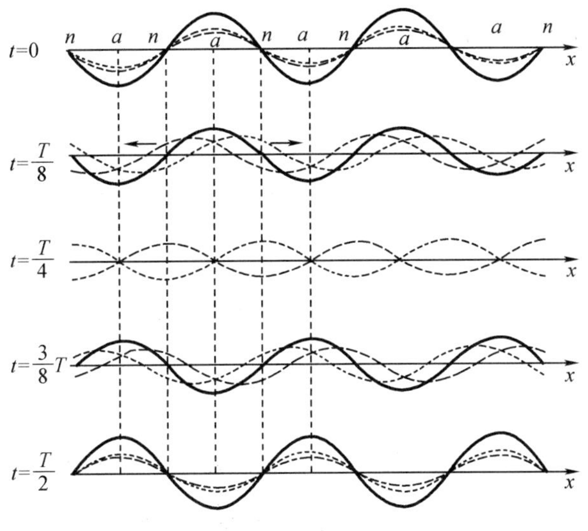

图 3.4 驻波的形成

可以看到，波形并不沿 x 轴方向移动，而是驻停在一定位置上，且随着时间的推移，其形象是波节固定而相邻的波腹上下颠倒地变化着。从能量上看，入射波的能流密度与反射波的能流密度数值相等而方向相反，合成波的总能流密度为零，即没有能量沿弦线传递。波形和能量都没有沿弦线传播，因此叫驻波。驻波和行波的区别也就在于此。

现在用简谐波方程对驻波进行定量描述：

设有两列简谐波，分别沿 x 轴正方向和负方向传播，它们的波动方程分别为

$$\begin{cases} y_1 = A\cos\left(\omega t - \dfrac{2\pi}{\lambda}x\right) \\ y_2 = A\cos\left(\omega t + \dfrac{2\pi}{\lambda}x\right) \end{cases} \tag{3.10}$$

其合成波为

$$y = y_1 + y_2 = A\cos\left(\omega t - \frac{2\pi}{\lambda}x\right) + A\cos\left(\omega t + \frac{2\pi}{\lambda}x\right) \tag{3.11}$$

应用三角函数关系可以求出

$$y = 2A\cos\frac{2\pi}{\lambda}x\cos\omega t \tag{3.12}$$

式(3.12)即为驻波的方程。从方程中可以看出，$2A\cos\dfrac{2\pi}{\lambda}$ 与时间无关，只与位置 x 有关，即当弦线上形成驻波时，弦线上的各点做振幅为 $\left|2A\cos\dfrac{2\pi}{\lambda}\right|$、圆频率为 ω 的简谐振动，

各点的振幅随着位置的不同而不同。

(1)振幅最大值发生在 $\left|\cos\frac{2\pi}{\lambda}\right|=1$ 的点,因此波腹的位置可由 $\frac{2\pi}{\lambda}x=k\pi$ ($k=0,\pm1,\pm2,\cdots$)来确定,即

$$x=k\frac{\lambda}{2}\quad k=0,\pm1,\pm2,\cdots \tag{3.13}$$

相邻两波腹之间的距离为

$$\Delta x=x_k-x_{k-1}=\frac{\lambda}{2} \tag{3.14}$$

(2)振幅最小值发生在 $\left|\cos\frac{2\pi}{\lambda}\right|=0$ 的点,因此波节的位置可由 $\frac{2\pi}{\lambda}x=(2k+1)\pi$ ($k=0,\pm1,\pm2,\cdots$)来确定,即

$$x=(2k+1)\frac{\lambda}{4}\quad k=0,\pm1,\pm2,\cdots \tag{3.15}$$

相邻两波节之间的距离也为 $\frac{\lambda}{2}$。

(3)式(3.12)中 $\cos\omega t$ 为振动因子,但不能认为驻波中各点的振动相位都相同,而与 $\cos\frac{2\pi}{\lambda}x$ 的正负有关。凡是使 $\cos\frac{2\pi}{\lambda}x$ 为正的各点的相位都相同;凡是使 $\cos\frac{2\pi}{\lambda}x$ 为负的各点的相位都相同。由于在两波节之间各点 $\cos\frac{2\pi}{\lambda}x$ 具有相同的符号,因此,两波节之间各点的振动相位相同。把相邻两波节之间的各点叫作一段,同一段上各点的振动同相,而相邻两段中的各点的振动反相。因此,驻波实际上就是分段振动的现象。

值得注意的是,在这一实验中,反射点 B 处弦线是固定不动的,因此,此处只能是波节。从振动合成考虑,这意味着反射波与入射波的振动相位在此处正好相反,即相位差为 π,就相当于存在着半个波长的波程差。所以这种入射波在反射时发生反相,就好像两列波存在着半波长的波程差的现象,常称为“半波损失”。但是并不是任意的反射点都存在着“半波损失”。一般情况下,入射波在两种介质分界处反射时是否发生半波损失,与波的种类、两种介质的性质以及入射角的大小有关。在垂直入射时,它由介质的密度和波速的乘积 ρu 决定。相对来讲,ρu 较大的介质称为波密介质,ρu 较小的介质称为波疏介质。当波从波疏介质入射到波密介质而在界面上反射时,有半波损失,有相位的突变,形成的驻波在界面处出现波节。反之,当波从波密介质入射到波疏介质而在界面上反射时,无半波损失,形成的驻波在界面处出现波腹。

应当指出,对两端固定的弦线,不是任何频率的波都能在弦线上形成驻波。只有当弦线长度 l 等于半波长的整数倍时,才能形成驻波。例如,小提琴上的弦线,长为 l,其两端都是固定的,当弹动琴弦时,波就沿弦线之间往返传播而形成驻波。由于弦线的两端固定不动,这两点必须是波节。因此驻波的波长必须满足下列条件:

$$l=n\cdot\frac{\lambda_n}{2}\quad n=1,2,\cdots \tag{3.16}$$

或

$$\lambda_n = 2 \cdot \frac{l}{n} \quad n = 1, 2, \cdots \tag{3.17}$$

式中，λ_n 表示与某一 n 值对应的波长。这说明，能在弦线上形成驻波的波长值不是连续的，或者说波长是“量子化”的。由 $\nu = \frac{u}{\lambda}$ 可知，频率也是“量子化”的，即

$$\nu_n = \frac{u}{\lambda_n} = n \cdot \frac{u}{2l} \quad n = 1, 2, \cdots \tag{3.18}$$

图3.5为两端固定弦的几种简正模式。其中与 $n=1$ 对应的频率 ν_1 称为基频，其他较高频率 $\nu_2, \nu_3, \cdots$ 都是基频的整数倍，它们各以其对基频的倍数而称二次、三次……谐频。各种允许频率所对应的驻波（即简谐振动方式）称为弦线振动的简正模式。简正模式的频率称为系统的固有频率。

如上所述，一个驻波系统有许多固有频率。这和弹性振子只有一个频率不同。如果外界驱动系统振动，当驱动力频率接近系统某一固有频率时，系统将被激发，产生振幅很大的驻波。这种现象也称为共振。弦乐器的发声就服从驻波的原理。当拨动弦线使之振动时，它发出的声音中就包含有各种频率；管乐器中的管内的空气柱、锣面、鼓皮等也都是驻波系统。它们振动时也同样各有其相应的简正模式和共振现象，但其简正模式要比弦的复杂得多。

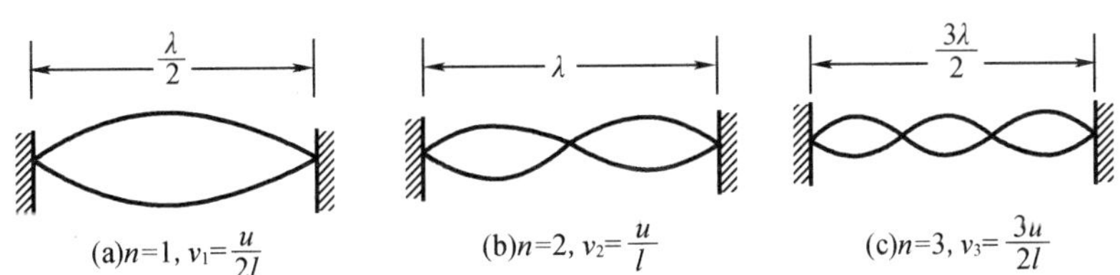

图3.5 两端固定弦的几种简正模式

第4章 稳恒磁场

在静止电荷周围,存在着电场。在运动电荷周围除了存在电场外,还存在磁场(magnetic field)。运动电荷(电流)之间的相互作用是通过电场和磁场来传递的。不随时间变化的磁场叫作稳恒磁场(steady magnetic field),稳恒电流所激发的磁场就是一种稳恒磁场。

4.1 磁感应强度和磁场高斯定理

4.1.1 基本磁现象

人类对磁现象的研究比电现象早得多。这是始于对天然磁石(一种含 Fe_3O_4 的矿石)的认识。天然磁石能够吸引铁一类的物质,这种性质称为磁性。天然磁铁(磁石)的磁性不强,所以现在都改用强磁性的人造磁铁。

早期的磁现象限于磁铁之间的相互作用,现概述如下。

1. 南极与北极

如果将一根条形磁铁投入铁屑中,再取出时可以发现,靠近两端的地方吸引的铁屑特别多,即磁性特别强。磁性特别强的区域称为磁极,中部没有磁性的区域叫作中性区。把一根条形磁铁或狭长磁针的中心支撑或悬挂起来,磁铁将自动转向南北方向,指南的一极称为南极(用 S 表示),指北的一极称为北极(用 N 表示)。两根条形磁铁(或磁针)的磁极之间存在着相互作用力。如果将一根磁铁悬挂起来使它能够自由转动,并用另一根磁铁去靠近它,则同名磁极相互排斥,异名磁极相互吸引。由此可以推论:地球本身是一个大磁铁,它的 N 极位于地理南极附近,S 极位于地理北极附近。这就是我国古代重大发明指南针(罗盘)的工作原理。

2. 磁极总成对出现

如果将条形磁铁分割成几段,则在断开处出现成对的新磁极。这一事实说明,谁也不能得到只有一个磁极(N 极或 S 极)的磁铁。这与电荷性质有很大差别。但是近代物理理论认为有单独磁极存在。世界上不少科学家曾试图用实验方法捕获单磁极,但至今尚未成功。

早在 19 世纪初,一些物理学家认为电和磁之间存在着相互联系。丹麦科学家奥斯特在

1819—1820 年发表了自己多年的研究成果,即著名的奥斯特实验:如图 4.1 所示,导线 *AB* 沿南北方向放置,下面有一个可在水平面内自由转动的磁针。当导线中没有电流通过时,磁针在地球磁场的作用下沿南北取向。但当导线中通过电流时,磁针就会发生偏转。

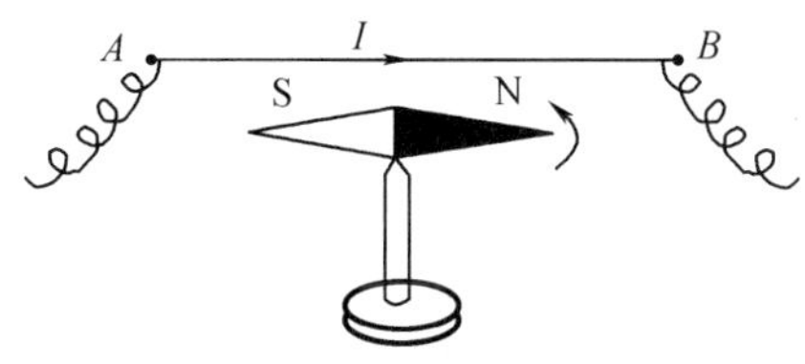

图 4.1 奥斯特实验

当电流的方向是从 *A* 到 *B* 时,从上向下看去,磁针的偏转是沿逆时针方向的;当电流反向时,磁针的偏转方向也倒转过来。奥斯特实验表明,导体中的电流对磁针的磁极有作用力。力的作用是相互的。所以磁针的磁极对载流导线也有力的作用。奥斯特的发现,把分立的电和磁联系起来,并开辟了电磁学研究的新领域。

近代物理表明,无论是磁铁,还是导线中的电流,它们的磁效应的根源都是电流或电荷的运动。分子电流乃是由原子中电子绕核的运动和自旋两部分形成的。

4.1.2 磁场与磁感应强度

1. 磁场

已经知道,静止电荷之间的相互作用力是通过电场传递的。当有电荷存在时,在它周围的空间里就产生一个电场,电场对置于其中任一电荷有力的作用。电的作用是“近距的”。磁极或电流之间的相互作用也是通过一种场(即磁场)传递的。磁极或电流在自己周围的空间产生一个磁场,而磁场的基本性质之一是它对于任何置于其中的其他磁极(它的磁效应根源是电流)或电流施加作用力。可以用图 4.2 表示上述相互作用。

图 4.2 电场与磁场的关系

应该注意到,电荷之间的磁的相互作用与库仑作用不同。无论电荷静止还是运动,它们之间都存在着库仑相互作用,但是只有运动着的电荷(电流)之间才存在磁的相互作用。磁场以脱离产生它的“源”而独立存在于空间中。所以,磁场也是一种物质。

2. 磁感应强度

为了定量地描述电场的性质,曾引入电场强度 $\boldsymbol{E}$ 的概念。同样,为了定量描述磁场的性质,引入磁感应强度 $\boldsymbol{B}$。由于磁场给运动电荷、载流导体以及磁铁的磁极以作用力,所以原则上讲可以用上述三者中的任何一个作为试探元件来研究磁场,这就是不同教科书中对磁场有不同定义的原因。这里用磁场对载流线圈的作用来描述磁场。这种载流线圈叫作

试探线圈。此线圈必须满足线度小(在线圈范围内磁场处处相等)和不影响原有磁场的要求。试探线圈的磁矩为

$$\boldsymbol{p}_{\mathrm{m}}=I_0\Delta S\boldsymbol{n} \tag{4.1}$$

式中,I_0 为通过试探线圈的电流;ΔS 为试探线圈的面积;$\boldsymbol{n}$ 表示沿 ΔS 法线方向的单位矢量,磁矩是一个矢量,它的方向垂直于线圈平面,并和电流方向构成右手螺旋定则(图 4.3)。线圈磁矩是描述线圈本身特性的物理量。

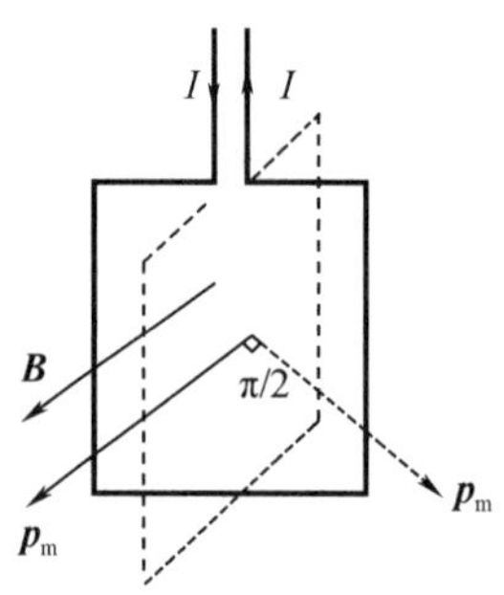

图 4.3 试探线圈

如果将试探线圈悬挂在磁场中任意一位置,那么它会受到磁场力矩的作用而发生转动。试探线圈只有在某一方位时磁力矩才为零,这一位置称为平衡位置。在线圈处于平衡位置时,将线圈磁矩的方向作为该点的磁场方向。

试探线圈在磁场中所受磁力矩大小和它的磁矩相对磁场的取向有关。当线圈从平衡位置转过 $\pi/2$ 时(图 4.3 中虚线),试探线圈所受磁力矩最大,用 M_0 表示。实验指出,在磁场中任一点上,M_0 和试探线圈磁距 p_{m} 成正比,即 $M_0\propto p_{\mathrm{m}}$,而 M_0/p_{m} 的比值仅与试探线圈所在位置有关,不同位置有不同的值,与试探线圈本身的性质无关。所以这个比值 M_0/p_{m} 可用来描述磁场的强弱。

磁感应强度 $\boldsymbol{B}$ 描述磁场的强弱和方向。磁场中某一点 $\boldsymbol{B}$ 的大小为具有单位磁矩的试探线圈在该点所受到的最大磁力矩,即

$$B=M_0/p_{\mathrm{m}} \tag{4.2}$$

磁场中某一点 $\boldsymbol{B}$ 的方向与试探线圈处于平衡位置时的磁矩方向一致。在国际单位制中磁感应强度的单位是 $\mathrm{N\cdot A^{-1}\cdot m^{-1}}$,称为特斯拉(用 T 表示)。

4.1.3 磁感应线与磁通量及磁场中的高斯定理

1. 磁感应线

为了形象化地描述磁场,在磁场中人为地引入一组假想曲线,用来描绘磁感应强度 $\boldsymbol{B}$ 的空间分布,该组曲线叫作磁感应线。它是这样一系列的曲线,其上任一点的切线方向与该点的 $\boldsymbol{B}$ 方向一致,磁感应线疏密程度表示 $\boldsymbol{B}$ 的大小(或使通过垂直 $\boldsymbol{B}$ 的单位面积上的磁感应线的数目与该点的 $\boldsymbol{B}$ 的大小成正比),这样磁感应线同时反映了 $\boldsymbol{B}$ 的方向和强弱。磁

感应线可用实验显示。在磁场的空间里水平放置一块玻璃板,上面撒一些铁屑,这些铁屑就会被磁场磁化,成为小磁针,轻轻敲击玻璃板,铁屑就会沿磁场方向排列起来。实际上磁感应线在磁场中不存在。图 4.4 为直电流、圆电流和螺线管电流的磁感应线的分布图。磁感应线方向与电流方向的关系可用右手螺旋定则确定。对于直电流,右手握住直导线,拇指指向电流方向,四指的指向就是磁感应线的方向,如图 4.5(a)所示;对于圆电流(或螺线管电流),用右手握住圆环(或螺线管),如图 4.5(b)所示,四指的方向与电流方向一致,此时拇指的指向表示圆电流(或螺线管电流)中心处磁感应线的方向。

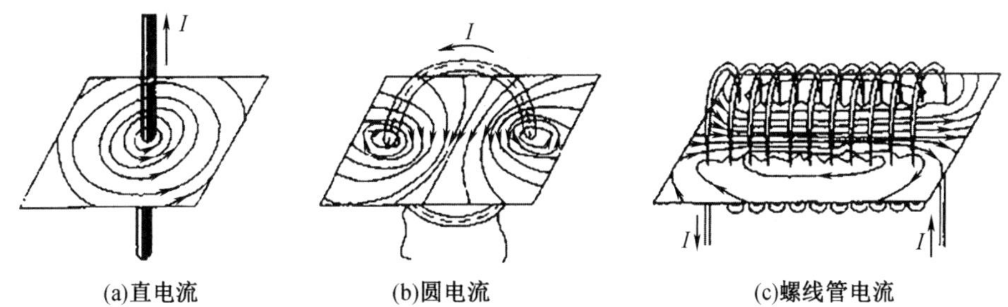

图 4.4　直电流、圆电流和螺线管电流的磁感应线的分布图

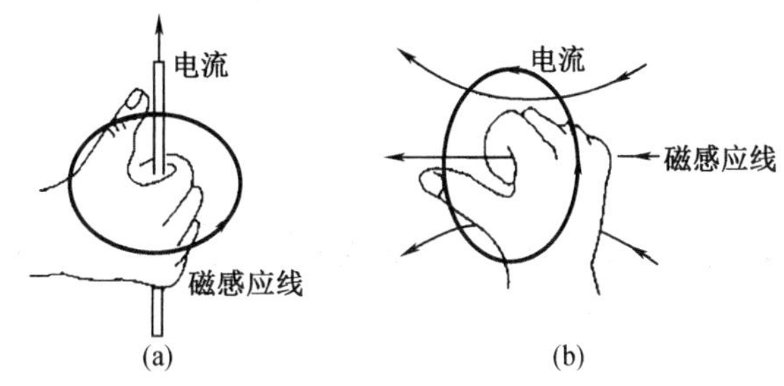

图 4.5　右手螺旋定则

从一些典型的载流导线的磁感应线可以看出,磁感应线都是围绕电流的闭合曲线。理论上也可以证明磁感应线一定是闭合的,是不会在磁场中任一处中断的。

2. 磁通量

设空间存在磁感应强度为 $\boldsymbol{B}$ 的磁场,对于在磁场中任取一面元 d$\boldsymbol{S}$,令

$$\mathrm{d}\Phi_{\mathrm{m}}=\boldsymbol{B}\cdot\mathrm{d}\boldsymbol{S} \tag{4.3}$$

并称 $\mathrm{d}\Phi_{\mathrm{m}}$ 为通过面元 d$\boldsymbol{S}$ 的磁通量(简称磁通)。显然,$\mathrm{d}\Phi_{\mathrm{m}}$ 等于通过 d$\boldsymbol{S}$ 的磁感应线的条数。如果 d$\boldsymbol{S}$ 与 $\boldsymbol{B}$ 的正向夹角为 θ,则

$$\mathrm{d}\Phi_{\mathrm{m}}=B\cos\theta\mathrm{d}S=B\mathrm{d}S_{\perp} \tag{4.4}$$

式中,$\mathrm{d}S_{\perp}$ 是 d$\boldsymbol{S}$ 在垂直于 $\boldsymbol{B}$ 的平面上的投影,如图 4.6 所示。$B=\dfrac{\mathrm{d}\Phi_{\mathrm{m}}}{\mathrm{d}S_{\perp}}$,即 B 等于通过垂直于 $\boldsymbol{B}$ 的单位面积上的磁通量,故有时也称 B 为磁通密度。通过任一有限曲面 S 的磁通量为

$$\Phi_{\mathrm{m}}=\iint_S\mathrm{d}\Phi_{\mathrm{m}}=\iint_S\boldsymbol{B}\cdot\mathrm{d}\boldsymbol{S}=\iint_S B\cos\theta\mathrm{d}S \tag{4.5}$$

在国际单位制中,Φ_{m} 的单位是 $\mathrm{T}\cdot\mathrm{m}^2$,称为韦伯(用 Wb 表示)。

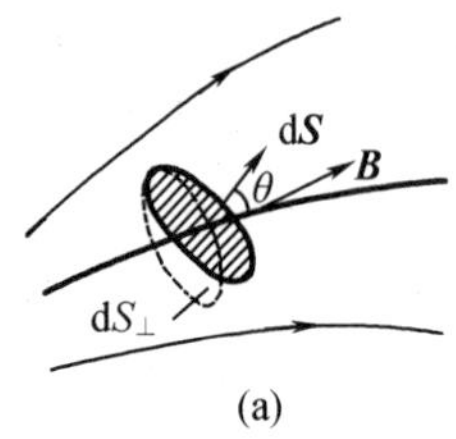

(a)

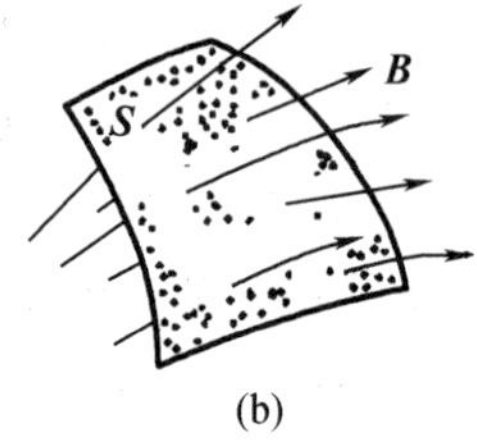

(b)

图 4.6 磁通量示意图

3. 磁场中的高斯定理

为了计算穿过磁场中任一闭合曲面的磁通量，通常规定闭合曲面上的面元 d$\boldsymbol{S}$ 的法线方向由曲面内指向曲面外。于是从闭合曲面内穿出的磁通量为正($\theta<90°$, $B\cos\theta \mathrm{d}S>0$)。反之，从外部传入的磁通量为负($\theta>90°$, $B\cos\theta \mathrm{d}S<0$)。由于磁感应线是闭合的，因此穿入闭合曲面的磁感应线的数目总是等于穿出闭合曲面的磁感应线的数目。换言之，通过磁场中任一闭合曲面 S 的总的磁通量一定等于零，即

$$\oiint \boldsymbol{B}\cdot \mathrm{d}\boldsymbol{S} = 0 \tag{4.6}$$

式(4.6)与静电学中的高斯定理地位相当，称为磁场中的高斯定理，它表明磁场是无源场。

4.2 磁场对运动电荷的作用

4.2.1 洛伦兹力

在 4.1 节中讨论磁感应强度的定义时，我们已指出，其沿磁场方向运动时，其所受的磁场力为零；带电粒子的运动方向与磁场方向垂直时，其所受的磁场力最大，为 qvB。在一般情况下，如果带电粒子运动的方向与磁场方向的夹角为 θ，则其所受的磁场力 $\boldsymbol{F}$ 为

$$\boldsymbol{F}=q\boldsymbol{v}\times\boldsymbol{B} \tag{4.7}$$

式(4.7)称为洛伦兹力公式，式中各量的大小关系为

$$F=qvB\sin\theta \tag{4.8}$$

方向关系如图 4.7 所示。对于正电荷，$\boldsymbol{F}$ 的方向与矢积 $\boldsymbol{v}\times\boldsymbol{B}$ 方向一致；对于负电荷，则 $\boldsymbol{F}$ 的方向与正电荷受力方向相反。

应当指出，由于洛伦兹力的方向总是与带电粒子速度的方向垂直，所以洛伦兹力永远不对粒子做功。它只改变带电粒子运动方向而不改变其速度的大小。

若带电粒子在既有磁场又有电场的空间运动时，则作用在该粒子上的力是电场力与磁场力的矢量和，即

$$\boldsymbol{F}=q(\boldsymbol{E}+\boldsymbol{v}\times\boldsymbol{B}) \tag{4.9}$$

式(4.9)称为洛伦兹关系式。它可以用来计算或解决带电粒子在电场和磁场中运动的问题,在近代科学和工程技术中有许多应用。

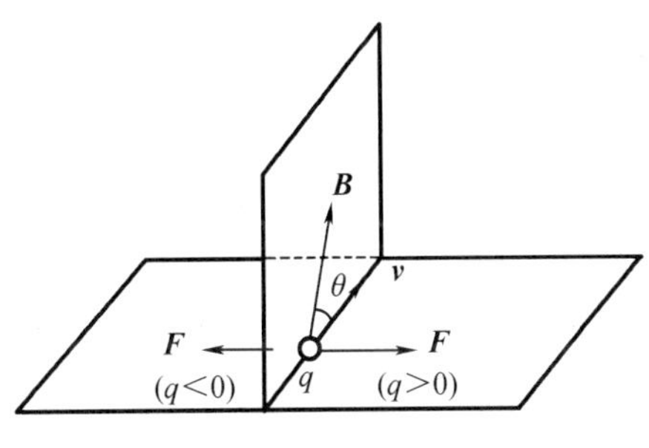

图 4.7 洛伦兹力的方向

4.2.2 带电粒子在均匀磁场中的运动

设有一均匀磁场,磁感应强度为 $\boldsymbol{B}$,当一带电量为 q、质量为 m 的粒子以初速度 $\boldsymbol{v}$ 进入该磁场中时,带电粒子 q 将受到洛伦兹力的作用,其运动状态将会发生改变。下面分三种情况进行分析。

(1)如果 $\boldsymbol{v}$ 与 $\boldsymbol{B}$ 相互平行,由式(4.7)可知,作用于带电粒子的洛伦兹力(磁场力)等于零,带电粒子仍以原来的速度做匀速直线运动。

(2)如果 $\boldsymbol{v}$ 与 $\boldsymbol{B}$ 相互垂直,带电粒子将在垂直于 $\boldsymbol{B}$ 的平面内做匀速圆周运动。当平行分量和垂直分量同时存在时,带电粒子同时参与以上两个运动,粒子的运动轨迹将是一条螺旋线(图 4.8(b)),螺旋线的半径 R 与 $\boldsymbol{B}$ 垂直(图 4.8(a)),这时带电粒子受到与 $\boldsymbol{v}$ 和 $\boldsymbol{B}$ 垂直的洛伦兹力,其大小为

$$F=qvB \tag{4.10}$$

该力不做功,不改变粒子速度的大小和动能,只改变粒子的速度方向和动量圆周运动。由牛顿第二定律得

$$qvB=m\frac{v^2}{R} \tag{4.11}$$

则带电粒子做圆周运动的轨道半径为

$$R=\frac{mv}{qB} \tag{4.12}$$

由此可知,轨道半径与粒子的运动速度成正比,与磁感应强度成反比。

带电粒子绕圆形轨道一周所需的时间(回转周期)为

$$T=\frac{2\pi R}{v}=\frac{2\pi m}{qB} \tag{4.13}$$

式(4.13)表明,带电粒子的回转周期与其运动速率及轨道半径无关。

(3)如果 $\boldsymbol{v}$ 与 $\boldsymbol{B}$ 斜交成 θ 角(图 4.8(b)),此时可将初速度 $\boldsymbol{v}$ 分解为平行于 $\boldsymbol{B}$ 的分量

$v_{/\!/}=v\cos\theta$ 和垂直于 $\boldsymbol{B}$ 的分量 $v_{\perp}=v\sin\theta$。若只有分量 $v_{/\!/}$，磁场对带电粒子没有作用力，粒子将沿 $\boldsymbol{B}$ 的方向做匀速直线运动；若只有分量 $v_{\perp}$，带电粒子将在垂直于 $\boldsymbol{B}$ 的平面内做匀速圆周运动。当两个分量同时存在时，带电粒子同时参与以上两个运动，粒子的运动轨迹将是一条螺旋线(图 4.8(b))，螺旋线的半径为

$$R=\frac{mv_{\perp}}{qB} \tag{4.14}$$

$$h=v_{/\!/}T=v_{/\!/}\frac{2\pi R}{v_{\perp}}=v_{/\!/}\frac{2\pi m}{qB} \tag{4.15}$$

式中，$T=\dfrac{2\pi m}{qB}$ 为粒子的回转周期。式(4.15)表明，螺距 h 与垂直于 $\boldsymbol{B}$ 的速度分量 $v_{\perp}$ 无关。

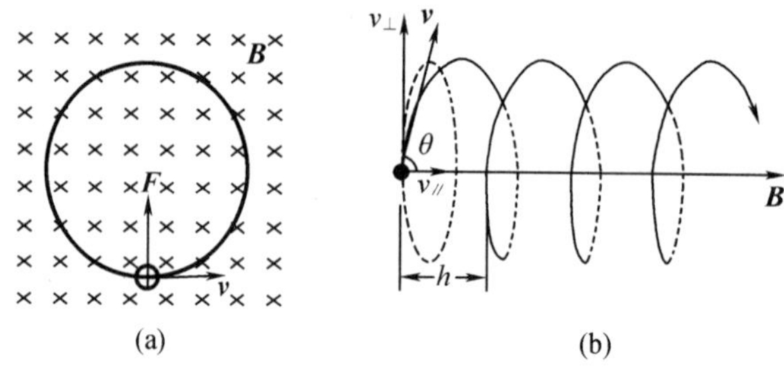

图 4.8　带电粒子在均匀磁场中的运动

由于带电粒子运动一周所前进的距离(螺距 h)与 $v_{\perp}$ 无关，所以若从磁场中某点 A 发射出一束发散角不太大的带电粒子流，使它们的速率接近相等，则

$$v_{/\!/}=v\cos\theta\approx v$$
$$v_{\perp}=v\sin\theta\approx v\theta \tag{4.16}$$

由于速度的垂直分量 $v_{\perp}$ 不同，各粒子将沿不同半径的螺旋线前进。但因它们的平行分量 $v_{/\!/}$ 近似相等，因而螺距近似相等，在一个周期后，这些粒子又重新聚集在 A' 点。这与光束经过透镜聚焦的现象类似，因此叫作磁聚焦现象。具有磁聚焦作用的线圈称为磁通镜。磁聚焦原理常应用于各种电真空器件中聚焦电子束，其中最典型的应用是电子显微镜。

4.3　磁场对载流导线的作用

4.3.1　安培定律

磁场对运动电荷要产生力的作用，处于磁场中的载流导线内做定向运动的电荷都要受到洛伦兹力的作用，众多电荷受到的洛伦兹力传递给导线就使整个载流导线在宏观上受到一个力的作用。磁场对载流导线的作用力的规律，最初是由安培在 1820 年从实验中总结出

来的,所以称为安培定律,其载流导线在磁场中受到的宏观力称为安培力。安培定律的表述是:处于磁场中任一点处的电流元 $I\mathrm{d}\boldsymbol{l}$,所受到的磁场作用力 $\mathrm{d}\boldsymbol{F}$ 应等于电流元 $I\mathrm{d}\boldsymbol{l}$ 与该点磁感应强度 $\boldsymbol{B}$ 的矢积,即

$$\mathrm{d}\boldsymbol{F}=I\mathrm{d}\boldsymbol{l}\times\boldsymbol{B} \tag{4.17}$$

式中,$\mathrm{d}\boldsymbol{F}$ 的方向为矢积 $\mathrm{d}\boldsymbol{l}\times\boldsymbol{B}$ 所确定的方向。

$\mathrm{d}\boldsymbol{F}$ 的大小为

$$\mathrm{d}F=I\mathrm{d}lB\sin\theta \tag{4.18}$$

式中,θ 为 $I\mathrm{d}\boldsymbol{l}$ 与 $\boldsymbol{B}$ 小于 180°方向的夹角。安培定律示意图如图 4.9 所示。

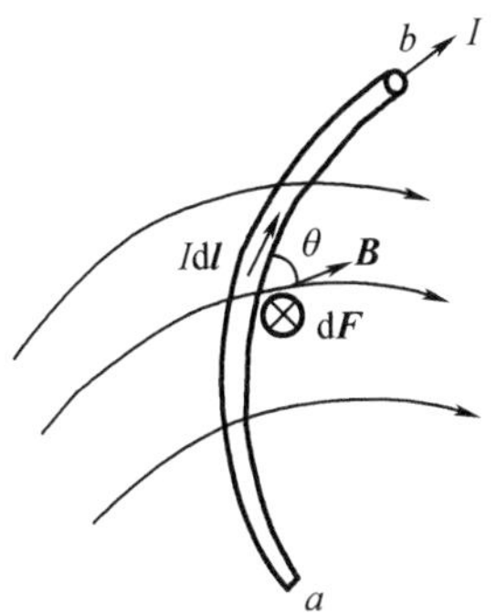

图 4.9　安培定律示意图

对任意形状的长度为 l 的载流导线(图 4.9 中 ab 导线)在外磁场中所受的安培力,应该等于各段电流元所受磁场力的矢量和,用积分表示,即

$$\boldsymbol{F}=\int_l \mathrm{d}\boldsymbol{F}=\int_l I\mathrm{d}\boldsymbol{l}\times\boldsymbol{B} \tag{4.19}$$

式(4.19)为一矢量积分,如果导线上各电流元所受的力 $\mathrm{d}\boldsymbol{F}$ 方向不一致,计算时应建立坐标,先求 $\mathrm{d}\boldsymbol{F}$ 沿各坐标轴的分量的积分,然后合成求得 $\boldsymbol{F}$。

安培力的本质可用洛伦兹力来说明。式(4.17)可由洛伦兹力公式推得。

设导线的单位体积中有 n 个载流子,则在 $I\mathrm{d}\boldsymbol{l}$ 中运动的载流子有 $nS\mathrm{d}l$ 个,S 为电流元的截面积(图 4.10),设每个载流子所带电量为 q,且均以漂移速度 $\boldsymbol{v}$ 运动,则每个载流子受到的磁场力(洛伦兹力)为 $q\boldsymbol{v}\times\boldsymbol{B}$,电流元受到的磁场力为

$$\mathrm{d}\boldsymbol{F}=nS\mathrm{d}lq\boldsymbol{v}\times\boldsymbol{B} \tag{4.20}$$

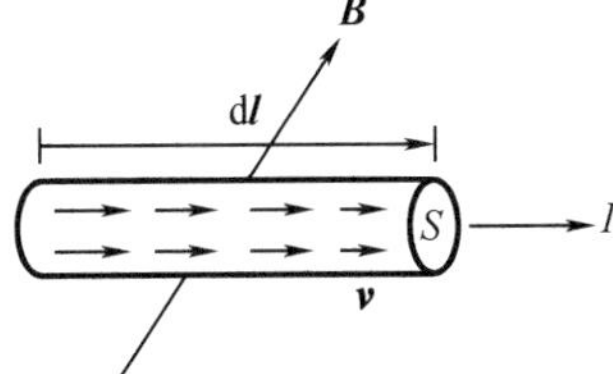

图 4.10　安培力推导示意图

由于 $q\boldsymbol{v}$ 的方向与 $\mathrm{d}\boldsymbol{l}$ 的方向相同，所以

$$\mathrm{d}\boldsymbol{F}=nSvq\mathrm{d}\boldsymbol{l}\times\boldsymbol{B} \tag{4.21}$$

又因为 $nSvq=I$ 为通过 $\mathrm{d}\boldsymbol{l}$ 的电流，故可得

$$\mathrm{d}\boldsymbol{F}=I\mathrm{d}\boldsymbol{l}\times\boldsymbol{B} \tag{4.22}$$

式(4.22)就是电流元所受安培力的公式。

4.3.2 载流线圈在均匀磁场中所受的力矩

在磁感应强度为 $\boldsymbol{B}$ 的均匀磁场中，有一刚性的矩形平面载流线圈(图 4.11)，其边长分别为 l_1 和 l_2，电流为 I，设线圈平面与磁场 $\boldsymbol{B}$ 的方向成任意角 θ，线圈平面的正法线 $\boldsymbol{n}_0$($\boldsymbol{n}_0$ 的方向与电流方向满足右手螺旋定则)与磁场 $\boldsymbol{B}$ 成角 α，边长为 l_2 的两对边 ab 和 cd 与 $\boldsymbol{B}$ 垂直。根据安培定律，bc 和 ad 两边所受的安培力的大小分别为

$$F_1=Il_1B\sin\theta$$

$$F_1'=Il_1B\sin(\pi-\theta)=Il_1B\sin\theta \tag{4.23}$$

这两个力大小相等、方向相反，作用在一条直线上，相互抵消。

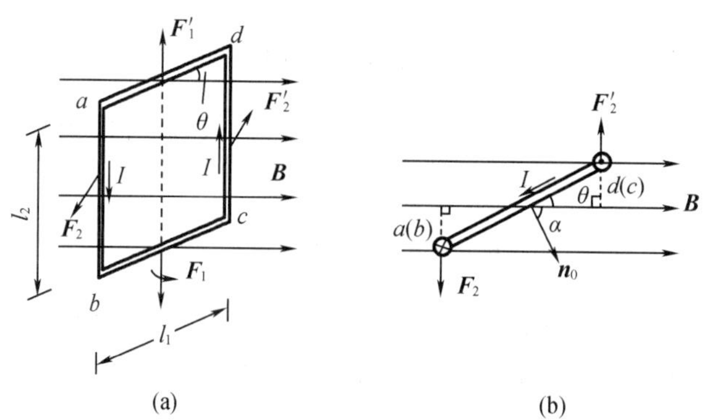

图 4.11 磁场对载流线圈的作用示意图

对边 ab 和 cd 所受的安培力的大小分别为

$$F_2=F_2'=Il_2B \tag{4.24}$$

这两个力大小相等、方向相反，但不在同一条直线上，因而形成力偶，使线圈受到磁场的力矩的作用，该力矩的大小为

$$M=F_2l_2\cos\theta=Il_1l_2B\cos\theta=ISB\cos\theta=p_\mathrm{m}B\sin\alpha \tag{4.25}$$

式中，$p_\mathrm{m}=IS$ 为线圈的磁矩的大小，若线圈为 N 匝，则

$$M=NSB\cos\theta=p_\mathrm{m}B\sin\alpha \tag{4.26}$$

这时 $p_\mathrm{m}=NIS$ 是 N 匝线圈的磁矩的大小。磁矩是矢量，用 $\boldsymbol{p}_\mathrm{m}$ 表示，它的方向就是载流线圈平面的正法线方向($\boldsymbol{n}_0$ 的方向)，因此式(4.26)可写成矢量式，即

$$\boldsymbol{M}=\boldsymbol{p}_\mathrm{m}\times\boldsymbol{B} \tag{4.27}$$

式(4.26)和式(4.27)不仅对矩形线圈成立，对于在均匀磁场中任意形状的平面线圈也

同样成立。

由以上讨论可知,平面载流线圈在均匀磁场中要受到一个力矩的作用,此力矩力图使线圈平面转向与磁场垂直的方向,使其磁矩方向与磁场方向一致。$\alpha=0$($\boldsymbol{p}_{\mathrm{m}}$ 与 $\boldsymbol{B}$ 方向一致)的位置可称作稳定平衡位置;$\alpha=\pi$ 的位置称作不稳定平衡位置。

磁场对载流平面线圈产生力矩的规律是制造各种电动机和磁电式仪等的基本原理。

第5章　热力学和循环过程

5.1　热　力　学

5.1.1　准静态过程

一个系统的状态发生变化时,就说系统在经历一个过程。在系统过程进行中的任一时刻,系统的状态不是平衡态。例如,推进活塞压缩气缸内的气体时,气体的体积(V)、密度(ρ)、温度(T)、压强(p)将发生变化(图5.1)。在这一过程的任一时刻,气体各部分的密度、温度、压强并不完全相同。靠近活塞表面的气体密度要大一些,压强也要大一些,温度也要高一些。在热力学中,为了利用系统处在平衡态时的性质来研究过程的规律,引入了准静态过程的概念。所谓准静态过程,就是在过程运行中的任意时刻,系统都无限地接近平衡态。因而,任何时刻系统的状态都可以看作平衡状,即准静态过程是由一系列依次接替的平衡态所组成的过程。

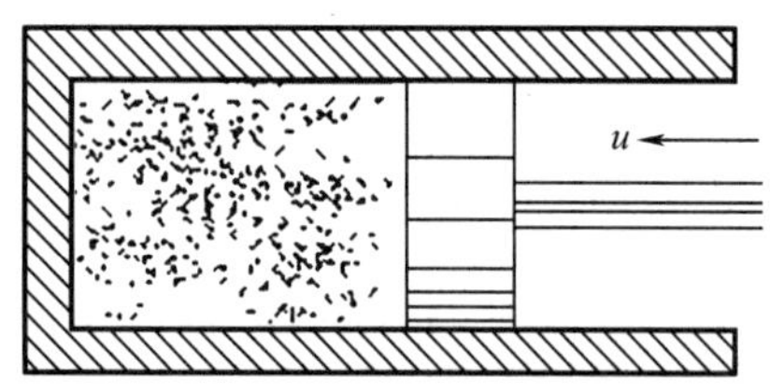

图5.1　压缩气体时气体内各处密度不同

准静态过程是一个理想过程。实际过程进行得越缓慢,经过一段确定时间系统状态的变化就越小,各时刻系统的状态就越接近平衡态。当实际过程进行得无限缓慢时,各时刻系统的状态也就无限地接近平衡状,而过程也就成了准静态过程。因此,准静态过程就是实际过程无限缓慢进行时的极限情况。

准静态过程可以用系统状态图(p-V图、p-T图或V-T图)中一条曲线表示。在图5.2中,任何一点都表示系统的一个平衡态,所以一条曲线就表示由一系列平衡态组成的准静态过程。

在图5.2中,a线是等压过程线,b线是等容过程线,c线是等温过程线。非平衡态不能用一定的状态参量描述,非准静态过程也就不能用状态图上的一条线表示。

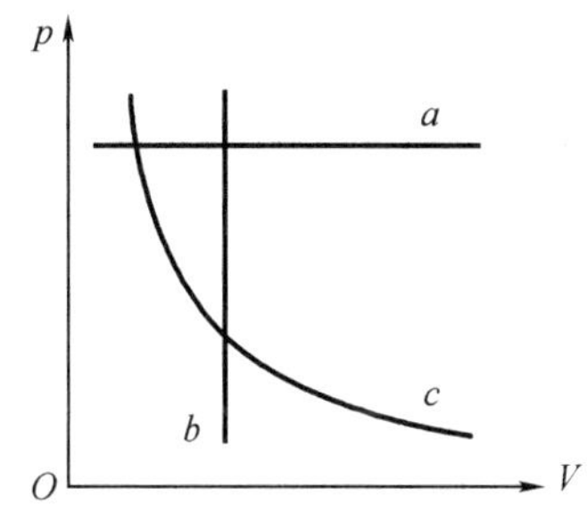

图 5.2 *p-V* 图上几条等值过程曲线

5.1.2 功和热量及内能

锻打铁块,能使铁块升温、变形;对铁块加热,不仅能使铁块升温,甚至能使其熔化成液态。大量事实表明,对系统做功或传递热量,都能使系统状态发生变化,并改变系统的内能,即从改变系统内能角度来讲,做功和热量传递是等效的,都是系统内能变化的量度。在国际单位制中,热量的单位为 J。

对改变系统内能来讲,热量和功虽然有等效的一面,但两者也有本质的区别。做功改变系统能量的实质是将物体的有规则运动转化成系统分子的无规则运动;而热量传递则是通过微观分子的相互作用完成的,其实质是将分子的无规则运动从一个物体转移到另一个物体。

物体的内能是大量分了的动能和势能的总和。热力学中所研究的系统也是由大量分子所组成的。因而,热力学系统的内能就是组成系统的所有分子的各种形式的动能和势能的总和。实践证明,不论对系统做功还是对系统传递热量,让系统从状态Ⅰ变化到状态Ⅱ,系统内能的改变量总是一定的。这说明系统内能是状态的单值函数。系统内能的改变量仅与系统始末状态有关,与过程无关。在热力学中,不再考虑系统内能的构成细节,而集中分析内能同热量和功之间的关系。

5.1.3 热力学第一定律

在许多实际问题中,做功和热量传递通常是同时存在的。如果有一个系统,外界(指系统之外的其他物体)传递给它的热量为 Q,系统从状态Ⅰ(内能为 E_1)变化到状态Ⅱ(内能为 E_2),与此同时系统对外界做功为 A,则有

$$Q=E_2-E_1+A \tag{5.1}$$

这就是热力学第一定律的数学表达式。它表明,外界传递给系统的热量,一部分用来增加系统的内能,另一部分用来对外界做功。

式(5.1)中,Q、(E_2-E_1) 和 A 可以是正值,也可以是负值。一般规定,系统从外界吸收

热量时,Q 为正,向外界放出热量时,Q 为负;系统对外界做功时,A 为正,外界对系统做功时,A 为负;系统内能增加时,(E_2-E_1) 为正,系统内能减少时,(E_2-E_1) 为负。

热力学第一定律实质上就是包括热现象在内的能量守恒和转换定律。但应注意,热量和功之间的转换并不是直接进行的。系统自外界吸收热量的直接结果是增加系统的内能,再通过系统内能的减少而对外界做功。反之,外界对系统做功的直接结果也是增加系统的内能,再通过内能的减少而向外界放出热量。

对于状态变化极微小的过程,式(5.1)可写为

$$dQ=dE+dA \tag{5.2}$$

在热力学第一定律建立之前,有人曾幻想制造一种不需任何动力,也不消耗任何燃料的机器,它能使系统经历一系列变化又回到原状态而不断对外做功。这种机器称为第一类永动机。通过无数次的尝试,这种幻想最终破灭。热力学第一定律指出,当系统经历一系列变化回到原来状态时,$E_2=E_1$,这时 $Q=A$,做功必须由能量转换而来。一旦 $Q=0$,必须 $A=0$。所以,第一类永动机违反了热力学第一定律。因此,热力学第一定律又可表达为:第一类永动机是不可能造成的。

5.2 循环过程

在历史上,热力学理论最初是在研究热机的工作过程的基础上发展起来的。热机是利用热来做功的机器。例如,蒸汽机、内燃机等都是热机。在热机中用来吸收热量并对外做功的物质叫作工作物质,简称工质。实际上一般热机的工作原理有其共同之处,下面我们先简单分析一下蒸汽机的工作过程。

如图 5.3 所示,水泵 B 将水池 A 中的水抽入锅炉 C 中,水在锅炉里被加热变成高温高压的蒸汽,这是一个吸热过程。蒸汽经过管道被送入气缸 D 内,在其中膨胀,推动活塞对外做功。最后蒸汽变为废气进入冷凝器 E 中凝结成水,这是一个放热过程。水泵 F 再把冷凝器中的水抽入水池 A 中,周而复始,循环不息。从能量转化的角度来看,在一个工作循环中的工作物质(如蒸汽)在高温热源(锅炉)处吸热后增加了自己的内能,然后在气缸内推动活塞时将它获得的内能的一部分转化为机械能,使之对外做功,另一部分则在低温热源(冷凝器)通过放热传递给外界。经过一系列过程,工作物质又回到原来的状态。各种其他热机虽然具体工作过程不同,但其能量转化的情况和上面所述类似,即热机对外做功所需的能量来源于高温热源处所吸收热量的一部分,另一部分则以热量的形式释放给低温热源。

为了从能量转化的角度分析各种热机的性能,我们引入循环过程及其效率的概念。普遍地说,如果一系统从某一状态出发,经过任意一系列过程,最后又回到原来的状态,这样的过程称为循环过程。如果一个系统经历的循环过程的各个阶段都是准静态过程,这个循环过程就可以在状态图(如 $p-V$ 图)上用一个闭合曲线表示。图 5.4 中闭合实线 $ABCDA$ 即为在 $p-V$ 图上所表示的某一准静态循环过程,其进行的方向如箭头所示。如果在 $p-V$ 图上

所示的过程是顺时针的称为正循环,反之则称为逆循环。对于正循环,由图 5.4 可见,在过程 ABC 中,体积膨胀,系统对外做正功,其数值大小等于 $ABCNMA$ 所包围的面积。

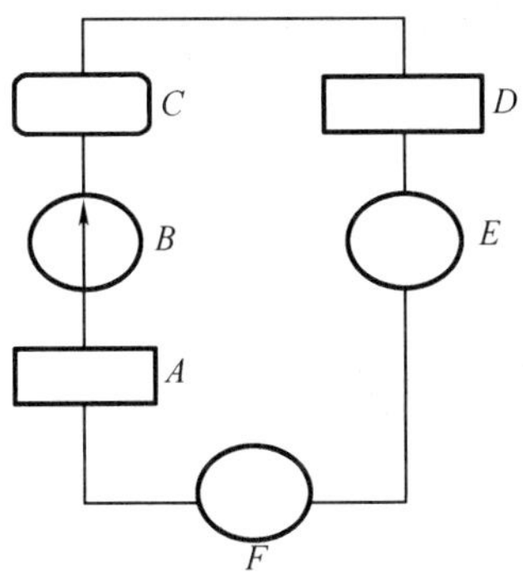

图 5.3 蒸汽机工作过程示意图

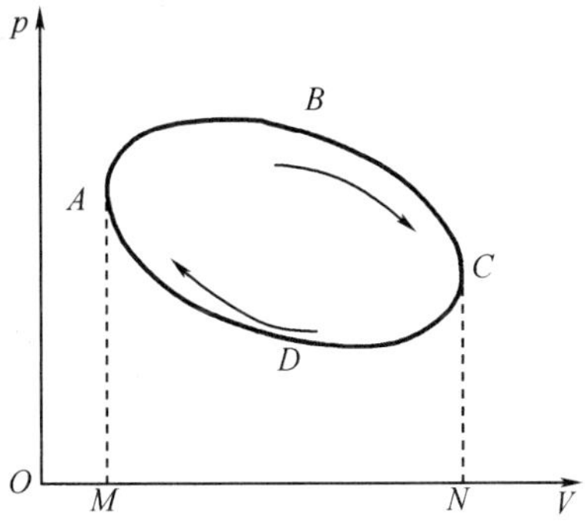

图 5.4 循环过程曲线

在过程 CDA 中,体积缩小,系统对外做负功,即外界对系统做功,其数值等于 $CNMADC$ 所包围的面积。因此,对于正循环,在整个循环过程中,系统对外界做正功,其数值等于 $ABCDA$ 所包围的面积。同理,对于逆循环,在整个循环过程中系统对外界做负功,或者说外界对系统做正功,其数值等于逆时针闭合曲线所包围的面积。

由于工作物质的内能是系统状态的单值函数,所以经历一个循环之后,系统的内能不变,这是循环过程的重要特征。

在热功技术上,我们把工作物质做正循环的机器叫作热机(如内燃机、蒸汽机等),它是把热量持续转化为功的机器;工作物质做逆循环的机器叫作致冷机,它是利用外界做功使热量从低温处流向高温处,从而实现致冷的机器。

第 6 章　静电场和稳恒电场

6.1　电荷与电场强度

6.1.1　电荷

两个不同材料的物体，如丝绸和玻璃棒，相互摩擦后，都能吸引羽毛、纸片等轻小物体，这时我们说这两个物体带了电（或带了电荷），物体处于这种状态称为带电状态，相应的物体称为带电体。实验证明，物体所带的电荷有两种，同种电荷相互排斥，异种电荷相互吸引。美国物理学家富兰克林以正电荷、负电荷的名称来区分两种电荷，这种命名法一直延续到现在。带电体所带电荷的多少叫作电量。电量常用 Q 或 q 表示，在国际单位制中，它的单位为 C。正电荷电量取正值，负电荷电量取负值。一个带电体所带的总电量为其所带正负电量的代数和。

实验证明，在自然界中物体所带的电荷不是以连续方式出现的，而是以一个基本单元的整数倍出现的，电荷的这个特性叫作电荷的量子性。电荷的基本单元就是一个电子所带电量的绝对值 $e=1.6\times10^{-19}$ C。电荷的基本单元如此之小，以至于电荷的量子性在绝大多数研究宏观现象的实验中不表现出来。在这种情况下，我们可以认为电荷连续分布在带电体上，而忽略电荷的量子性。

在正常状态下，物体通常是呈电中性的，物体里正、负电荷的代数和为零，当物体得到或失去一部分电荷后，物体带了电，即物体里正、负电荷中和后，还有过剩的电荷，这部分电荷称为净电荷。事实证明，在一个物体得到或失去电荷的同时，必然有其他物体失去或得到等量的电荷，即电荷只能够从一个物体转移到另一个物体，或者是从物体的一个部分转移到另一个部分，但电荷既不能被创造，也不能被消灭。这个结论就称为电荷守恒定律。它也可表述为在一孤立系统内，无论发生怎样的物理过程，该系统电量的代数和总保持不变。电荷守恒定律是物理学基本定律之一，它不仅在宏观过程中成立，在微观过程中也普遍成立。

6.1.2　库仑定律

在学习库仑定律之前，我们需要先了解点电荷这一概念。点电荷是带电体的一种理想化模型。当一个带电体本身的线度比所研究的问题中所涉及的距离小很多时,该带电体的形状与电荷在其上的分布状况均无关紧要,该带电体就可看作一个带电的点,叫作点电荷。由此可见,点电荷是个相对的概念。至于带电体的线度比问题所涉及的距离小多少时,它才能被当作点电荷,这要依问题所要求的精度而定。当在宏观意义上谈论电子、质子等带电粒子时,完全可以把它们视为点电荷。

库仑定律是静电学的基础,是法国物理学家库仑通过实验总结出来的规律,可表述为:在真空中,相对于惯性系观察,两个静止的点电荷之间的相互作用力的大小,与这两个电荷所带电量的乘积成正比,与它们之间距离的平方成反比;作用力的方向沿着这两个点电荷的连线,同种电荷相互排斥,异种电荷相互吸引。这一规律用矢量公式表示为

$$\boldsymbol{F}_{21}=k\frac{q_1q_2\boldsymbol{r}_{12}}{r_{12}^2\ r_{12}}=k\frac{q_1q_2}{r_{12}^2}\boldsymbol{r}_0 \tag{6.1}$$

式中,q_1 和 q_2 分别表示两个点电荷的电量(含有正、负号);$\boldsymbol{r}_{12}$ 为从点电荷 q_1 到 q_2 的位矢;$\boldsymbol{r}_0=\frac{\boldsymbol{r}_{12}}{r_{12}}$表示从点电荷 q_1 指向点电荷 q_2 的单位矢量;k 为比例系数,依公式中各量所选取的单位而定;$\boldsymbol{F}_{21}$ 表示电荷 q_2 受电荷 q_1 的作用力。当两个点电荷 q_1 与 q_2 同号时,$\boldsymbol{F}_{21}$ 与 $\boldsymbol{r}_0$ 的方向相同,表明电荷 q_2 受 q_1 的斥力;当 q_1 与 q_2 异号时,$\boldsymbol{F}_{21}$ 与 $\boldsymbol{r}_0$ 的方向相反,表示 q_2 受 q_1 的引力。

在国际单位制中,$k=8.988\ 0\times10^9\ \mathrm{N\cdot m\cdot C^{-2}}\approx9.00\times10^9\ \mathrm{N\cdot m\cdot C^{-2}}$。通常还引入另一常量 ε_0 来代替 k,令

$$k=\frac{1}{4\pi\varepsilon_0} \tag{6.2}$$

这里引入的 ε_0 叫作真空介电常数(或真空电容率),在国际单位制中,$\varepsilon_0=8.854\ 2\times10^{-12}\ \mathrm{C^2\cdot N^{-1}\cdot m^{-1}}$。引入 ε_0 后,库仑定律的表达式可以写成

$$\boldsymbol{F}_{21}=\frac{1}{4\pi\varepsilon_0}\frac{q_1q_2}{r_{12}^2}\boldsymbol{r}_0 \tag{6.3}$$

式(6.3)中引入 4π 因子的做法,称为单位制的有理化。这样做的结果虽然使库仑定律的形式变得复杂,但却使以后经常用到的电磁学规律的表达式,因不出现 4π 因子而变得简单。这种做法的优越性在今后的学习中将逐步体会到。

库仑定律只讨论两个静止的点电荷之间的作用力,当考虑两个以上的静止的点电荷之间的作用时,就必须补充另一个实验事实:两个点电荷之间的作用力并不因第三个点电荷的存在而有所改变。因此,两个以上的点电荷对一个点电荷的作用力等于各个点电荷单独存在时对该点电荷的作用力的矢量和。这个结论称为静电力的叠加原理。

6.1.3 电场强度

实验已证实,两个点电荷之间存在着相互作用的静电力(即库仑力),但这种相互作用是怎样进行的呢?历史上关于这个问题有过不同的观点。其中一种观点认为两个电荷之

间的相互作用力是一种超距作用,即一个电荷对另一个电荷的作用力是直接给予的,不需要中间媒质传递,也不需要时间,这种作用方式可表示为

电荷⟺电荷

19 世纪 30 年代,法拉第提出另一种观点,认为一个电荷周围存在着由它所产生的电场,这个电荷对其他电荷的作用力就是通过该电场给予的,这种作用方式可以表示为

电荷⟺电场⟺电荷

近代物理学证明场的观点是正确的。场与分子、原子等所组成的实物一样,也具有能量、动量和质量。所以,场也是物质的一种形态。

本章研究的静电场是指相对于观察者静止的电荷周围存在的电场,并分布在一定空间。静电场的基本性质是,对处于静电场中的电荷有电场力的作用,并且当电荷在电场中运动时电场力要对它做功。下面我们就从静电场的这两个性质出发,引入两个描述电场性质的基本物理量——电场强度和电势。

电场对处于其中的电荷有电场力的作用。根据电场的这一性质,我们把一个试验电荷 q_0 放入电场中不同位置,观察电场对试验电荷 q_0 的作用力情况。对试验电荷的选取有一定要求:首先,试验电荷的线度必须满足能够被看作点电荷,这样才可以研究空间各点的电场性质;其次,试验电荷的电量必须足够小,把它放入电场中,对原电场的分布没有显著的影响。经研究发现,把试验电荷 q_0 放在电场中的不同点时,一般情况下,q_0 所受的力的大小和方向是逐点不同的,但在电场中的一给定点处,q_0 所受的力的大小和方向却是一定的。如果对于确定点处,改变试验电荷 q_0 的量值,可以发现 q_0 所受的力的方向仍然不变,但力的大小改变,并且力的大小与 q_0 的量值之比为一个确定的值。由此可见,$\boldsymbol{F}$ 与 q_0 的比值以及 $\boldsymbol{F}$ 的方向只与试验电荷 q_0 所在点的电场性质有关,而与试验电荷的量值无关。因此,我们把 $\dfrac{\boldsymbol{F}}{q_0}$ 作为描述静电场性质的一个物理量,称为给定点处的电场强度,简称场强。通常用 $\boldsymbol{E}$ 表示电场强度,于是就有定义式:

$$\boldsymbol{E}=\frac{\boldsymbol{F}}{q_0} \tag{6.4}$$

式(6.4)表明,电场中任意点的电场强度等于静止于该点的单位正电荷所受的电场力。

在国际单位制中,力的单位为 N,电量的单位为 C,所以电场强度的单位为 $\mathrm{N\cdot C^{-1}}$。以后将证明,$\mathrm{N\cdot C^{-1}}$ 和 $\mathrm{V\cdot m^{-1}}$ 是等价的,并且,$\mathrm{V\cdot m^{-1}}$ 较 $\mathrm{N\cdot C^{-1}}$ 使用得更普遍些。

由场强的定义式,我们还可以知道,如电场的场强分布已知,则点电荷 q_0 在电场中某点所受到的静电力应为

$$\boldsymbol{F}=q_0\boldsymbol{E} \tag{6.5}$$

式中,$\boldsymbol{E}$ 为 q_0 所在点处的电场强度。

6.1.4 场强叠加原理

一般情况下,空间的电场是由多个点电荷 $q_1,q_2,\cdots,q_n$ 共同激发的,如果把试验电荷 q_0 放入这个电场中,它在某点 P 的受力情况,可根据静电力的叠加原理得出:

$$\boldsymbol{F}=\boldsymbol{F}_1+\boldsymbol{F}_2+\cdots+\boldsymbol{F}_n \tag{6.6}$$

两边同时除以 q_0,得

$$\frac{\boldsymbol{F}}{q_0}=\frac{\boldsymbol{F}_1}{q_0}+\frac{\boldsymbol{F}_2}{q_0}+\cdots+\frac{\boldsymbol{F}_n}{q_0} \tag{6.7}$$

按场强的定义,式(6.7)等号右边各项分别是各个点电荷单独存在时在 P 点激发的电场,而式(6.7)等号左边为 P 点的总场强,即

$$\boldsymbol{E}=\boldsymbol{E}_1+\boldsymbol{E}_2+\cdots+\boldsymbol{E}_n=\sum_{i=1}^{n}\boldsymbol{E}_i \tag{6.8}$$

式(6.8)表明,在 n 个点电荷产生的电场中,某点的电场强度等于每个点电荷单独存在时在该点所产生的电场强度的矢量和。这个结论称为场强叠加原理,其中 $q_1,q_2,\cdots,q_n$ 称为场源电荷。

6.1.5 带电体在外电场中所受的作用

(1)点电荷受的作用为

$$\boldsymbol{F}=q\boldsymbol{E}$$

(2)电偶极子受的作用为

$$\boldsymbol{M}=\boldsymbol{p}_{\mathrm{e}}\times\boldsymbol{E}$$

电偶极子在电力矩的作用下总是使电矩 $\boldsymbol{p}_{\mathrm{e}}$ 转到外电场 $\boldsymbol{E}$ 的方向上,达到稳定平衡状态。

6.2 电 通 量

上一节我们研究了描述电场性质的一个重要物理量——电场强度,并从叠加原理出发讨论了点电荷系和带电体所产生的电场强度。为了更形象地描述电场,这一节将在介绍电场线的基础上,引进电通量(电场强度通量)的概念,并导出静电场的重要定理——高斯定理。

6.2.1 电场线

为了形象地描绘电场在空间的分布,英国物理学家法拉第引入了电场线的概念。电场线并不是客观存在的,是按一定的规定在电场中画出的一系列假想的空间曲线:曲线上每一点的切线方向表示该点场强 $\boldsymbol{E}$ 的方向,曲线的疏密程度表示场强的大小。定量地说就是:在电场中任意点处,通过垂直于 $\boldsymbol{E}$ 的单位面积的电场线条数等于该点处 $\boldsymbol{E}$ 的量值。

静电场的电场线有如下特点:

(1)电场线总是起始于正电荷,终止于负电荷,不形成闭合回路;

(2)任何两条电场线在无电荷处都不相交,这是因为电场中每一点处的电场强度只能有一个确定的方向。

6.2.2 电通量

通量是描述矢量场的一个重要概念。在电场中,我们把通过电场中某一个面的电力线总数叫作通过这个面的电通量,用符号 Φ_e 表示。下面分别讨论在匀强电场和非匀强电场中不闭合曲面与闭合曲面的电通量。

首先讨论匀强电场的情况。在匀强电场中取一个平面 S,并使它和电场强度方向垂直。根据电力线的规定,垂直通过电场中某点附近单位面积的电场线数等于该点处的电场强度的大小。匀强电场的电场强度处处相等,所以电场线密度也应处处相等。这样,通过平面 S 的电通量为

$$\Phi_e = ES \tag{6.9}$$

如果平面 S 与匀强电场 $\boldsymbol{E}$ 不垂直,即平面的单位法线 $\boldsymbol{n}$ 与 $\boldsymbol{E}$ 的方向成 θ 角,则通过这一平面的电通量为

$$\Phi_e = ES\cos\theta \tag{6.10}$$

引入面积矢量 $\boldsymbol{S}=S\boldsymbol{n}$,即面积矢量 $\boldsymbol{S}$ 的大小为 S,其方向为平面法线方向(图 6.1)。引入面积矢量后,式(6.10)可写为两个矢量标积的形式,即

$$\Phi_e = \boldsymbol{E}\cdot\boldsymbol{S} \tag{6.11}$$

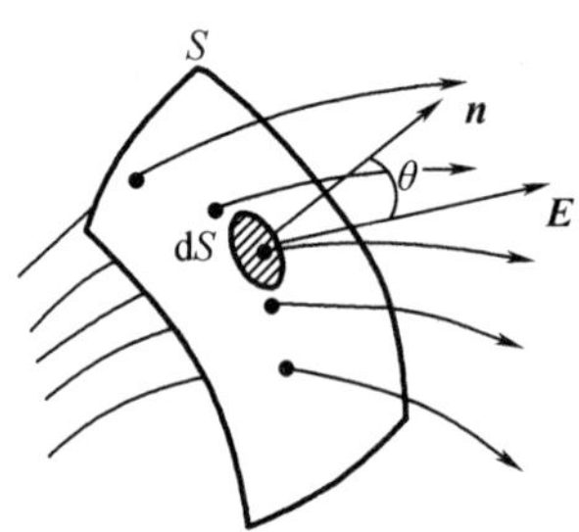

图 6.1 匀强电场电通量

如果电场是非匀强电场,并且面 S 不是平面,而是任意曲面,可以把曲面分成无限多个面元 $\mathrm{d}S$,每个面元 $\mathrm{d}S$ 都可看成一个小平面,而且在面元 $\mathrm{d}S$ 上,$\boldsymbol{E}$ 也可以看成均匀的。仿照上面的办法,引入面元矢量 $\mathrm{d}\boldsymbol{S}=\mathrm{d}S\boldsymbol{n}$,$\boldsymbol{n}$ 为面元 $\mathrm{d}S$ 的单位法线(图 6.2)。则通过面元 $\mathrm{d}S$ 的电通量为

$$\mathrm{d}\Phi_e = E\mathrm{d}S\cos\theta = \boldsymbol{E}\cdot\mathrm{d}\boldsymbol{S} \tag{6.12}$$

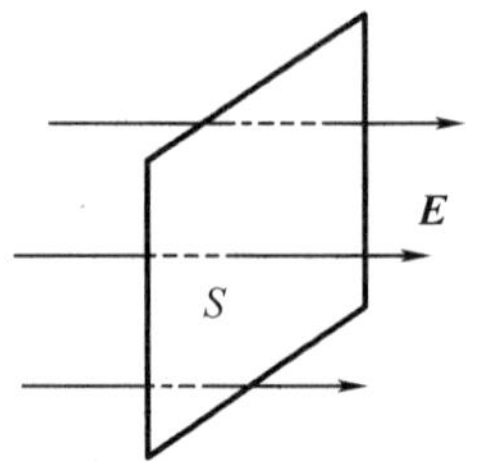

图 6.2 非匀强电场电通量

所以通过曲面 S 的电通量 Φ_e，就等于通过面 S 上所有面元 dS 的电通量 $d\Phi_e$ 的总和，即

$$\Phi_e = \iint_S d\Phi_e = \iint_S E dS\cos\theta = \iint_S \boldsymbol{E} \cdot d\boldsymbol{S} \tag{6.13}$$

如果曲面是闭合曲面，曲面积分应换成闭合曲面积分。闭合曲面积分用 $\oiint_S$ 表示，故通过闭合曲面的电通量为

$$\Phi_e = \oiint_S \boldsymbol{E} \cdot d\boldsymbol{S} \tag{6.14}$$

一般来说，通过闭合曲面的电场线，有些是“穿入”的，有些是“穿出”的。也就是说，通过曲面上各个面元的电通量 $d\Phi_e$ 有正、有负。为此我们规定：“封闭曲面上某点的法线矢量的方向是垂直指向曲面外侧的。”依照这个规定，电场线从外穿入曲面里，$\theta>\frac{\pi}{2}$，所以 $d\Phi_e$ 为负；电场线从曲面里向外穿出，$\theta<\frac{\pi}{2}$，所以 $d\Phi_e$ 为正。

对于整个闭和曲面，往往既有穿入的电场线，又有穿出的电场线，两部分电通量的代数和就是通过整个曲面的电通量。

6.2.3 高斯定理

高斯定理是电磁学的一条重要规律，是用电通量表示的电场和场源电荷关系的定律。高斯定理给出了通过任一封闭曲面的电通量与封闭曲面内部所包围的电荷的关系。下面我们利用电通量的概念根据库仑定律和场强叠加原理来导出这个关系。

我们先讨论真空中一个静止的点电荷 q 的电场。以 q 所在点为中心，取任意长度 r 为半径做一球面 S 包围这个点电荷 q。计算通过这个球面 S 的电通量(图 6.3)。

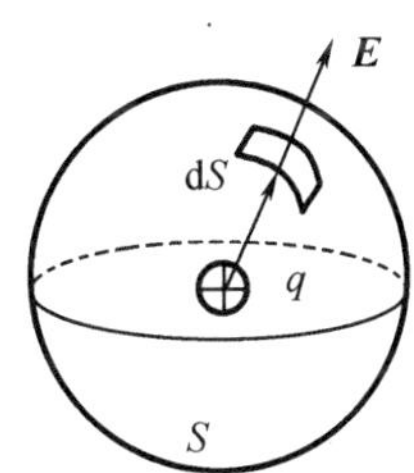

图 6.3 点电荷 q 的电通量

我们知道，球面上任一点的电场强度的大小都是 $E=\frac{q}{4\pi\varepsilon_0 r^2}$，方向都沿着矢径 $\boldsymbol{r}$ 的方向，而且处处与球面垂直，可得通过这球面的电通量为

$$\Phi_e = \iint \boldsymbol{E} \cdot d\boldsymbol{S} = \iint E dS \tag{6.15}$$

即

$$\Phi_{e}=\frac{q}{4\pi\varepsilon_{0}r^{2}}\oiint_{S}\mathrm{d}S=\frac{q}{\varepsilon_{0}} \tag{6.16}$$

此结果表明,通过闭合球面的电通量与球面半径 r 无关,只与它所包围的电荷的电量有关。这意味着,对以点电荷 q 为中心的任意球面来说,通过它们的电通量都一样,都等于$\frac{q}{\varepsilon_0}$。用电场线的图像来说,这表示通过各球面的电场线总条数相等,或者说,从点电荷 q 发出的电场线连续地延伸到无限远处。

6.3 静电场中的导体和电介质

6.3.1 导体的静电平衡

金属导体是由大量的带负电的自由电子和带正电的晶体点阵构成的。当导体不带电或者不受外电场影响时,自由电子虽可以在金属导体内做无规则的热运动,但无论对整个导体或对导体中某一个小部分来说,自由电子的负电荷和晶体点阵的正电荷的总量是相等的,导体呈现电中性。在这种情况下,金属导体中的自由电子只做微观的无规则热运动,而没有宏观的定向运动。

若把金属导体放在外电场中,导体中的自由电子在做无规则热运动的同时,还将在电场力作用下做宏观定向运动,从而使导体中的电荷重新分布。在外电场作用下,引起导体中电荷重新分布而呈现出的带电现象,叫作静电感应现象。导体在外电场作用下电荷重新分布的过程,最终必将达到一个稳定的状态,这一状态就是导体的静电平衡状态。

导体的静电平衡状态是指导体内部和表面都没有电荷定向移动的状态。这种状态只有在导体内部电场强度处处为零时才可能达到和维持,否则导体内部的自由电子在电场的作用下将发生定向移动,同时导体表面紧邻处的电场强度必定和导体表面垂直。否则电场强度沿表面的分量将使自由电子沿表面做定向运动。因此,导体处于静电平衡的条件是:

(1)导体内部各点电场强度为零;

(2)导体表面附近的电场强度垂直于导体表面。

导体的静电平衡条件是由导体的电结构特征和静电平衡的要求所决定的,与导体的形状无关。

1. 电势分布

处于静电平衡的导体是等势体,其表面是等势面。

2. 导体上的电荷分布

处于静电平衡的导体上的电荷分布规律,可通过高斯定理得出。有一带电导体处于平

衡状态，在其内部做一个任意的高斯面。由于静电平衡时，导体内的电场强度为零，所以通过导体内任意高斯面的电通量亦必为零，即

$$\oiint_S \boldsymbol{E} \cdot \mathrm{d}\boldsymbol{S} = 0 \tag{6.17}$$

根据高斯定理可知，此高斯面内所包围的电荷的代数和必然为零。因为此高斯面是任意做出的，所以可得到如下结论：在静电平衡时，导体所带电荷只能分布在导体的表面上，导体内没有净电荷（图6.4）。

如果有一导体内部有空腔，带有电荷 q，但其空腔内没有带电体，那么这些电荷在空腔导体上如何分布呢？在导体内取高斯面 S_1 与 S_2，由于在静电平衡时，导体内的电场强度为零，所以通过曲面 S_1 与 S_2 的电通量都为零（图6.5）。由高斯定理可以得出：不仅导体内部没有净电荷，而且在空腔的内表面上也没有净电荷存在，所以电荷只能分布在导体的外表面上。

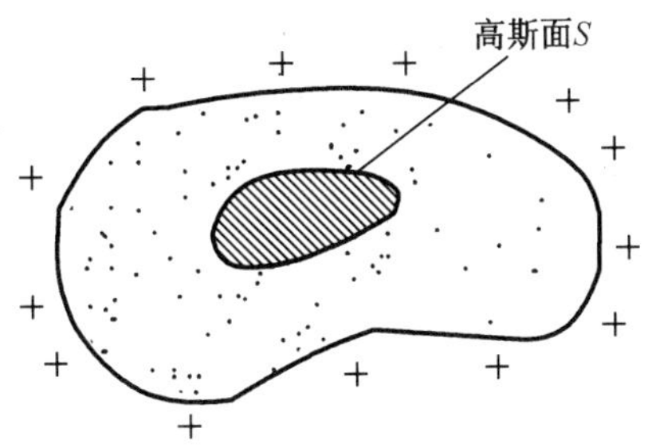

图6.4 电荷只能分布在导体表面

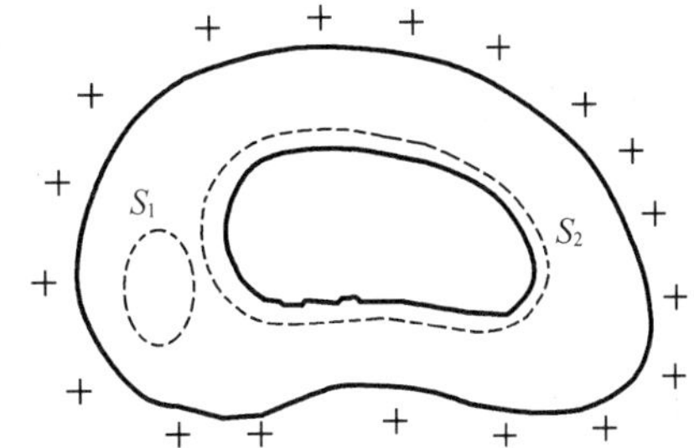

图6.5 空腔导体电荷分布

6.3.2 导体壳和静电屏蔽

经过上面的分析，我们得出这样的结论：空腔导体放在静电场中，并达到静电平衡时，其电荷只分布在外表面。也就是说，电场线将在导体的外表面处终止，而不能穿过导体进入空腔，因此，导体外的电场对空腔没有影响。我们可以利用空腔导体的这种性质来屏蔽外电场，使空腔内的物体不受外电场的影响，这就是空腔导体的静电屏蔽作用。

空腔导体的静电屏蔽性质，不但可以屏蔽空腔外的电场，也可以使得空腔内的带电体不影响外界。一导体球壳 B 的空腔内有一带电体 A，A 带有正电荷，则球壳的内表面将产生等量的感应负电荷，外表面将产生等量的感应正电荷，从而使球壳外面的物体受到影响。这时，如把球壳接地，则外表面上的正电荷将与从地上来的负电荷中和，球壳外面的电场便会消失，这样，接地的导体空腔内的带电体 A 对导体外区域就不会产生任何影响了。

静电屏蔽（图6.6）的原理在生产技术上有许多应用。例如，为了避免外界电场对设备中某些精密的电磁测量仪器的干扰，或者为了避免一些高压设备的电场对外界的影响，通常都在这些设备外面安装有接地的金属制外壳（网、罩）；传送弱信号的连接导线，为了避免外界的干扰，往往在导线外包一层用金属丝编织的屏蔽线层。

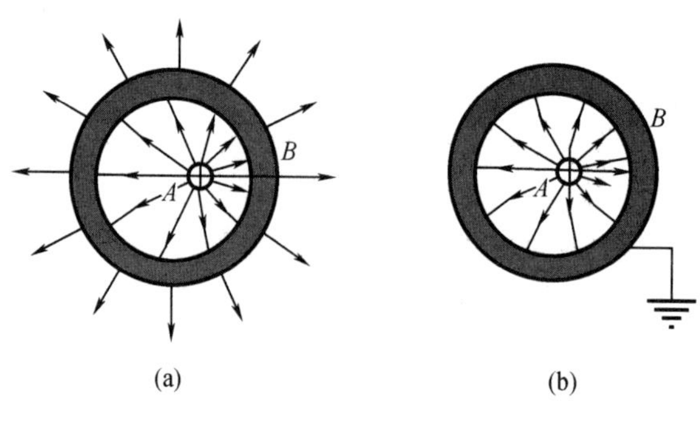

图 6.6　静电屏蔽

以上我们讨论了静电平衡的导体上的电荷分布，下面我们具体研究一下带电导体静电平衡时，其表面的电荷面密度与其邻近处电场强度的关系。为此在导体表面邻近处取一点 P，以 $\boldsymbol{E}$ 表示该处的电场强度，过 P 点做一个平行于导体表面的小面元 ΔS，以 ΔS 为底，以过 P 点的导体表面法线为轴，做一个封闭的扁圆柱形高斯面，圆柱的另一底面在导体的内部。

由于导体内部场强为零，而表面邻近处的场强又与表面垂直，所以通过此扁圆柱形高斯面的电通量就是通过 ΔS 面的电通量（图 6.7），即等于 $E\Delta S$。以 σ 表示导体表面上 P 点附近的电荷面密度，则此高斯面包围的电荷为 $\sigma\Delta S$。根据高斯定理可得

$$E\Delta S=\frac{\sigma\Delta S}{\varepsilon_0} \tag{6.18}$$

由此可得

$$\sigma=\varepsilon_0 E \tag{6.19}$$

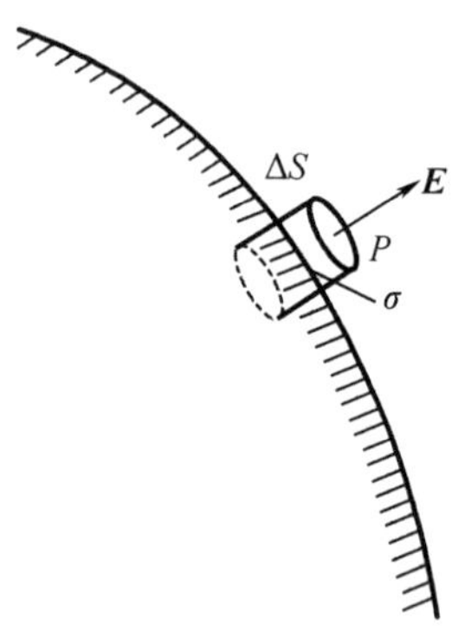

图 6.7　导体表面的电场强度

式(6.19)说明，处于静电平衡的导体表面上各处的面电荷密度与该处表面邻近处的电场强度大小成正比。

式(6.19)虽然说明了导体表面某处的面电荷密度与当地表面邻近处电场强度的关系，但并不是说导体表面邻近处的电场强度仅仅是由当地导体表面上的电荷产生的，此处电场强度实际上是所有电荷（包括该导体上的全部电荷以及导体外现有的其他电荷）产生的，是这些电荷的合场强。当导体外的电荷位置发生变化时，导体上的电荷分布也会发生变化，而导体外面的合电场分布也要发生变化。这种变化将继续到使导体又处于静电平衡状态

为止。

如果我们研究的对象是一个孤立导体，当它处在静电平衡状态时，其表面的电荷分布与表面各处的曲率有关，曲率越大的地方，面电荷密度越大。一尖端的导体，显然尖端附近的面电荷密度最大，这使它周围形成很强的电场。由于空气中存在游离的带电离子，在这个电场的作用下要发生激烈的运动，并获得足够大的能量，以至它们和空气分子碰撞时，使空气分子发生电离，从而产生大量的带电粒子。与尖端上电荷异号的带电粒子受尖端电荷的吸引，飞向尖端，使尖端上的电荷被中和掉；与尖端上电荷同号的带电粒子受到排斥而加速飞离尖端。从以上实验现象中，可以观察到，带电粒子的运动形成一股“电风”，使火苗发生颤动。这就是尖端放电现象。

在日常生活中，我们熟知的避雷针（图6.8）就是利用尖端放电原理，使空气被击穿，形成导电通道，使云地间电流通过导线流入地下，从而使建筑物避免“雷击”。当然有时我们也需要避免由于尖端放电造成的危险和损失，如输电线的表面应是光滑的，具有高电压的零部件的表面也必须做得十分光滑并尽可能做成球面。

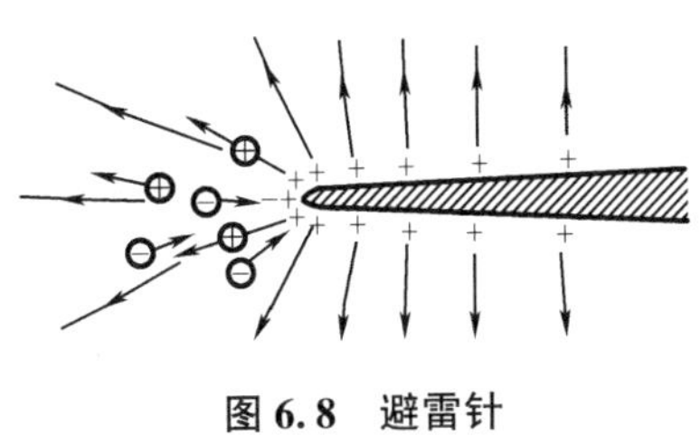

图6.8 避雷针

6.3.3 电介质的极化

电介质就是我们常说的绝缘体，它区别于导体的重要特征是没有自由移动的电荷，这是由于电介质中的原子或分子的电子和原子核的结合力很强，电子处于束缚状态。当然我们所说的是理想的电介质，实际上电介质中是有极少量自由电荷的，所以导电性能很微弱，通常我们研究的问题是在理想状态下，可以忽略它的导电性。下面我们来研究电介质放入静电场中产生的电极化现象，以及极化电场对原电场的影响。

根据电介质的微观结构特点，可以把电介质分为有极分子和无极分子两大类，下面我们分别研究这两类电介质的极化过程（图6.9）。

电介质中正、负电荷分布在一个线度为 10^{-10} m 的数量级的体积内，而不是集中在一点。但是，在考虑这些电荷离分子较远处所产生的电场时，或是考虑一个分子受外电场的作用时，都可以认为其中的正电荷集中于一点，这一点叫作正电荷的“重心”。而负电荷也集中于另一点，这一点叫作负电荷的“重心”。

综上所述，在静电场中，虽然不同电介质极化的微观机理不尽相同，但是在宏观上，都表现为在电介质表面上出现极化面电荷，所以通常在实际应用中，我们不需要把这两类电介质分开讨论。

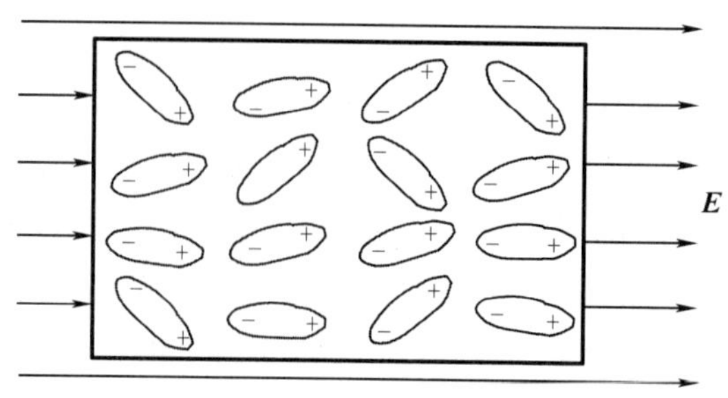

图 6.9 电介质的极化

对于无极分子,在没有外电场作用时,分子中正、负电荷的重心重合,所以分子不具有电偶极矩,当有外电场作用时,分子中正、负电荷的重心将分开一段微小距离,因而使分子具有了电矩。并且电矩的方向与外电场方向一致,外电场越强,电矩越大。我们看到的宏观现象是介质带电,即介质表面出现电荷。但在电介质内部的宏观微小的区域内,正、负电荷的电量仍相等,因而仍表现为中性。介质表面出现的电荷,我们称之为极化电荷或束缚电荷。这种在外电场的作用下,介质表面出现束缚电荷的现象叫作电介质的极化。无极分子的极化是由于分子中正、负电荷的重心发生相对位移,所以,通常称之为位移极化。对于有极分子电介质来说,分子中正负电荷的重心本来不重合,所以每一个分子就等效为一个电偶极子,但由于分子无规则的热运动,电矩的取向也无规则。当有外电场作用时,电矩将受到外电场力矩的作用,转向外电场的方向。有极分子的这种极化,是由于分子的电矩的方向取向于外电场方向,所以又称为取向极化。由于分子的无规则热运动总是存在的,这种分子电矩排列不可能完全整齐。外电场越强,分子电矩排列越整齐。

第 7 章　波动光学

7.1　光源、光程与光程差

7.1.1　光源

任何发光的物体都可以称为光源。按照各种光源的激发方式不同,大致把光源分成两大类,利用热能激发的光源称为热光源,如太阳、白炽灯、弧光灯等热辐射发光光源;而利用电能、光能或化学能激发的光源称为冷光源。冷光源有许多种,其中靠电场来补充能量的各种气体放电管(如日光灯)内的发光过程称为电致发光。某些物质在放射线、X 射线、紫外线、可见光照射下被激发而发光,在外界光源移去后,立刻停止发光的,称为荧光;在外界光源移去后,仍能持续发光的称为磷光。由于化学反应而发出的光称为化学发光,如燃烧过程、腐烂物中的磷在空气中氧化而发光等都属于化学发光。此外,还有受激辐射的激光光源。

普通光源发光的机理是处于激发态的原子(或分子)的自发辐射,即光源中的原子吸收了外界能量而处于激发态,这些激发态是极不稳定的,电子在激发态上存在的时间平均只有 $10^{-11} \sim 10^{-8}$ s,这样,原子就会自发地回到低激发态或基态,在这一过程中,原子向外发射电磁波(光波)。每个原子的发光是间歇的。一个原子经一次发光后,只有在重新获得足够能量后才会再次发光。每次发光的持续时间极短,约为 10^{-8} s。可见原子发射的光波是一段频率一定、振动方向一定、有限长的光波。图 7.1 是原子光波列的示意图。在热光源中,相应的波列长度只有 1 m 的数量级。在普通光源中,各个原子的激发和辐射参差不齐,而且彼此之间没有联系,是一种随机过程,因而不同原子在同一时刻所发出的波列在频率、振动方向和相位上各自独立,同一原子在不同时刻所发出的波列之间振动方向和相位各不相同。可见,普通光源中原子发光,真可谓此起彼伏,瞬息万变。

7.1.2　光程

在前面讨论的干涉现象中,两相干光束始终在同一介质(如空气)中传播,它们到达某一点叠加时,两光振动的相位差决定于两相干光束间的几何路程差,即波程差。但当两束光分别通过不同介质时,由于同一频率的光在不同介质中的传播速度不同,因此不同介质中的光波波长不同，这时就不能只根据几何路程差来计算相位差了。为此，我们引入光程这一概念。

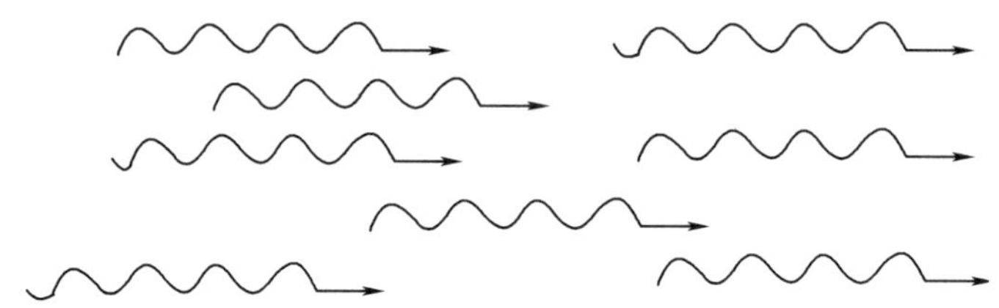

图 7.1　原子光波列的示意图

设有一频率为 ν 的单色光，它在真空中的波长为 λ，传播速度为 c。当它在折射率为 n 的介质中传播时，传播速度变为 $v=\dfrac{c}{n}$，所以波长为

$$\lambda_n=\frac{v}{\nu}=\frac{c}{n\nu}=\frac{\lambda}{n} \tag{7.1}$$

这说明，一定频率的光在折射率为 n 的介质中传播时，其波长为真空中波长的$\dfrac{1}{n}$。波行进一个波长的距离，其相位变化 2π，若光波在介质中传播的几何路程为 L，则相位的变化为

$$\Delta\varphi=\frac{2\pi L}{\lambda_n}=\frac{2\pi nL}{\lambda} \tag{7.2}$$

式(7.2)表明，光波在介质中传播时，其相位的变化不仅与光波传播的几何路程和真空中波长有关，而且还与介质的折射率有关。光在折射率为 n 的介质中通过几何路程 L 所发生的相位变化，相当于光在真空中通过 nL 的路程所发生的相位变化。所以，人们把折射率 n 和几何路程 L 的乘积 nL 叫作光程。有了光程这一概念，我们就可以把单色光在不同介质中的传播路程都折算为该单色光在真空中的传播路程。

7.1.3　光程差

假设 S_1 和 S_2 是频率为 ν 的相干光源，它们的初相位相同，经路程 r_1 和 r_2 到达空间某点 P 相遇(图 7.2)。若波 S_1P 和 S_2P 分别在折射率为 n_1 与 n_2 的介质中传播，则这两个波在 P 点引起的振动相位为

$$\varphi_1=2\pi\left(\nu t-\frac{r_1}{\lambda_1}\right) \tag{7.3}$$

$$\varphi_2=2\pi\left(\nu t-\frac{r_2}{\lambda_2}\right) \tag{7.4}$$

两者在 P 点的相位差为

$$\Delta\varphi=2\pi\left(\frac{r_2}{\lambda_2}-\frac{r_1}{\lambda_1}\right) \tag{7.5}$$

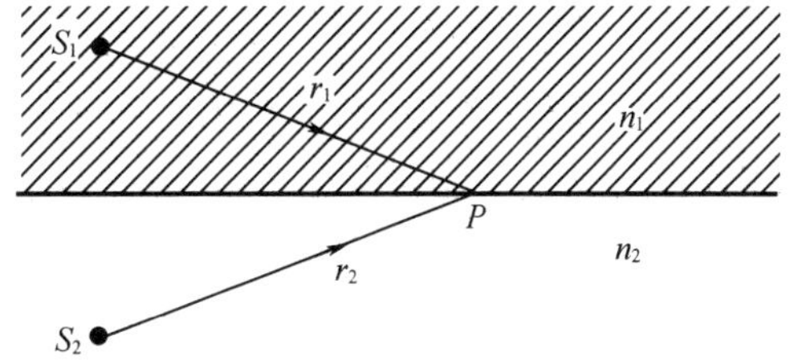

图 7.2 光程差的计算

利用式(7.1)折算真空中的 λ,得

$$\Delta\varphi = 2\pi\left(\frac{n_2r_2}{\lambda}-\frac{n_1r_1}{\lambda}\right)=\frac{2\pi}{\lambda}(n_2r_2-n_1r_1) \tag{7.6}$$

由此可见,两相干光分别通过不同的介质在空间某点相遇时,所产生的相位差不是取决于它们的几何路程之差,而是取决于它们的光程差 $n_2r_2-n_1r_1$,常用 δ 来表示光程差。两者之间的关系是

$$相位差=\frac{光程差}{\lambda}\times 2\pi \tag{7.7}$$

或

$$\Delta\varphi=\frac{2\pi}{\lambda}\delta \tag{7.8}$$

式中,λ 为光在真空中的波长。

所以,当

$$\delta=\pm k\lambda \quad k=0,1,2,\cdots \tag{7.9}$$

时,有 $\Delta\varphi=\pm 2k\pi$,干涉加强。

当

$$\delta=\pm(2k+1)\frac{\lambda}{2} \quad k=0,1,2,\cdots \tag{7.10}$$

时,有 $\Delta\varphi=\pm(2k+1)\pi$,干涉减弱。

7.2 单缝衍射

7.2.1 光的衍射现象

当障碍物的大小与波长在数量级上很接近时,才能观察到明显的衍射现象,如声波、水波等都具有这种现象。作为电磁波的光波,在传播中若遇到尺寸比光的波长大得不多的障碍物时,它就不再沿着直线传播,而会传到障碍物的后面并形成明暗相间的条纹,这种现象称为光的衍射现象。在实验室中可以很容易地观察到光的衍射现象。

如图 7.3 所示,一束平行光通过一个宽度可调节的狭缝 K 以后,在屏幕 P 上将呈现光斑。若狭缝的宽度比光波波长大得多,则屏幕 P 上的光斑和狭缝宽度相同,亮度均匀。此时的光可看成沿直线传播。调节 K,使缝宽逐渐缩小,当缝宽缩小到可以与光波波长相比拟时,在屏幕 P 上出现的光斑在其亮度下降的同时,其宽度范围反而扩宽,形成明暗相间的条纹,这就是光的衍射现象。

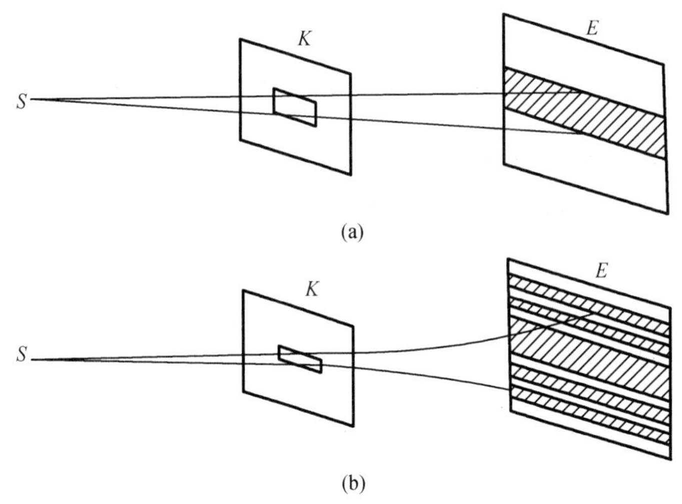

图 7.3　光的衍射现象

如果上述实验中照射单缝的是白光,则屏幕上出现的衍射图样为相对于中央白条纹两侧对称分布的彩色条纹。当用单色光照在如细线、针、毛发等一类细长的障碍物上时,屏幕上也将出现明暗相间的衍射条纹。

7.2.2　惠更斯-菲涅尔原理

应用惠更斯原理可以定性地说明波的衍射现象,却无法解释光的衍射图样中光强的分布,即明暗相间的光斑分布。菲涅尔进一步发展了惠更斯原理,提出了“子波相干叠加”的概念,使之能较圆满地解释光衍射现象中的这一问题,成为研究光的衍射现象的基础理论。

菲涅尔根据波的叠加和干涉原理认为,波在传播过程中,从同一波阵面上各点所发出的子波,经传播而在空间某点相遇时,也可以相互叠加而产生干涉现象,这便是惠更斯-菲涅尔原理。

根据这个原理,如果已知光波在某一时刻的波阵面 S,就可以计算光波传到 S 面给定点 P 时光振动的振幅和相位。如图 7.4 所示,首先将 S 分成许多面元 $\mathrm{d}S$,每一面元 $\mathrm{d}S$ 可看成发出球面子波的子波源,而空间任一点 P 的光振动,则取决于波阵面 S 上所有面元发出的子波在该点相互干涉的总效果。根据理论推导可以得知,每一面元 $\mathrm{d}S$ 所发出的子波在 P 点引起光振动的振幅大小与面元的面积成正比;与 $\mathrm{d}S$ 到 P 点的距离 r 成反比;与 r 和 $\mathrm{d}S$

的面法线之间的夹角 θ 有关，θ 愈大，在 P 点引起的振幅愈小，当 $\theta \geqslant \frac{\pi}{2}$ 时，振幅为零。而子波在 P 点处所引起的光振动相位则由 $\mathrm{d}S$ 到点 P 的光程确定。由此可知，点 P 处的光矢量 $\boldsymbol{E}$ 的大小应由下述积分决定，即

$$E = C\int \frac{K(\theta)}{r}\cos\left[2\pi\left(\frac{t}{T} - \frac{r}{\lambda}\right)\right]\mathrm{d}S \tag{7.11}$$

式中，C 为比例常数；$K(\theta)$ 为随 θ 增大而减小的倾斜因数；T 和 λ 分别为光波的周期与波长。这就是惠更斯-菲涅尔原理的数学表达式。

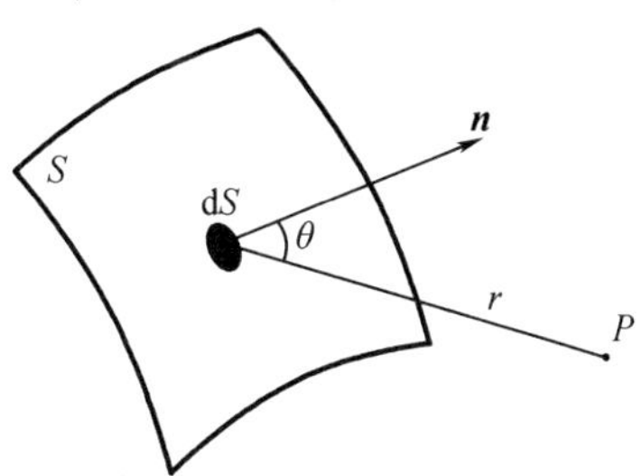

图 7.4　惠更斯-菲涅尔原理说明图

第 8 章　量子物理基础

8.1　波函数和薛定谔方程

8.1.1　波函数

如前所述,一个具有能量和动量的微观粒子,必然同时表现波动性。那么这究竟是一种什么波呢?微观粒子的运动状态又如何来描述呢?

实物粒子的德布罗意波也可以用公式表达,相当于弹性波的位移的一个量,用符号 Ψ 代表,称为波函数。

考虑一个自由粒子的波。自由粒子的能量和动量都是恒量,由德布罗意关系可知,与自由粒子相联系的波的频率和波长都不变,可用一平面波来描述。

频率为 ν、波长为 λ,沿 x 方向传播的平面波可用下式表示,即

$$\Psi(x,t)=\Psi_0\cos\left[2\pi\left(\nu t-\frac{x}{\lambda}\right)\right]=\Psi_0\cos\left[-2\pi\left(\nu t-\frac{x}{\lambda}\right)\right] \tag{8.1}$$

对于实物粒子,一般把 $\Psi(x,t)$ 写成复数形式更方便,即

$$\Psi(x,t)=\Psi_0 e^{-2\pi i\left(\nu t-\frac{x}{\lambda}\right)} \tag{8.2}$$

研究到 $E=h\nu, p=h/\lambda$ 和 $\hbar=h/2\pi$,有

$$\Psi(x,t)=\Psi_0 e^{-i(Et-px)/\hbar} \tag{8.3}$$

一般情况下,自由粒子可沿空间任意方向运动,任意时刻的位矢为 $\boldsymbol{r}$,动量为 $\boldsymbol{p}$,能量为 E,式(8.3)又可改写为

$$\Psi(\boldsymbol{r},t)=\Psi_0 e^{-i(Et-\boldsymbol{p}\cdot\boldsymbol{r})/\hbar} \tag{8.4}$$

量子力学中一般用下列形式,即

$$\Psi(\boldsymbol{r},t)=\Psi_0 e^{i(\boldsymbol{p}\cdot\boldsymbol{r}-Et)/\hbar} \tag{8.5}$$

这就是描写自由粒子运动状态的波函数,它代表波幅恒定的波。

对于一般的微观粒子,可以用 $\Psi(\boldsymbol{r},t)$ 或 $\Psi(x,y,z,t)$ 来描述其运动状态,这里的 $\Psi(\boldsymbol{r},t)$ 或 $\Psi(x,y,z,t)$ 便是与微观粒子联系在一起的德布罗意波的波函数,简称为波函数。

8.1.2 波函数的统计解释

波函数在物理上的确切含义是什么？或者说如何把物质波的概念同它所描述的微观粒子联系起来呢？玻恩于1926年通过对散射过程的分析首先提出了概率波的概念，解决了这一问题，并因此获得了1954年诺贝尔物理学奖。

为了清楚地阐明概率波的概念，我们先来分析一下梅尔里等人的电子双棱镜实验结果。当照射时间很短时，只有一些杂乱无章地散布在屏上的亮点，这表明电子在荧光屏上任何位置都可能出现。对于每一个电子，并不能肯定地预测它将出现在什么位置。当照射时间逐渐增加时，荧光屏上的亮点逐渐增多，分布逐渐显现出清楚的衍射条纹。这就表明，实验所显示的电子的波动性是各个粒子具有的性质。波函数 $\Psi(\boldsymbol{r},t)$ 正是为描述粒子的这种行为而引进的。波恩在这个基础上，提出了波函数的统计解释：波函数在空间某一点的强度 $|\Psi(\boldsymbol{r},t)|^2$ 和在该点发现粒子的概率成正比。这就是波恩提出的对粒子波函数的统计解释。按照这种解释，描写实物粒子的波函数乃是概率波。由波函数的统计解释可以看出，对微观粒子讨论运动的轨道是没有意义的，因为反映出来的只是微观粒子运动的统计规律，这与宏观物体的运动有着本质的差别。波恩提出的关于波函数的概率解释是量子力学的基本原理。

因为在空间某点附近找到粒子的概率与该区域的大小有关，所以在一个很小的区域范围内，$\Psi(\boldsymbol{r},t)$ 可以认为不变，粒子在该区域内出现的概率将正比于体积元 $\mathrm{d}V=\mathrm{d}x\mathrm{d}y\mathrm{d}z$ 的大小，则有

$$|\Psi(\boldsymbol{r},t)|^2\mathrm{d}V=\Psi\Psi^*\,\mathrm{d}V \tag{8.6}$$

式中，$|\Psi(r,t)|^2=\Psi\Psi^*$ 表示在某点处单位体积内出现粒子的概率，称为概率密度。一定时刻在空间给定处出现粒子的概率应有一定的量值，不可能既是这个量值又是那个量值，因此 Ψ 必须是单值函数；概率不能无限大，所以 Ψ 必须有限；概率不会在某处发生突变，所以 Ψ 必须随处连续。上述单值、有限、连续的条件称为波函数的标准条件。又因为在整个空间内出现粒子的总概率为1，所以将式(8.5)对整个空间积分后，应有

$$\iiint|\Psi|^2\mathrm{d}V=1 \tag{8.7}$$

式(8.7)称为归一化条件。

8.1.3 薛定谔方程

微观粒子具有波粒两象性，一个微观粒子的状态用波函数 $\Psi(\boldsymbol{r},t)$ 来描述。当 $\Psi(\boldsymbol{r},t)$ 确定后，在空间某点处发现一个粒子的概率以及任何一个力学量的测量值概率都能完全确定。因此，量子力学中最核心的问题就是要找出各种具体情况下描述系统状态的各种可能的波函数，这个问题由薛定谔提出的波动方程——薛定谔方程得以解决。

先讨论自由粒子的情况。自由粒子的波函数为式(8.5)，其应该是所要建立的自由粒

子薛定谔方程的解。把式(8.5)对时间 t 求一阶偏导,得到

$$\frac{\partial \Psi}{\partial t}=-\frac{\mathrm{i}}{\hbar}E\Psi \tag{8.8}$$

由于式(8.5)可以写成

$$\Psi(x,y,z,t)=\Psi_0 \mathrm{e}^{\mathrm{i}(xp_x+yp_y+zp_z-Et)/\hbar} \tag{8.9}$$

形式,因此将式(8.9)对坐标求二阶偏导,得

$$\frac{\partial^2 \Psi}{\partial x^2}=-\frac{\Psi_0}{\hbar^2}p_x^2 \mathrm{e}^{\mathrm{i}(xp_x+yp_y+zp_z-Et)/\hbar}=-\frac{p_x^2}{\hbar^2}\Psi \tag{8.10}$$

$$\frac{\partial^2 \Psi}{\partial y^2}=-\frac{p_y^2}{\hbar^2}\Psi \tag{8.11}$$

$$\frac{\partial^2 \Psi}{\partial z^2}=-\frac{p_z^2}{\hbar^2}\Psi \tag{8.12}$$

把上述三个式子相加,得

$$\frac{\partial^2 \Psi}{\partial x^2}+\frac{\partial^2 \Psi}{\partial y^2}+\frac{\partial^2 \Psi}{\partial z^2}=\nabla^2 \Psi=-\frac{p^2}{\hbar^2}\Psi \tag{8.13}$$

式中,$\nabla^2=\frac{\partial^2}{\partial x^2}+\frac{\partial^2}{\partial y^2}+\frac{\partial^2}{\partial z^2}$称为拉普拉斯算符;$p^2=\boldsymbol{p}\cdot\boldsymbol{p}=p_x^2+p_y^2+p_z^2$。再利用自由粒子能量与动量的关系式,即

$$E=\frac{p^2}{2m} \tag{8.14}$$

式中,m 为自由粒子的质量,得

$$\nabla^2 \Psi=-\frac{2m}{\hbar^2}E\Psi \tag{8.15}$$

式(8.15)与时间无关,称为自由粒子的定态薛定谔方程。所谓定态是指自由粒子的能量不随时间变化的状态。

下面我们来讨论在势场作用下微观粒子的波函数所满足的波动方程。设微观粒子在势场中的势能为 $U(\boldsymbol{r})$ 或 $U(x,y,z)$,在这种情况下,微观粒子的能量和动量关系为

$$E=\frac{p^2}{2m}+U(\boldsymbol{r}) \tag{8.16}$$

将式(8.16)代入式(8.15)有

$$\nabla^2 \Psi=-\frac{2m}{\hbar^2}(E-U(\boldsymbol{r}))\Psi$$

即

$$\nabla^2 \Psi+\frac{2m}{\eta^2}(E-U(\boldsymbol{r}))\Psi=0 \tag{8.17}$$

式中,$U(\boldsymbol{r})$与 t 无关;E 为常数。式(8.17)称为非含时薛定谔方程或定态薛定谔方程。

由于作用在粒子上的势场与时间无关,由式(8.17)解出的波函数形式可写为

$$\Psi(\boldsymbol{r},t)=\Psi(\boldsymbol{r})\mathrm{e}^{-\frac{\mathrm{i}}{\hbar}Et} \tag{8.18}$$

即与微观粒子联系在一起的物质波为一个空间坐标的函数 $\Psi(\boldsymbol{r})$ 和一个相因子的乘积，整个波函数随时间的改变由相因子 $e^{-\frac{i}{\hbar}Et}$ 决定。由该形式的波函数所描写的状态称为定态，因而式(8.17)称为定态薛定谔方程，式(8.18)所表示的波函数称为定态波函数。如果粒子处于定态，则

$$|\Psi(\boldsymbol{r},t)|^2=|\Psi(\boldsymbol{r})e^{-\frac{i}{\hbar}Et}|^2=|\Psi(\boldsymbol{r})|^2 \tag{8.19}$$

与时间无关，即粒子在空间分布的概率不随时间而改变，这是定态的一个重要特点。

如果粒子处于定态，即如果描写粒子的波函数是定态薛定谔方程的解，则此状态下粒子的能量有确定值，这个值正是式(8.17)中的常数 E。

最后我们考虑波函数随时间变化的最一般形式，此时可以含有时间，亦可以不显含时间。改写一下式(8.13)的形式有

$$E\Psi=i\hbar\frac{\partial}{\partial t}\Psi \tag{8.20}$$

一般情况下，数学符号 $i\hbar\frac{\partial}{\partial t}$ 对波函数的作用就相当于 E 对波函数的作用，我们称 $i\hbar\frac{\partial}{\partial t}$ 为能量算符。它单独存在时无任何意义，只有作用于波函数时才具有能量的意义。

用 $i\hbar\frac{\partial}{\partial t}$ 代替式(8-17)中的 E，再代入式(8.15)，有

$$\frac{\hbar^2}{2m}\nabla^2\Psi=-i\hbar\frac{\partial}{\partial t}\Psi+U(\boldsymbol{r},t)\Psi \tag{8.21}$$

或

$$i\hbar\frac{\partial}{\partial t}\Psi=-\frac{\hbar^2}{2m}\nabla^2\Psi+U(\boldsymbol{r},t)\Psi \tag{8.22}$$

这就是薛定谔于1926年提出的波动方程，称为含时薛定谔方程或薛定谔方程，它是微观粒子所遵循的最普遍的运动方程。

应该指出，薛定谔方程是量子力学中最基本的方程，它在量子力学中的地位与牛顿运动定律在经典力学中的地位相当，应该认为它是量子力学的一个基本假设，不能从其他更基本的假设来推导或证明它，其正确与否只能依靠实验来检验。

8.2 电子自旋

8.2.1 史特恩-盖拉赫实验

研究表明，不仅原子中电子的能量、电子运动的角动量是量子化的，而且在外磁场中角动量的取向也可能是量子化的。

史特恩和盖拉赫进行的实验是对原子在外磁场中取向量子化的首次直接的观察,它是原子物理学中最重要的实验之一,其装置示意图如图 8.1 所示。

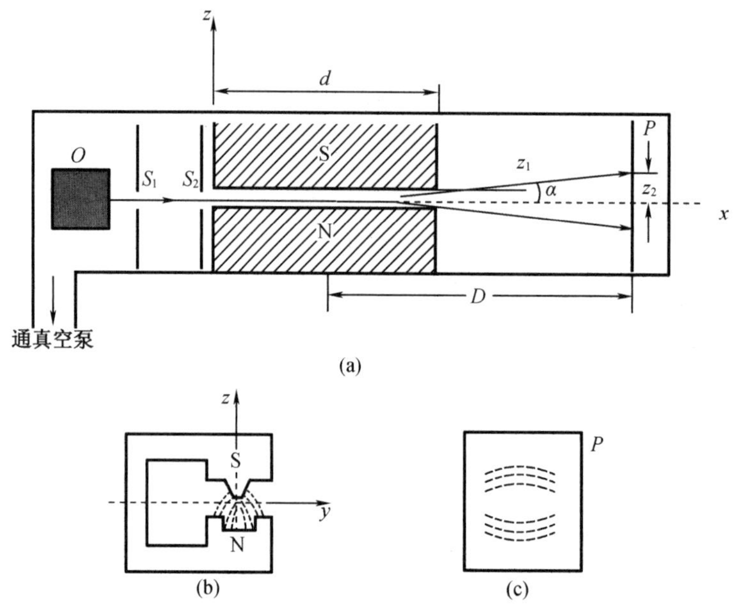

图 8.1　史特恩-盖拉赫实验装置示意图

氢原子在容器 O 内被加热成蒸气,氢原子从容器 O 内通过一小孔逸出,再经过狭缝 S_1 和 S_2 后,就使我们选出了沿水平方向运动的原子束,其速度为 v。在狭缝右面有一个非均匀的磁场区,最后射到照相底片上。如果原子束中的氢原子不具有磁矩,射线束自然不会发生偏转;如果氢原子具有磁矩而没有空间量子化存在,它在非均匀的磁场中受到力的作用,在底片上应得到连续分布的痕迹;如果氢原子具有磁矩而且是空间量子化的,它在非均匀的磁场中受到力的作用,在底片上应得到分立的条状痕迹。

史特恩-盖拉赫实验的结果是在照相底片上出现了两条分裂的痕迹。该结果表明,氢原子在磁场中有两个取向,这就有力地证明了氢原子具有磁矩,而且氢原子磁矩在外磁场中的取向是量子化的。

1943 年史特恩获得了诺贝尔物理学奖,以表彰他对发展分子射线方法的贡献且测定了质子的磁矩。

8.2.2　电子的自旋

尽管史特恩-盖拉赫的实验证实了氢原子在磁场中的空间取向量子化,但由于这个实验给出的氢原子在磁场中只有两个取向的事实,却是空间量子化理论所不能解释的。按空间量子化理论,当角量子数 l 一定时,轨道磁量子数 m_l 有 $2l+1$ 个,由于 l 是整数,$2l+1$ 就一定是奇数。尤其是,由于在实验中用的原子束是处于基态的氢原子,即 $l=0$,所以原子本身没有角动量,亦即没有磁矩,实验中测得的氢原子所具有的磁矩就特别引人注目,这个磁矩在空间的取向又是量子化的。这只能说明,到此我们对原子的描述仍是不完全的。那么,我们如何理解这一实验结果呢?

1925 年 10 月,年龄还不到 25 岁的两位荷兰学生乌伦贝克与古兹米特提出了大胆的电子自旋假设,圆满地解释了上述现象。

乌伦贝克与古兹米特提出,电子不是点电荷,电子除了对原子核做相对运动而具有角动量外,还有自旋运动,因而还具有固有的自旋角动量和相应的自旋磁矩。在史特恩-盖拉赫实验中所测得的磁矩正是这个自旋磁矩。而且上述实验表明:自旋磁矩在外磁场中的取向是量子化的,在磁场方向上的分量只能有两个量值。所以上述实验还同时表明:自旋角动量也是空间量子化的,在磁场方向分量也只能有两个量值。

与电子轨道角动量及其在外磁场方向的分量相似,可设电子的自旋角动量的大小为

$$S=\sqrt{s(s+1)}\,\hbar \tag{8.23}$$

式中,s 称为自旋量子数。

而在外磁场方向上的分量为

$$S_z=m_s\hbar \tag{8.24}$$

式中,m_s 为自旋磁量子数。因为 m_s 所能取的量值和 m_l 一样,共有 $2s+1$ 个值,但史特恩-盖拉赫实验指出,S_z 只有两个量值,因此,令

$$2s+1=2 \tag{8.25}$$

即得自旋量子数

$$s=\frac{1}{2} \tag{8.26}$$

从而自旋磁量子数为

$$m_s=\pm\frac{1}{2} \tag{8.27}$$

因此,有

$$S=\frac{\sqrt{3}}{2}\hbar \tag{8.28}$$

$$S_z=\pm\frac{1}{2}\hbar \tag{8.29}$$

电子在外磁场中的自旋状态的两种可能情况形象地示于图 8.2 中。

与自旋相联系的磁矩为

$$\boldsymbol{M}_s=-\frac{e}{m_e}\boldsymbol{S} \tag{8.30}$$

式中,e 为电子的电荷;m_e 为电子的质量。$\boldsymbol{M}_s$ 在空间任意方向上的投影只能取两个数值。

$$M_{sz}=\pm\frac{e\hbar}{2m_e}=\pm M_B \tag{8.31}$$

式中,$M_B=\dfrac{e\hbar}{2m_e}$称为玻尔磁子。

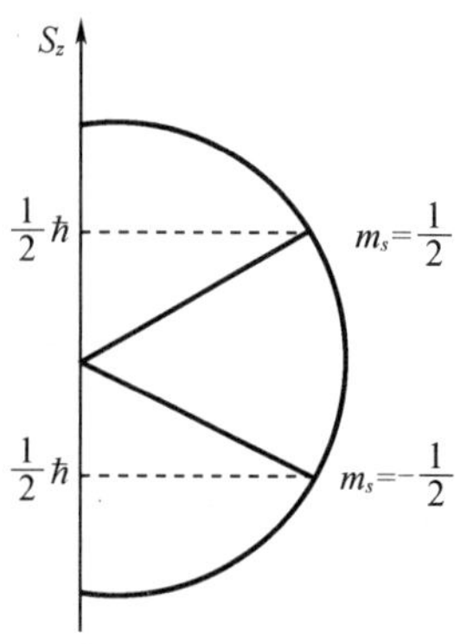

图 8.2　电子在外磁场中的自旋状态的两种可能情况

电子的自旋概念是微观物理学最重要的概念，电子具有自旋及自旋磁矩是电子的基本性质。应用电子自旋假设可以圆满解释史特恩-盖拉赫实验中的现象。在史特恩-盖拉赫实验中，虽然轨道角动量为0，但自旋角动量及自旋磁矩不为0，所以在外磁场作用下电子的自旋磁矩出现平行和反平行于外磁场的两个指向，因而原子束分裂为两束，在照相底片上感光而出现两条痕迹。另外，应用电子自旋假设还可以圆满地解释光谱的精细结构及反常塞曼效应等现象，这也说明了电子自旋假设的正确性。在非相对论量子力学中无法得出自旋等概念。1928 年，由狄拉克建立的相对论量子力学成功地解释了自旋等现象。

最后应该指出的是，正如不能用轨道概念来描述电子在原子核周围的运动一样，也不能把经典的小球的自旋图像硬套在电子的自旋上。电子的自旋及自旋磁矩是电子的基本性质。

8.3　多电子原子的电子壳层结构

8.3.1　电子的运动状态

我们知道，要描述原子中电子的运动状态需要 4 个量子数。

(1) 主量子数 n：$n=1,2,\cdots$。原子中电子的能量主要取决于主量子数。n 越大，则能量越大。

(2) 角量子数 l：n 确定后，$l=0,1,2,\cdots,n-1$。l 决定电子绕核运动的角动量的大小。一般来说，处于同一主量子数 n 而不同角量子数 l 的状态中的电子，其能量稍有不同。

(3) 磁量子数 m_l：l 确定后，$m_l=0,\pm1,\pm2,\cdots,\pm l$。$m_l$ 决定绕核旋转的电子的角动量在外磁场中的取向。

(4) 自旋磁量子数 m_s：$m_s=\pm\frac{1}{2}$。m_s 决定电子自旋角动量在外磁场中的取向。

一般情况下,若要确定原子中电子的运动状态,需用一组量子数(n、l、m_l、m_s)来描述其中每一个电子的运动状态,正是这些状态决定了电子在原子核外的分布。这一分布遵循下面两条基本原理。

8.3.2 泡利不相容原理

在原子系统内,不可能有两个或两个以上的电子处于同一状态(n、l、m_l、m_s),即不可能有两个或两个以上的电子具有完全相同的4个量子数,这就是泡利不相容原理。

这个原理是泡利于1925年分析了大量的光谱数据后总结出来的一个普遍规律,是1925年的三大发现之一,是微观粒子运动的基本规律之一,泡利也因此获得了1945年诺贝尔物理学奖。

根据泡利不相容原理,当n确定后,l的值可能有n个:$0,1,2,\cdots,n-1$;当l确定后,m_l的可能值有$2l+1$个:$0,\pm1,\pm2,\cdots,\pm l$;当n、l、m_l都确定后,m_s只有两个可能值:$\pm\frac{1}{2}$。由此,我们可以算出原子中有相同主量子数n的电子数目最多为

$$Z_n = 2\sum_{l=0}^{n-1}(2l+1) = 2n^2 \tag{8.32}$$

1916年,柯塞尔提出了原子的壳层结构。他认为绕核运动的电子组成了许多壳层,主量子数n相同的电子属于同一壳层。对应于$n=1,2,3,4,5,6,7,\cdots$状态的壳层分别用K,L,M,N,O,P,Q,…来表示。n相同、l不同的电子又组成了许多支壳层,对应于$l=0,1,2,\cdots$状态的支壳层分别用s,p,d…来表示。例如,当$n=2$,而$l=0$时,对应L壳层s支壳层,最多可能有2个电子,简记为$2s^2$;当$n=2$,而$l=1$时,对应L壳层p支壳层,最多可能有6个电子,简记为$2p^6$。故L壳层最多可能有8个电子。这是在化学上为确定元素周期表而提出的,它与泡利不相容原理计算的结果完全一致。

8.3.3 能量最小原理

原子处于正常状态时,每个电子都趋于占据能量最低的能级。因为位于较高能级上的电子总有自发放出光子而跃迁到较低能级的趋势,因此,电子所占据的能级越低,其相应的状态就越稳定。能级基本上取决于n,n愈小,能级愈低,所以多电子原子中的电子总是在不违背泡利不相容原理的前提下,从最靠近原子核的低能级向远离原子核的高能级逐个填充,这样得到的状态、基态最稳定。

根据能量最小原理,电子一般按n由小到大的次序填入各能级。但由于能级还与角量子数l有关,所以在有些情况下,n较小的壳层尚未填满时,n较大的壳层却已开始有电子填入了,即发生能级交错现象。这一情况在$n=4$时就开始表现出来。关于n和l都不同的状态的能级高低问题,我国科学家总结出这样的规律:对于原子的外层电子,能级的高低以$(n+0.7l)$来确定,$(n+0.7l)$越大则能级越高。如4s($n=4$,$l=0$)和3d($n=3$,$l=2$)两个状态,

4s 的 $(n+0.7l)=4$,3d 的 $(n+0.7l)=4.4$,故有 $E(4s)<E(3d)$。这样,4s 态应比 3d 态先为电子所占有。按照上述方法计算的结果,电子并不完全按照 K,L,M,N,O,P,Q,…主壳层次序依次排列,而是按下列次序排列:

1s,2s,2p,3s,3p,4s,3d,4p,5s,4d,5p,6s,4f,5d,6p,7s,5f,6d,…

1869 年,俄国化学家门捷列夫发现了元素的周期律,即如果将元素按原子序数由小到大依次排列(原子序数就是各元素原子的核电荷数,也就是正常情况下各元素原子中的核外电子数),则元素的化学和物理性质将会出现有规律、周期性的重复,从而列出了元素周期表。元素的周期律是自然界的基本规律之一,它反映了原子内部结构的规律性。

元素的性质取决于原子的结构,也就是原子中电子所处的状态,原子中电子在各壳层和支壳层中的分布规律性可以说明元素周期表的规律性。利用泡利不相容原理、能量最小原理等量子物理学中的规律可以很好地说明原子中电子在各壳层和支壳层中分布的规律性,从而说明元素周期表的规律性。

第二编　教学研究与拓展

第 9 章　力现象演示与分析

9.1　自行车急刹车时的力学现象与分析

日常生活中常有骑自行车的人在急刹车时车体出现前翻、打横，或前翻与打横并存等令人担心的现象。那么在急刹车时出现的这类现象是什么原因产生的？我们在不改变车体结构时又应该如何进行控制车体行驶呢？本书试图对自行车急刹车时的现象进行力学分析，希望对大家的教学与实践有所启发。

9.1.1　人车系统模型

如图 9.1 所示，视自行车为刚体，质心位置为 C_1，当车做直线运动时人与车在同一平面内。前后轮所受地面支持力分别为 $\boldsymbol{N}_1$、$\boldsymbol{N}_2$，摩擦力分别为 $\boldsymbol{f}$、$\boldsymbol{f}_2$，人车系统质心为 C。我们约定，$\overline{fC}$、$\overline{N_1C}$、$\overline{f_2C}$、$\overline{N_2C}$ 分别为 C 点到了 $\boldsymbol{f}$、$\boldsymbol{N}_1$、$\boldsymbol{f}_2$、$\boldsymbol{N}_2$ 矢量作用线的垂直距离，$\overline{fC_{水平}}$、$\overline{f_2C_{水平}}$ 分别代表系统质心重力作用线与 f、f_2 作用线的距离，μ_1、μ_2 分别为前后轮与地面的摩擦系数。当车做非直线运动时人与车架在同一竖直面，$f_{\perp}$、$f_{2\perp}$ 分别代表 $\boldsymbol{f}$、$\boldsymbol{f}_2$ 在垂直于车体方向的分量。

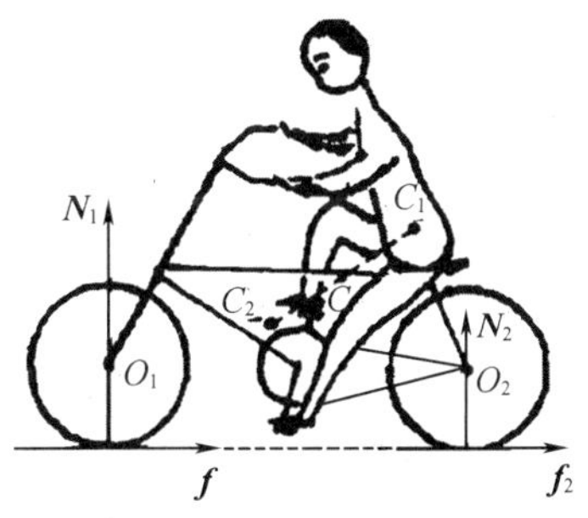

图 9.1　人骑自行车受力示意图

9.1.2　有关力学实验现象

车与地面的摩擦系数 μ 与车轮同地面间接触时间有关，在接触时间小于饱和接触时间时,摩擦系数是随接触时间增加而增大的(实验是在户外地面为冰或雪环境下进行的)。

当人骑自行车在有摩擦的水平面上以直线行驶时(图 9.1),当人捏前闸,人体质心较高(或质心 C_1 较靠前)及地面与车摩擦较大时,车较易前翻;当人捏后闸,人体质心 C_1 较低及地面与车摩擦较小时,车不易前翻;如果人体相对车不变位置时,捏前闸较捏后闸车更易前翻。

当人骑自行车行驶在摩擦较小(如冰雪路面)的水平面上,并且前后轮不在一直线上前进(图 9.2),此时刹车易出现车打横,捏前闸比捏后闸更易打横;前、后轮轴速度方向的间距(车与路面的摩擦力作用线之间的距离)越大,刹车时越易打横、放平。

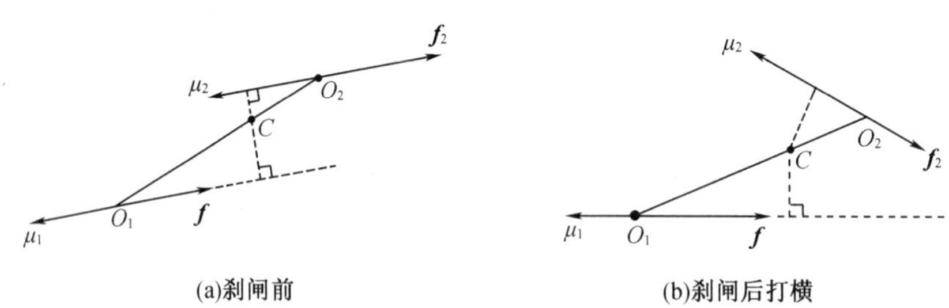

图 9.2　人骑自行车打横示意图

9.1.3　理论分析

当刹车捏前闸时,我们考虑车沿水平直线行驶情况,受力分析如图 9.1 所示,考虑车在竖直平面内的翻转,由系统对质心 C 轴的转动定理,有

$$N_2\mu_2 \cdot \overline{f_2C}+N_2 \cdot \overline{N_2C}+N_1\mu_1 \cdot \overline{fC}-N_1\overline{N_1C}=I\alpha \tag{9.1}$$

式中,I、α 分别为系统对过质心 C 且垂直车前进方向的水平轴的转动惯量和角加速度。若出现车前翻,必有 $I\alpha>0$,$N_2=0$,于是,由式(9.1)有

$$\mu_1>\overline{N_1C}/\overline{fC}=\mu_{\min} \tag{9.2}$$

即在实际路面摩擦系数满足式(9.2)时,才会出现竖直前翻。

取 $\overline{N_1C}=0.8$ m,$\overline{fC}=0.8$ m,由式(9.2)得 $\mu_{\min}=1$。在此情况下,由于通常车与地面的实际摩擦系数 $\mu_1<1$,式(9.2)不成立,车不会出现刹车前翻现象;如果调整人的质心相对于车的位置,使 $\overline{N_1C}=0.3$ m,$\overline{fC}=0.8$ m,车与地面的实际摩擦系数 $\mu_1=0.5$,此时 $\mu_1>\mu_{\min}$ 式(9.2)成立,在这种情况下急刹车将出现前翻现象。若刹车急捏后闸时,后轮为滑动,前轮为滚动摩擦,滚动摩擦系数小于滑动摩擦系数,此时式(9.1)仍成立,这时车(前轮)与地面摩擦系数 μ_1 小于式(9.2)情况下的摩擦系数。因此,急刹车捏后闸比捏前闸时较不易出现前翻现象。

当自行车行驶在较光滑的水平面上,并且前、后轮不在同一直线上运动(图 9.2)时,由于路面较光滑,由上述分析知,此情况不易出现前翻,我们暂考虑刹车时车绕过系统质心 C 的竖直轴在水平面上打横(平面平行运动)的情况,由系统对质心 C 轴的转动定理,有

$$N_1\mu_1 \cdot \overline{fC_{水平}} - N_2\mu_2 \cdot \overline{f_2C} = I_{竖}\alpha_{竖} \tag{9.3}$$

式中，$I_{竖}$、$\alpha_{竖}$分别为系统对过质心 C 的竖直轴的转动惯量和角加速度。当车出现打横时，$I_{竖}\alpha_{竖}>0$ 成立，即有

$$N_1\mu_1 > N_2\mu_2 \cdot \overline{f_2C_{水平}} / \overline{fC_{水平}} \tag{9.4}$$

当急捏前闸时，由于强大的惯性作用使 N_1 迅速增大，前轮车胎与地面接触处形变增大(车胎变宽，地面下凹(雪地更明显))，后轮 N_2 迅速减小，并做滚动摩擦，此时 $N_1\mu_1 \gg N_2\mu_2$，式(9.4)较易满足，从而出现车打横现象，当急刹后闸时，虽仍有 N_1 迅速增加，N_2 迅速减小，但前轮为滚动摩擦，后轮为滑动摩擦，此时 μ_1 比急刹前闸时要小得多，μ_2 又比急刹前闸时大得多。于是，刹后闸时式(9.4)不如刹前闸时易被满足，即刹前闸比刹后闸更易打横。由式(9.4)知，自行车缓慢行驶可增加接触时间，亦增加摩擦系数的值，车不易打滑，人体质心靠近前轮，刹后闸使前、后轮及人在接近同一竖直面内时更不易出现打横现象。

我们现在考虑系统在急刹车时出现放平现象。

刹车瞬时系统对过 C 点与车架平行的空间水平轴的转动(暂不计前翻、打横)满足

$$f_{\perp} \cdot \overline{fC} + f_{2\perp} \cdot \overline{f_2C} = I_l\alpha_l \tag{9.5}$$

式中，I_l、α_l 分别为刹车瞬时系统对过 C 点与车架平行的水平轴的转动惯量和角加速度。可见，我们更为关注的是 α_l 的大小。当人相对车位置不变时，I_l、$\overline{fC}$、$\overline{f_2C}$ 一定，$f_{\perp}$、$f_{2\perp}$ 量值越大 α_l 亦越大。即在急刹车时，车把(前轮)转向越大($\boldsymbol{f}$ 与 $\overline{O_1O_2}$ 夹角越大)，车放平过程的角加速度就越大；车把在急刹车时转向一定，若增大 I_l 值，车放平的角加速度 α_l 变小使车不易放平，这就是通常人们在急刹车时常把腿外伸张开以增大 I_l 值，从而避免车放平的原因。

当人骑自行车急刹车时，如果 $\alpha \gg \alpha_{竖}$，我们只能看到前翻现象；如果 $\alpha_{竖} \gg \alpha$、α_l，我们只看到打横现象；如果 $\alpha_l \gg \alpha_{竖}$、α，我们只能看到放平现象；如果 α、$\alpha_{竖}$、α_l 均在同一数量级上，我们将看到前翻、打横和放平运动同时并存的一幅连续复杂的画面出现。

总之，在我们生活中常常是防止急刹车时出现前翻、打横和放平现象，而在杂技表演中往往要用到这方面的现象。因此，我们要学会控制自行车(包括摩托车)为我们服务。同时把这一问题引入到教学中会激发学生学习兴趣，培养理论联系实际的能力。对有坡路面分析方法相同。

9.2 变质量系统的“自心”运动定理及其应用

变质量系统的运动问题是理论力学教学中应用起来较难的一节，以前曾有许多文献对这一问题进行了多方位的探讨，尽管如此，还有一些问题有待于我们进一步研究。在《物理通报》1995 年第 9 期第 5 页上，王瑞旦同志的《变质量物体的运动方程与链条运动问题》一文中就有不妥之处。该问题具有很大的普遍性，为此，本书除与作者交换看法外，又给出了如下几个推论。

推论 1.1 系统在自然坐标轴上的"自心"加速度 $\ddot{s}_C$ 与系统质量 $\sum m_i$ 的乘积等于系统所受各外力在坐标轴上投影之和 $\sum F_{is外}$，即

$$\ddot{s}_C \sum m_i = \sum F_{is外} \tag{9.6}$$

式中，$s_C = \dfrac{\sum m_i s_i}{\sum m_i}$对无伸缩系统而言，有 $\dot{s}_C = \dot{s}_i$，$\ddot{s}_C = \ddot{s}_i$。

推论 1.2 系统在自然坐标轴上自心动量 $\dot{s}_C \sum m_i$ 的增量等于系统外力在坐标轴上投影的代数和的冲量$\sum F_{is外}\,\mathrm{d}t$，即

$$\mathrm{d}\left(\sum m_i \dot{s}_C\right) = \sum F_{is外}\,\mathrm{d}t \tag{9.7}$$

此推论由推论 1.1 导出（过程略）。

推论 1.3 对于沿固定几何轨迹的无伸缩的系统，它的变质量主体（质量 $m = \sum m_i$）质量 m 与其自心加速度 $\ddot{s}_C$ 的乘积等于系统（m 与合并质量 $\mathrm{d}m$）外力在自然坐标轴上投影代数和 $\sum F_{is外}$与反冲力$(u_s - \dot{s}_C)\dfrac{\mathrm{d}m}{\mathrm{d}t}$（$u_s$ 为 $\mathrm{d}m$ 合并前或分离后绝对速度在坐标轴上的投影）之和，即

$$m\frac{\mathrm{d}\dot{s}_C}{\mathrm{d}t} = \sum F_{is外} + (u_s - s_C)\frac{\mathrm{d}\dot{m}}{\mathrm{d}t} \tag{9.8}$$

（坐标轴与轨迹重合，下同）。我们不妨称该式为变质量系统的"自心"运动定理。

现证明如下：

在 t 时刻主体质量为 m，自心速度为 $\dot{s}_C$，合并质量 $\mathrm{d}m$ 的速度为 u_s；在 $t+\mathrm{d}t$ 时刻 m 与 $\mathrm{d}m$ 合并后共同运动，其自心速度 $\dot{s}_C+\mathrm{d}\dot{s}_C$；在 t 至 $t+\mathrm{d}t$ 时间间隔内，系统（m 与 $\mathrm{d}m$）所受外力在坐标轴上的冲量为 $\sum F_{is外}\,\mathrm{d}t$，由推论 1.2，有

$$(m + \mathrm{d}m)(\dot{s}_C + \mathrm{d}\dot{s}_C) - (m\dot{s}_C + \mathrm{d}m \cdot u_s) = \sum F_{is外}\,\mathrm{d}t \tag{9.9}$$

略去二阶无穷小量 $\mathrm{d}m \cdot \mathrm{d}\dot{s}_C$，整理得 $m\dfrac{\mathrm{d}\dot{s}_C}{\mathrm{d}t} = \sum F_{is外} + \dfrac{\mathrm{d}m}{\mathrm{d}t}(u_s - \dot{s}_C)$ 证毕。

式(9.8)虽然与变质量运动方程的形式相似，但(9.8)式中的 m 是质点系的质量，反冲力中的速度项不是 $\mathrm{d}m$ 相对于主体质心的速度，而是 $u_s - \dot{s}_C$。王瑞旦同志的文章（以下简称"王文"）中不妥之处有二：

一是把变质量运动方程中的 $\boldsymbol{F}$ 解释为主体 m 所受的外力，这种解释只有在 $\mathrm{d}m$ 从主体中分离的情况下方可成立，而在 $\mathrm{d}m$ 与主体合并时就不正确了。应改为：$\boldsymbol{F}$ 是作用于系统上的外力。

二是在例 1.1（见下文）中进行受力分析时，桌面上那部分链条的重力与桌面对链条的支持力互相抵消，可以不考虑，但桌子边缘对链条的约束反作用力 R 是存在的。在这种情况下，"王文"的求解就有些欠妥了。我们做如下求解。

例 1.1 长为 l 的均匀细链条伸直地平放在水平光滑的桌面上，其方向与桌边缘垂直，

此时链条的一半从桌上下垂，起始时，整个链条是静止的，试求此链条的末端滑到桌子的边缘时，链条的速度 v。

解法(一)：利用直角坐标系。

下分量形式的变质量方程求解(暂不考虑下滑过程出现的链条脱离桌边缘的情况)。

如图 9.3 所示(实际上链条在桌面边缘处应为弧形而不是直角，且在该点有约束反力 $\boldsymbol{R}$ 存在)，建立直角坐标 $O-xy$ 以下垂段 OA 为主体，在 t 时刻主体的质量 $m=\rho x$，速度为 $\dot{x}$；合并质量为 $\mathrm{d}m$，速度进入 OA 段，系统所受张力为$\boldsymbol{T}_1$，重力 ρxg，由变质量方程有

$$\rho x\frac{\mathrm{d}\dot{x}}{\mathrm{d}t}=\rho xg-T_1 \tag{9.10}$$

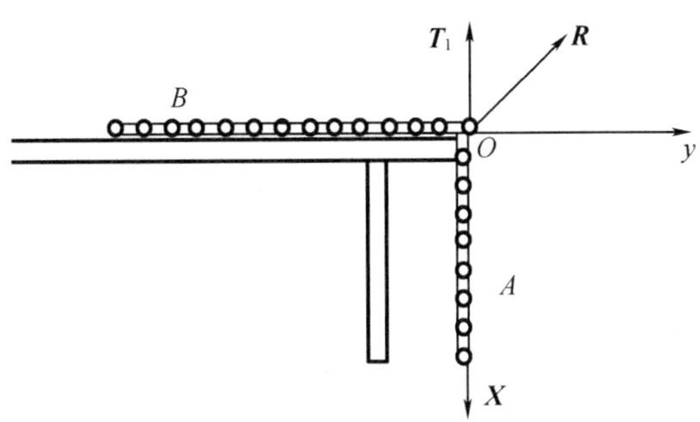

图 9.3　桌子边缘对链条的约束反作用力示意图

同理，以桌面上 O 点左侧为主体，$m=\rho\left(l-x-\frac{\pi}{2}r\right)$时刻 $\mathrm{d}m$ 未分离，在 $t+\mathrm{d}t$ 时刻 $\mathrm{d}m$ 进入 O 点右侧，其速度 $u_y=\dot{x}$(由约束关系及不可伸缩链条性质得出)。系统所受重力 $\rho\left(l-x-\frac{\pi}{2}r\right)g$ 与桌面施加给链条的约束反力 $\boldsymbol{N}$ 互相抵消，张力 $\boldsymbol{T}_2$ 水平方向，故由质量方程有

$$\rho\left(l-x-\frac{\pi}{2}r\right)\frac{\mathrm{d}\dot{y}}{\mathrm{d}t}=T_2 \tag{9.11}$$

对于桌边缘弧段(图 9.4) 变质量主体 $m=\frac{1}{4}\times\pi 2r\rho=\frac{\pi}{2}\rho r$(其中 r 为圆弧半径)，对于这个变质量主体同时有从主体中分离与合并两种情况，考虑到 $r\ll l$，并视弧段为质点，在 $t+\mathrm{d}t$ 时间内弧段链条速度沿弧切线方向为$\boldsymbol{v}_0$，则桌面上那部分链条与弧段合并，下垂段与弧段分离，主体受约束反力 $\boldsymbol{R}$ 作用，整个系统受 $\boldsymbol{T}_1'$、$\boldsymbol{T}_2'$，重力$\frac{\pi}{2}\rho rg$ 作用，其中合并前 $\mathrm{d}m$ 沿 y 轴方向，速度大小为 $\dot{x}$，分离后速度沿 x 轴方向，其大小也为 $\dot{x}$，由变质量方程的分量式有

$$\begin{cases}\frac{\pi}{2}\rho r\frac{\mathrm{d}v_{x_0}}{\mathrm{d}t}=\frac{\pi}{2}\rho gr-\frac{\mathrm{d}m}{\mathrm{d}t}(\dot{x}-v_{x_0})+\frac{\mathrm{d}m}{\mathrm{d}t}(0-v_{x_0})-R\cos 45^\circ+T_1' \\ \frac{\pi}{2}\rho r\frac{\mathrm{d}v_{y_0}}{\mathrm{d}t}=R\sin 45^\circ-T_2{}'+\frac{\mathrm{d}m}{\mathrm{d}t}(\dot{y}-v_{y_0})-\frac{\mathrm{d}m}{\mathrm{d}t}(0-v_{y_0})\end{cases} \tag{9.12}$$

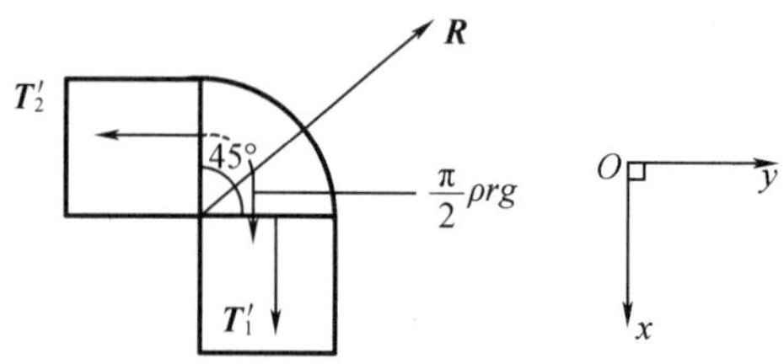

图 9.4　桌边缘对链条作用力示意图 I

由约束关系，有

$$\begin{cases} \dot{y} = \dot{x} & (9.13) \\ v_{x_0} = \dot{x}\cos 45^\circ & (9.14) \\ v_{y_0} = \dot{x}\sin 45^\circ & (9.15) \end{cases}$$

联立式(9.12)至式(9.15)得

$$T_1' - T_2' = \pi\rho r\sqrt{2}\ddot{x} - \frac{\pi}{2}r\rho g\left(|\ddot{x}| \leqslant g\right) \tag{9.16}$$

联立式(9.10)、式(9.11)、式(9.16)得

$$\rho\left(l - \frac{\pi}{2}r\right)\frac{\mathrm{d}\dot{x}}{\mathrm{d}t} = \rho xg + \frac{\pi}{2}\rho rg - \pi\rho r\sqrt{2}\ddot{x}\left(\ddot{x} \leqslant g\right) \tag{9.17}$$

当 r 很小，即链条很细时式(9.17)为

$$\rho l\frac{\dot{x}}{\mathrm{d}t} = \rho xg \tag{9.18}$$

解法(二)：建立以链条自身运动轨迹为自然坐标轴，原点 O' 在桌边弧段处，如图 9.5 所示，选 O 点以下链条为主体，$m=\rho s$ 由于链条是不可伸缩系统，链条各处的速率在运动过程中始终相同，因此在 t 时刻主体的速度与合并质量 $\mathrm{d}m$ 在自然坐标上投影的相对速度之差 $u_s - \dot{s}_C = 0$，系统(m 与 $\mathrm{d}m$)受张力$\boldsymbol{T}_1$、重力 ρsg，由变质量的“自心”运动定理有

$$\rho s\frac{\mathrm{d}\dot{s}_C}{\mathrm{d}t} = \rho sg - T_1 \tag{9.20}$$

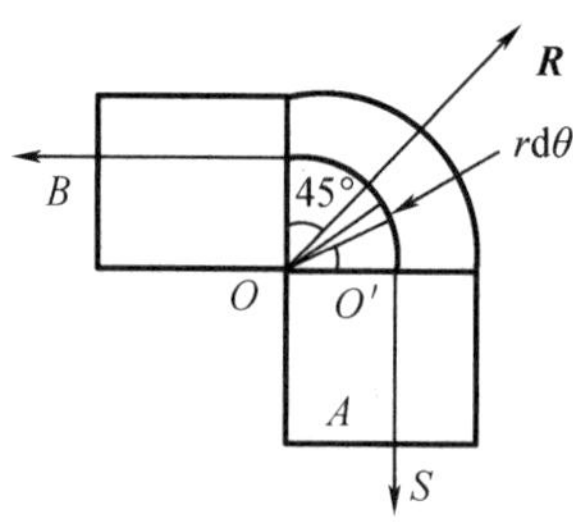

图 9.5　桌边缘对链条作用力示意图 Ⅱ

另选 O 点之上的链条为主体，$m=\rho(l-s)$，分离体 $\mathrm{d}m$ 在分离后的速度在 S 轴上仍为 $u_s = \dot{s}_C$，故 $u_s - \dot{s} = 0$，系统受张力 $\boldsymbol{T}_1'$作用，约束反力 $\boldsymbol{R}$ 垂直于桌边缘弧段链条，在自然坐标轴上投影为零，桌面上链条所受重力与支持力互相抵消，弧段链条在自然坐标轴上的重力投

影为 $\int_0^{\frac{\pi}{2}} \rho rg\cos\theta \mathrm{d}\theta = \rho rg$。

因此由变质量系统自心运动定理有

$$\rho(l-s)\frac{\mathrm{d}\dot{s}_C}{\mathrm{d}t}=T_1'+\rho rg \tag{9.21}$$

由牛顿第三定律有

$$T_1=T_1' \tag{9.22}$$

对于不可伸缩的链条系统

$$\dot{s}_C=\dot{s} \tag{9.23}$$

联立式(9.20)至式(9.23)解得

$$\rho l\frac{\mathrm{d}\dot{s}}{\mathrm{d}t}=\rho sg+\rho rg \tag{9.24}$$

当 r 很小时,可简化为

$$\rho l\frac{\mathrm{d}\dot{s}}{\mathrm{d}t}=\rho sg \tag{9.25}$$

解法(二)与解法(一)结论相一致。解法(二)中的式(9.24)与解法(一)中的式(9.17)的不同之处在于解法(一)不如解法(二)精确,解法(一)把弧段当作质点来处理,与之相比,解法(二)与实际更接近些。解法(一)的缺点在于较难判断 dm 与主体分离(或合并)前后的速度以及受桌边约束反力 $\boldsymbol{R}$ 的影响使得问题的处理变得更加复杂。

我们主张在用变质量方程解题时,不要只对链条下垂段应用变质量方程,而其他部分不用变质量方程(尽管有些繁杂,但对变质量方程的运用能力有所提高),而解法(二)则不然,它无论怎样选择主体,因 $\boldsymbol{R}$ 垂直于轴 S 而对系统变质量方程无影响。当然,若改用"梁文"的"自心"运动定理可直接得到 $\rho l\frac{\mathrm{d}\dot{s}}{\mathrm{d}t}=\rho sg$,但这并不是我们唯一的目的,在教学中应该广泛地应用变质量方程。

9.3 力矩突变时角动量变化规律的实验演示与分析

在力学或理论力学教学中,角动量定理是较难理解的内容。目前许多学校的演示实验均以车轮进动演示仪为实例,来演示角动量变化与力矩的关系。笔者也曾给出了电驱式进动仪,这些演示对理解角动量定理可起到积极作用。但在这些刚体演示的实例中角动量方向都近似与角速度方向一致,这样,在教学中容易使学生形成错误印象,即认为角动量的方向总与角速度方向一致。为了解决这一问题,我们曾编了一些思考题,但由于较抽象,仍难以达到预期的教学目的。于是,我们想设计一种初始角动量的方向与角速度方向明显不一致的实验,来演示角动量定理。正巧笔者于 2001 年 9 月有幸来到清华大学进行演示仪器的研制,高炳坤教授也提出了这类实验的设想。在高炳坤教授和清华大学物理系领导与教师们的大力支持下,我们制成了一种演示现象明显、操作简便的实验仪器,并通过了清华大学物理系专家组(鉴定委员会)的鉴定。下面把这一实验向同行们做介绍。

9.3.1 仪器的结构及主要演示现象

图 9.6 为一哑铃状结构的装置,杆长 $2l$,两端球体质量均为 m,过质心 C 通过一万向轴与竖直固定悬杆连接。该装置在通过固线座(带线孔)的细绳束缚下始终保持在竖直面内,固线座安在底盘上且与悬杆在同一直线上,哑铃装置与竖直固定悬杆夹角为 θ,并以角速度 ω 绕悬杆旋转。初始时哑铃装置的运动轨迹为两个以竖直固定悬杆为轴的对称锥面,当将细绳突然释放时,哑铃装置立即绕过质心 C 在竖直面且垂直于哑铃装置的轴旋转,其运动轨迹始终保持在同一平面内。

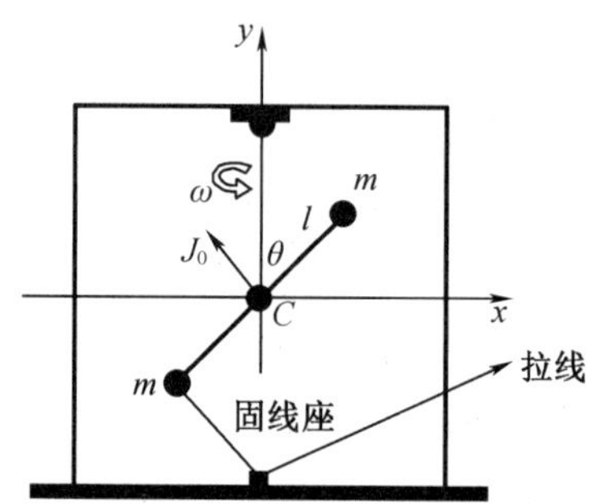

图 9.6 力矩突变时角动量变化规律实验演示仪器示意图

9.3.2 理论分析

1. 角动量的方向

如图 9.6 建立坐标系 $C-xyz$(z 轴垂直纸面向外),哑铃装置绕 y 轴角速度为 ω。我们可计算出系统对 C 的角动量(忽略杆质量):

$$J_0 = \sum_{i=1}^{n} r_i \times mivi \tag{9.26}$$

或

$$\begin{bmatrix} J_x \\ J_y \\ J_z \end{bmatrix} = \begin{bmatrix} I_{xx} & -I_{xy} & -I_{xz} \\ -I_{yx} & I_{yy} & -I_{yz} \\ -I_{zx} & -I_{zy} & I_{zz} \end{bmatrix} \begin{bmatrix} \omega_x \\ \omega_y \\ \omega_z \end{bmatrix} = \begin{bmatrix} 2m(l\cos\theta)^2 & -2ml^2\sin\theta\cos\theta & 0 \\ -2ml^2\sin\theta\cos\theta & 2m(l\sin\theta)^2 & 0 \\ 0 & 0 & 2ml^2 \end{bmatrix} \begin{bmatrix} 0 \\ \omega \\ 0 \end{bmatrix} \tag{9.27}$$

$$J_0 = -iml^2\omega\sin 2\theta + j2ml^2\omega\sin^2\theta \tag{9.28}$$

于是,在力矩作用下角动量矢量(图 9.6 中 J_0)始终垂直于哑铃结构的装置。角动量也

始终在 C-xy 面内绕竖直杆做进动,哑铃杆运动的轨迹形成锥面。当绳突然释放,即力矩为零时,角动量将保持守恒,没有进动,我们将看到哑铃杆运动的轨迹形成了平面。由此可以看出,在绳没有释放前哑铃杆运动的角动量方向,与哑铃杆绕竖直杆旋转的角速度方向并不一致。这正是区别于以往的刚体进动演示实验(角动量与角速度方向一致)之处。这对初学力学的大学生体会刚体的平动惯性与转动惯性间的区别是大有好处的,而且对学习理论力学中刚体的定点运动动力学也会有所帮助。

2. 如何在力矩突变过程中提高演示效果

图 9.7 给出了力矩变化的情形。由冲量矩定理,角动量的增量等于冲量矩。在释放绳的过程的冲量矩即为图 9.7(a)曲线与两坐标轴围成的面积,为讨论方便,我们考虑成图 9.7(b)情况,冲量矩等于

$$|J-J_0|=\frac{1}{2}ab \tag{9.29}$$

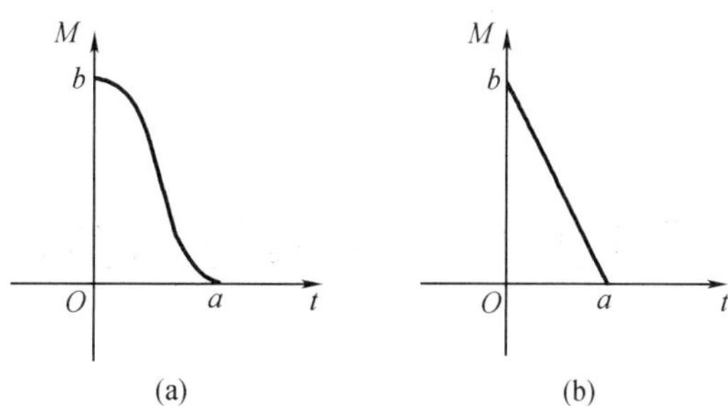

图 9.7 力矩突变过程曲线

在此过程中,角动量进动的角度为

$$\Delta\varphi\approx\frac{ab}{2J_0} \tag{9.30}$$

可见,对于给定的力矩,释放绳过程的时间间隔越小,角动量在释放前后方向改变越小。同理,若突然大幅度增大绳的拉力(力矩),角动量将大幅度(角度)进动,这会使万向轴套侧面边缘靠近竖直杆产生较大摩擦力矩,影响演示效果。于是,我们采用放风筝的三线绳方法来控制哑铃杆的侧向偏转,即产生沿哑铃杆轴方向的冲量力矩,从而消除万向轴套侧面边缘靠近竖直杆的摩擦,同时,又出现使哑铃杆向竖直杆靠近的现象。这样就可达到演示实验的目的。

9.3.3 一种简易的演示方法

在上述实验装置中,万向轴的制作有一定难度,且费用较高,经费较紧张的学校不易制作。因此,有必要设计一种更简易的实验来演示这一现象。

如图 9.8 所示,1 为哑铃结构,可在细杆中间钻一孔,两端为等质量球体,2 为圆珠笔管,3 为细线,4 为悬挂线支架。使细线固定在支架上,穿过笔管,另一端固定在细杆中间(质心

C)孔。演示时,我们一只手握住 2,另一只手使 1 绕竖直线 3 以等夹角(图中 1 与 3 夹角,应不垂直)旋转,这时候,我们就可看到 1 运动的锥面轨迹,当手突然释放 1 后,立刻显现出 1 运动的轨迹在同一平面内,即角动量守恒。

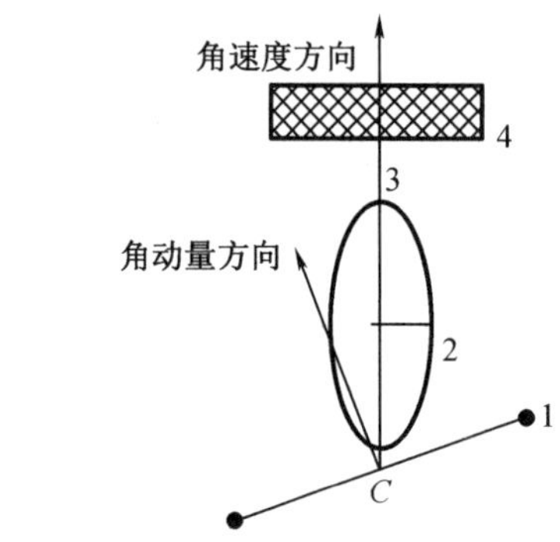

1—哑铃结构;2—圆珠笔管;3—细线;4—悬挂线支架。

图 9.8　简易装置示意图

9.4　等质量与递增质量球体碰撞仪

大多数学校在以往的有关碰撞动量守恒演示实验中,通常用等质量球体碰撞来演示。而对大学学生来说,需要有更深一层次的实验启发学生对动量定理做进一步的研究。这里设计的球体碰撞仪有利于培养学生的创新精神。

9.4.1　演示的内容与目的

(1)演示球体的碰撞遵循动量定理、动量的瞬时性和机械能定理。

(2)培养学生观察、分析和对比能力,达到教学内容与演示实验、学生创新与实践有机的结合。

9.4.2　仪器结构与演示操作

(1)将直径分别为 16 mm、18 mm、20 mm、23 mm、25 mm、32 mm、40 mm、40 mm、40 mm 的 9 个金属球,调整悬挂在同一竖直平面内,彼此对心相切,球心在同一水平线上,仪器的结构如图 9.9 所示。

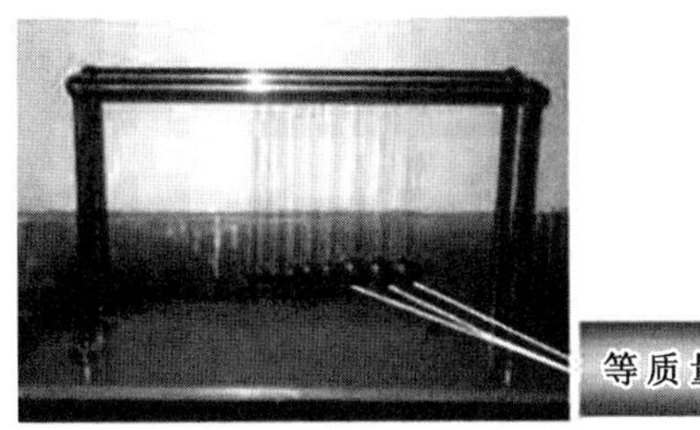

图 9.9 质量与递增质量球体碰撞实验演示仪

(2)拉动最外端大球与竖直方向成一 θ 角度后释放,依次第二大球不动,第三大球激起,碰撞其他小球,会将另一端最外小球激起比 θ 角度大很多的角度。随后看到相邻其他小球依次递减也有微小摆角。互相碰撞后这些小球开始同步调摆动。

在演示过程中,既可看到三个等质量球的碰撞,又可看到非等质量球的碰撞。

(3)拉动一端 n(小于4)个大球释放后,在另一端会有 n 个小球被明显激起,这种现象与球的大小无关,为什么?给学生更多的思考、探索,并让学生努力去解决问题。

9.4.3 注意事项

将球拉动释放的时候摆线的摆角不要过大,避免破坏球体的对心碰撞。

9.5 摩擦力矩对高速旋转体升起运动的简易实验演示及理论分析

在理论力学的欧勒动力学方程教学中,发现学生对这部分知识感到难于理解,特别是摩擦力矩对旋转体的影响。图 9.10 所示为几种常见的杂。

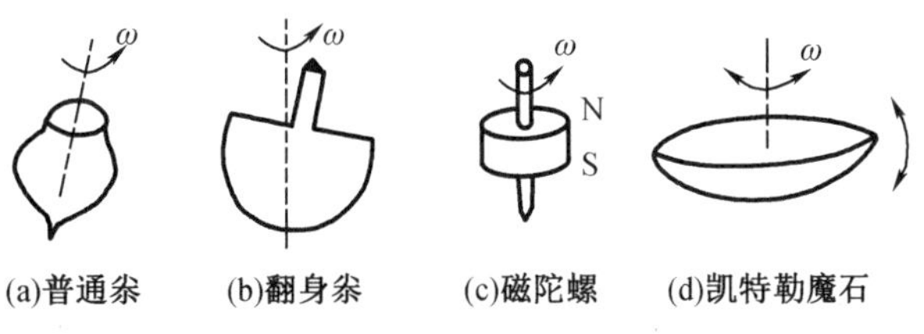

图 9.10 几种常见的杂

为了引导学生观察身边的力学现象,培养理论联系实际的能力,我们选用取材方便、演示效果明显且趣味性强的熟鸡蛋来研究摩擦力矩对旋转刚体竖起的作用。

9.5.1 模型

如图 9.11 所示,熟鸡蛋可视为质心固定的旋转椭球体(偏心率很小),质心在几何中心上,取 $I_1 \approx I_2 = I_3 = I$。

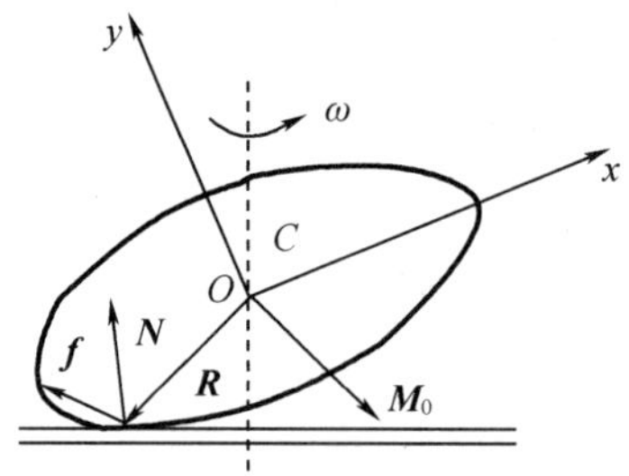

图 9.11 鸡蛋受力示意图

9.5.2 操作及现象

(1)把熟鸡蛋放在较光滑的水平面上,长轴水平,绕短轴高速自转后释放。

(2)把熟鸡蛋放在较粗糙的水平面上,长轴水平,绕短轴高速自转后释放。

在(1)(2)情况下鸡蛋以相同的角速度 ω 启动后,观察到鸡蛋由水平旋转到直立状态所经过的时间在(2)情况下较短,这说明摩擦力(摩擦力矩)在旋转体升起中起着不可忽视的作用。

9.5.3 理论分析

(1)如图 9.11 所示,建立与鸡蛋固定在一起的坐标系 $O-xyz$(O 与质心 C 重合),当鸡蛋绕质心轴高速旋转时,因受扰动而成如图 9.11 所示情况。水平面给鸡蛋一个水平摩擦力 $\boldsymbol{f}$,该力对质心 C 的力矩 $\boldsymbol{M}$。在 $O-xy$ 平面内。从地面(平面)参照系看,鸡蛋每转一周,摩擦力(或摩擦力矩)对 C 点的平均效果为零,支持力 $N \approx mg$ 对 O 点力矩很小可忽略。这样,鸡蛋的质心可视为定点(或匀速运动的动点),即可用欧勒动力学方程来处理该问题。

(2)选接触点到鸡蛋质心距离为 R。因此对 O 的力矩 $|\boldsymbol{M}_0| = \mu mgR$,由于 $\boldsymbol{M}_0 = M_x \boldsymbol{i} - M_y \boldsymbol{j}$,考虑到 $I_1 \approx I_2 = I_3 = I$,由欧勒动力学方程,有

$$\begin{cases} I\dot{\omega}_x = M_x \\ I\dot{\omega}_y = M_y \\ I\dot{\omega}_z = 0 \end{cases} \tag{9.31}$$

由图 9.11 知,$M_x > 0$,$M_y < 0$。由式(9.31)得

$$\begin{cases}\dot{\omega}_x = \dfrac{M_x}{I} \\ \dot{\omega}_y = \dfrac{M_y}{I} \\ \dot{\omega}_z = 0\end{cases} \tag{9.32}$$

由初始条件可知

$$\omega_x = \int_0^t \dot{\omega}_x \mathrm{d}t = \int_0^t \frac{M_x}{I}\mathrm{d}t > 0 \tag{9.33}$$

$$\omega_y = \omega + \int_0^t \dot{\omega}_y \mathrm{d}t = \omega + \int_0^t \frac{M_y}{I}\mathrm{d}t \tag{9.34}$$

$$\omega_z = 0 \tag{9.35}$$

由式(9.33)、式(9.34)、式(9.35)知,ω 将向 x 轴靠拢,偏离 y 轴(ω_x 为增函数,ω_y 为减函数)。若以地面为参照系,则 x 轴向转动轴靠拢,y 轴偏离转动轴。因此鸡蛋将升起、直立并继续绕竖直轴旋转,此时平面对 O 点的摩擦力矩只沿转动轴 x 轴方向,致使 ω 减小,直至鸡蛋恢复到水平状态。

(3)鸡蛋由水平到直立状态所需时间的推算。

若考虑到鸡蛋在高速转动升起过程中 $|\omega| \approx \omega$ 始终不变,则当鸡蛋直立时 $\omega_x = \omega$,并取 $M_x = \mu mgR$,$I = (2/5)mR^2$,由式(9.33)得

$$I\omega = M_x t \Rightarrow t = \frac{(2/5)m\omega R^2}{\mu mgR} = \frac{2\omega R}{5\mu g} \tag{9.36}$$

取 $\mu = 1/10$,$R = 3$ cm,$\omega = 60$ rad · s^{-1} 代入式(9.36),得 $t \approx 0.72$ s。

从式(9.36)知鸡蛋升起的时间 t 不仅与鸡蛋和平面间的摩擦系数 μ 有关,而且与鸡蛋线度 R、初始角速度 ω 有关。在 R、ω 及重力场 g 一定时,鸡蛋升起时间 t 与摩擦系数 μ 成反比,即平面越粗糙,鸡蛋竖起所需时间越短。

9.6 一种可自动改变力矩方向的课堂角动量定理演示实验

在以往的力学或理论力学教学中,在演示角动量定理时,通常以车轮进动(旋进)为实例,演示不同方向恒力矩对角动量进动的一些实验,笔者也在相关文献中给出了电驱自转式陀螺进动演示,在教学中起到了积极作用。但这些实验在演示过程中需要人为地改变力矩方向,在理论上只研究到角动量关于时间二次变化率为零的情况。笔者在相关文献中虽然涉及力矩突变时角动量关于时间二次变化率不为零的情况,但由于此情况下力矩函数规律难以确定,因而只是近似将其看作力矩突变过程角动量关于时间三次变化率为零的情况。最近,我们研制了力矩可以连续变化,力矩方向会自动改变,以及在力矩发生突变情况

下演示角动量定理的仪器,给出在理论上角动量 n 次变化率不为零的一种演示。我们把这一延伸的实验演示引入课堂教学中,使学生更全面深刻地体会理解角动量定理,提高了教学质量。

9.6.1 结构示意图

如图 9.12 所示,自行车转轮轴的中心穿过一活动金属杆,金属球固定在杆的中间,将金属球放在支撑架顶端的凹槽(支点)中形成球形轴承,并且保证不脱落,杆可在水平面内自由活动和在竖直面内做一定限制的活动。在杆的另一端加上可调配重、与杆固定的弹簧振子和标尺。在杆固定弹簧振子后调节配重使系统处于静止、金属杆处于水平状态,0 为弹簧在固定质量为 m 的振子后弹簧系统平衡时振子的位置。

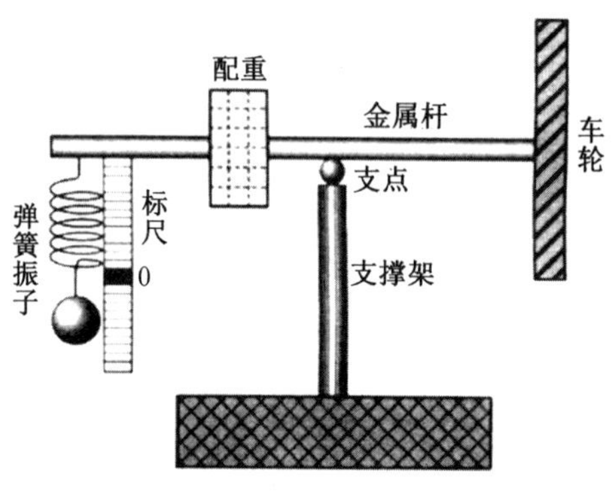

图 9.12 结构示意图

9.6.2 演示现象

(1)在固定弹簧振子后通过配重使金属杆处于水平,轮子高速自转,待稳定后向下拉动弹簧,直至伸长量为 A(振幅为 A)时释放,此时将会看到弹簧的振子开始做上下往复的谐振动,转轮和金属杆在水平面内(接近)往复摆动,振子周期与车轮杆的摆动周期相同。

(2)当其他条件不变而弹簧的振幅增大时,车轮杆的水平摆动幅度也将增大。

(3)当弹簧振子通过标尺的 0 位置时,车轮杆的水平摆动方向将改变,即力矩方向改变,角动量增量方向也改变,振子竖直振动的位置和车轮杆水平摆动角度相位差 90°。

(4)当弹簧振子相对伸长量增大时(力矩增大),车轮杆的水平摆动角速度增大;反之,角速度变小。

(5)当其他条件不变而轮子的自转角速度增大时,车轮杆的水平摆动角速度变小。

(6)当把弹簧的振子固定在标尺的 0 位置时,车轮杆的水平摆动角速度为零,即角动量守恒。

(7)当把弹簧的振子固定在标尺的非 0 位置时,车轮杆的水平摆动角速度不变,即遵循恒力矩下角动量变化规律:改变轮子的自转方向,车轮杆的水平摆动角速度方向也随之改变。

9.6.3 理论分析

高速自转陀螺对于支点的角动量近似为

$$J_0 = I_z\omega \tag{9.37}$$

其中 I_z 为车轮对直杆轴的转动惯量,ω 为自转角动量。系统对支点的力矩大小为

$$M_0 = rkx \tag{9.38}$$

式中,r 为弹簧悬挂位置到支撑点的水平距离;k、x 分别为弹簧的劲度系数和弹簧振子相对 0 位置的伸长量。由角动量定理得

$$rkx = \mathrm{d}J_0/\mathrm{d}t \tag{9.39}$$

由式(9.39)可得,陀螺进动角度 φ 满足

$$rkx\mathrm{d}t \approx J_0\mathrm{d}\varphi \tag{9.40}$$

弹簧振子运动位置(相对伸长量)为

$$x = A\cos\left(\sqrt{\frac{k}{m}}t\right) \quad (\text{取 } t=0 \text{ 时}, x=A) \tag{9.41}$$

由式(9.40)可得,陀螺进动角速度

$$\varphi = \frac{\mathrm{d}\varphi}{\mathrm{d}t} \approx \frac{rkA}{I_z\omega}\cos\left(\sqrt{\frac{k}{m}}t\right) \tag{9.42}$$

把式(9.41)代入式(9.40)(取 $t=0$ 时,$\varphi=0$),可得车轮杆水平摆动角度为

$$\varphi = \frac{rkA}{I_z\omega}\sqrt{\frac{m}{k}}\sin\left(\sqrt{\frac{k}{m}}t\right) \tag{9.43}$$

由式(9.41)、式(9.43)可知,弹簧振动振子的位置与车轮杆水平摆动的角度周期相等,相位差为 90°。可见,当$\frac{rkA}{I_z\omega}\sqrt{\frac{m}{k}} \leqslant \pi$ 时,车轮杆摆动角度在 360°之内(从正向最大摆角到负向最大摆角,即为 2 倍振幅摆动范围);振子振动速度最大(力矩最小)时,车轮杆摆动到最大幅度(将要改变摆动方向),瞬时角动量守恒,即力矩方向改变时,角动量增量方向也改变。在力矩增大的过程中,角动量增量也在增大,表现为车轮杆水平摆动角速度增大,反之,车轮杆水平摆动角速度减小。

如果用弹性绳替代弹簧,在没有挂上振子前调整配重使系统对支点力矩为零,重复上面的演示。当质量为 m 的振子运动到最低点时突然用剪刀剪断弹性绳,此时系统由最大力矩变为零,即车轮杆水平摆动速度由最大突然变为零(定向),也就是系统角动量守恒。

总之,我们在教学中积极引导学生观察系统对支点力矩方向、大小的改变及突变前后和突变过程中所产生的各种现象,并结合所学知识分析研究这些实际现象,从而使学生达到一个新的认识水平,对扩大知识面,培养学生的创新精神是有利的。

9.6.4 注意事项

弹簧振子振动周期不宜过小,以便于观察力矩方向的改变。弹簧不易过长,过长会出现弹簧振子的明显摆动影响实验效果。

9.7 一种在简谐运动参考系下探究惯性问题的实验研究

惯性力是大学物理课程的重点内容,也是中学物理拓展内容之一,是一个比较难于理解的物理概念,通常教科书以人乘车启动与急刹车为例来向学生介绍惯性的概念,关于惯性的演示实验也比较多,于是学生与老师进一步拓展,在所有的物体都有惯性的背景下开始试验,无一例外地获得成功,可是对于特殊物体,比如氢气球,我们用它替代以往的物体重复以往的实验环境(封闭箱体中悬挂的单摆,箱体加速,单摆与加速方向反相运动)却出现了意外,常常被学生质疑氢气球的惯性在哪里?为什么失去以往看到的惯性现象了,有人说是氢气球所在箱体后方空气被压缩,导致气球与箱体加速度运动同向等不恰当的认识。因此有必要从另一角度设计制作课堂课下便于操作的演示惯性现象及非惯性参考系下的惯性力问题的综合实验装置或给出方法。

9.7.1 装置结构

如图 9.13 所示,一种在简谐运动参考系下探究惯性问题的实验装置主要由球 A、球 B、球 A1、透明装置、小车和弹簧构成。其特征是:透明装置 1 固定在可以沿水平面自由移动的小车上,透明装置 1 带有密封上盖,透明装置 1 为方形容器,其底部与侧壁及密封上盖都是透明有机板材料;在透明装置 1 侧壁(侧面)中间固定一个与侧壁垂直的直杆 2,将球 A、球 B 分别充上氢气、二氧化碳气体(或水),用柔软不可伸缩细绳系在直杆 2 上,球 A、球 B 分别处于竖直悬浮和竖直下坠状态;球 A1 充一定量空气与氢气,待球 A1 刚好处于漂浮状态,或者刚好处于要下沉状态,也就是球 A1 的平均密度与透明装置 1 的空气密度接近,具体做法,可以将自行车气密芯 5 与气球的口相连接固定密封,气密芯 5 的另一端与 50 mL 一次性注射器的安针头柱相连接,将气球置于透明装置 1 中缓慢充氢气,待气球刚刚要上浮,停止充气,封闭好气密芯 5,球 A1 上的气密芯 5 用柔软不可伸缩的细绳系在直杆上,将透明装置 1 的上盖盖好密封。

在透明装置 1 靠近上下底面的侧壁画上刻度线,在透明装置 1 靠近上下底部侧壁对应球 A、球 B 和球 A1 的竖直位置分别固定一参考柱 6(结合在透明装置 1 靠近上下底面侧壁画上的刻度线,确定球 A、球 B 和球 A1 相对箱体的水平位置变化)。在小车两端的同一水平直线上(与前后车轮平行)分别固定两个弹簧 3,两个弹簧 3 的另一端固定在水平桌面 4

的竖直柱上(竖直柱固定在水平桌面 4 上),使小车处于弹簧 3 系统的自然状态(小车水平方向受合力为零),在水平桌面 4 上画出球 A、球 B 和球 A1 系在直杆 2 位置处对应的标示线 7(用于观察在参考柱 6 在各自对应标识线 7 的左右位置时球 A、球 B 和球 A1 所处的状态),球 A、球 B 和球 A1 的外壳均为橡胶膜(气球)。

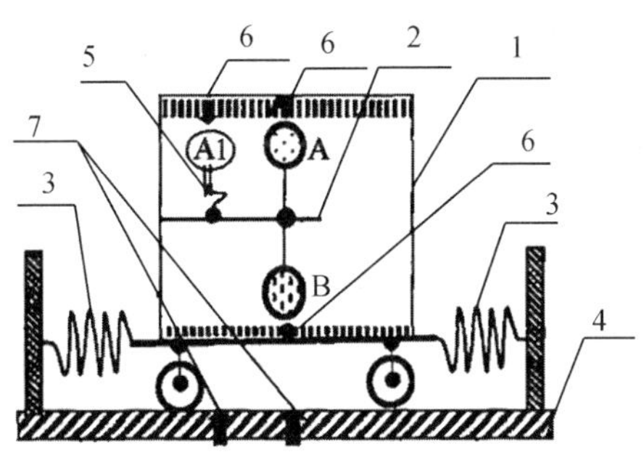

1—透明装置;2—直杆;3—弹簧;4—水平桌面;5—气密芯;6—参考柱;7—标示线。

图 9.13 简谐运动参考系下探究惯性问题的实验装置

9.7.2 演示实验

(1)用手使小车偏离弹簧 3 系统的自然状态后释放(也就是在水平方向使参考柱 6 偏离标识线 7 释放),可以看到球 A1 几乎不相对小车运动(或者摆动幅度很小),球 A、球 B 明显偏离竖直位置,球 A 与小车加速度方向相同运动、球 B 与小车加速度方向相反运动,也就是球 A 始终趋向过标识线 7 的竖直线(在参考柱 6 过标识线 7 时平行于过参考柱 6 的竖直线),球 B 始终远离过标识线 7 的竖直线(在参考柱 6 过标识线 7 时平行于过参考柱 6 的竖直线)。其演示过程可以由图 9. 14 了解,图 9. 14 描述在小车偏离弹簧 3 系统的自然状态释放后,浮球(球 A)与下沉球(球 B)的状态。

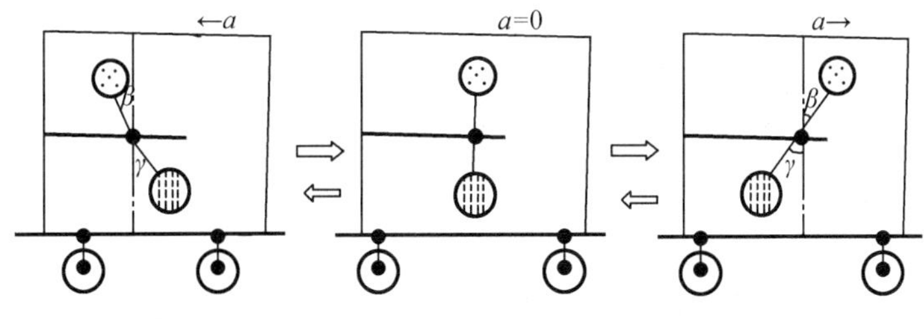

图 9. 14 演示过程

(1)去掉球 A、球 B,只留下球 A1,给球 A1 充氢气,使球 A1 处于竖直悬浮(细绳伸直),然后将球 A1 上的气密芯 5 用柔软不可伸缩的细绳系在直杆 2 上,使球 A1 上的气密芯 5 缓慢漏气(漏气的方向沿着细绳指向细绳系在直杆 2 上的位置),逐渐使球 A1 中气体减少,将透明装置 1 的上盖盖好密封(此时球 A1 仍处于竖直悬浮状态,透明装置 1 中装入空气,或者球 A1 充酒精,透明装置 1 中装入水)。

演示时,用手使小车偏离弹簧 3 系统的自然状态后释放(也就是在水平方向使参考柱 6 偏离标识线 7 释放),可以看到,最初球 A1 向与小车加速度同向偏离(球 A1 的摆动周期与小车在水平方向的振动周期相同);随着球 A1 中气体减少,球 A1 逐渐靠近直杆 2 系绳位置处的竖直位置;然后球 A1 偏离直杆 2 系绳位置处并沿竖直位置下沉,球 A1 渐渐地偏离直杆 2 上系绳位置处的竖直位置,球 A1 与小车加速度反向偏离(在参考柱 6 过标识线 7 时平行于过参考柱 6 的竖直线),球 A1 的摆动周期与小车在水平方向的振动周期相同。

9.7.3 实验原理

可以将球 A、球 B 和球 A1 与透明装置看作一个系统,以透明装置为参考系,当透明装置系统相对地面有加速度时,其内部球 A、球 B 和球 A1 各个物体都有一个惯性力,透明装置中的气体也有惯性力,这样就相当于整个系统内部,受到了一个与透明装置加速度反向的等效引力场,这样在水平方向上球 A、球 B 和球 A1 受到透明装置内流体的水平方向力(浮力),其方向与透明装置加速度方向相同。如图 9.14 所示,以球 A 为例,设其中 V 为球 A 体积,g 为重力加速度,水平方向和垂直方向受到合力分别为(忽略摩擦损耗,透明装置的运动学方程 $x=A\cos\omega t$,透明装置的加速度为 $a=-A\omega^2\cos\omega t$,A 为振幅,ω 为角频率,t 为时间参量)

$$aV(\rho-\rho_1)\text{(水平方向受力)} \tag{9.44}$$

$$\rho gV-\rho_1 gV=gV(\rho-\rho_1)\text{(垂直方向受力)} \tag{9.45}$$

整理的球 A 细绳与竖直线夹角满足

$$\tan\beta=aV(\rho-\rho_1)/gV(\rho-\rho_1)=a/g=-\frac{A\omega^2}{g}\cos\omega t \tag{9.46}$$

9.7.4 总结

本实验给出了三种不同平均密度物体在加速参考系中特别是周期性满足简谐运动规律的加速参考系中物体的运动状态研究装置;在周期满足简谐运动规律的加速参考系中物体平均密度渐变情况下(自动改变平均密度的球)的物体的运动状态研究的装置;通过球 A、球 B 和球 A1 在加速参考系中物体的运动状态,可以深刻体会理解惯性、惯性力的概念及等效性原理;有利于对"惯性是在惯性系下研究物体状态提出来的概念,以及惯性力是在非惯性参考系下为符合牛顿定律形式引出来的概念"形成正确的理解,纠正了以往错误认识。实验装置构造简单,易于操作,演示效果明显,为教学与科研提供了有益装置和方法。

9.8 手持式力矩突变角动量守恒演示仪

大学物理课中,角动量是一个较难理解的概念,角动量守恒定律的应用更是大家关注的内容。多年来,为帮助学生正确理解此概念和应用角动量守恒定律,配合教学设置了一些演示实验,如茹科夫斯基转椅演示转动惯量改变时的角动量守恒、只有内力矩作用角动量守恒的直升机模型等,这些还不够,经常出现角动量的方向与角速度的方向混淆问题,已有文献给出了有效解决的方案,但制作工艺相对复杂,球杆系统因受球形支撑轴承的限制,活动倾角受限大,因此做到便于学生自制或改进、简单易行、效果好和故障率低成为改进的目标。

9.8.1 装置结构

如图 9.15 所示,手持式力矩突变角动量守恒演示仪,是由球杆系统 1、硬质管 2、线绳 3、短细绳 5 和硬质球 4 构成的。其特征是,球杆系统 1 由一细金属杆的两端分别插入并固定两个等质量的弹力球 6 构成;硬质管 2 为一端是锥形的管,穿过硬质管 2 的线绳 3 两端分别固定在一硬质球 4 和球杆系统 1 质心处的金属杆上;再用一短细绳 5 固定在球杆系统的金属杆的一端上。演示时,一只手握住硬质管 2 处于竖直状态,另一只手牵短细绳 5 使球杆系统 1 与硬质管 2 轴线以等夹角(非垂直状态)旋转,这时候我们看到球杆系统 1 运动的锥面轨迹;当牵短细绳 5 的手突然释放,立刻显现球杆系统 1 的轨迹在同一平面内。

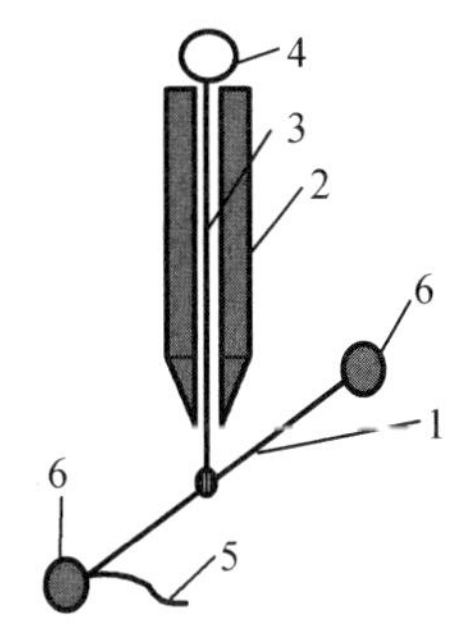

1—球杆系统;2—硬质管;3—线绳;4—硬质球;5—短细绳;6—弹力球。

图 9.15 手持式力矩突变角动量守恒演示仪

9.8.2 演示实验

一只手握住硬质管处于竖直状态,另一只手牵短细绳使球杆系统与硬质管轴线以等夹角(非垂直状态)旋转,这时候我们看到球杆系统运动的锥面轨迹;当牵短细绳的手突然释放,立刻显现球杆系统的轨迹在同一平面内。我们看到球杆系统在力矩下的进动,角动量方向与角速度方向不同;在力矩突然消失角动量守恒,角速度方向与角动量方向相同。

9.8.3 小结

本设计实现了球杆系统活动范围的扩大,且不需要单独固定的支架,便于携带操作,制作极其简易，效果明显，在教学中推广会增加更多的教育功能。

9.9 一种船体航行和静止时船体均能转向的装置

舵是船航行的方向引导，大多数船的舵是在船行驶时才起到转向作用，未航行时不能使船体转向，因此实现在船体外部不附加装置条件下航行和静止时船体均能转向，且成本低、简单易行及操作方便的装置成为新的研究目标。

9.9.1 装置结构

如图 9.16 所示，转轴 1 过矩形金属平板（舵板）2 的对称中心线且固定构成舵；在船体 3 底的前端转轴 1 竖直穿过船体 3 的底孔 4 与动力装置 5 连接，动力装置 5 与船体 3 固定，金属平板（舵板）2 受动力装置 5 驱动可以绕轴 1 定向或定向转动；在船行驶时控制动力装置 5 让舵板 2 与船体 3 轴线平行，船将沿直线行驶，反之，舵板 2 与船体 3 轴线不平行时船体转向；在船体 3 静止时候动力装置 5 驱动舵板 2 旋转，则船体 3 将与舵板 2 旋转方向相反转向。

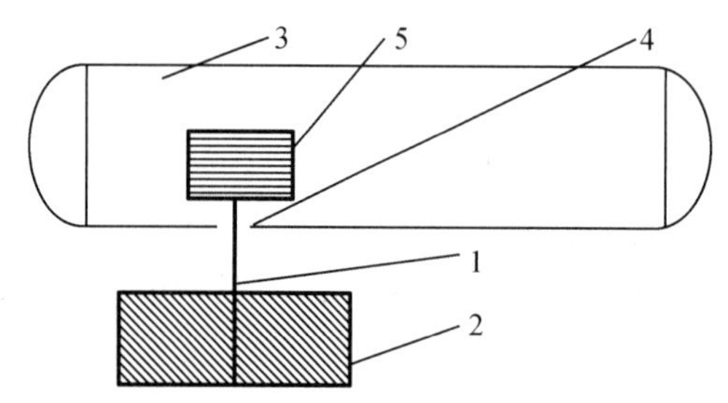

1—转轴；2—金属平板（舵板）；3—船体；4—底孔；5—动力装置。

图 9.16 船体转向装置示意图

9.9.2 工作原理

船静止时候动力装置驱动舵旋转使船体转向的问题，根据物理学的角动量定理，船体受到水的驱动力矩和阻力矩作用转向。为方便，设舵转速为 ω_0，舵板平面长为 $2R$，宽为 1，船整体看作长直板质量为 M、长为 $2L$，吃水深为 h，对质心轴的转动惯量约为$\frac{1}{3}ML^2$，忽略舵的转动惯量，水密度 ρ，船体转动角速度为 ω。

如图 9.17 所示,对舵板微元 ds 面单位时间内推出水质量为 $\rho v\mathrm{d}s=\rho\omega_0 rl\mathrm{d}r$,给水的作用力大小为 $\mathrm{d}F=v\rho\omega_0 rl\mathrm{d}r=\omega_0 r\rho\omega_0 rl\mathrm{d}r$,水给舵力矩大小为 $2\int_0^R\rho\omega_0^2 lr^3\mathrm{d}r=\frac{1}{2}\rho\omega_0^2 lR^4$。

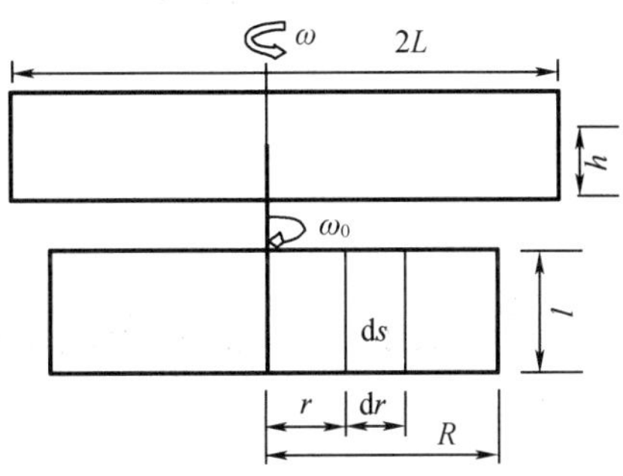

图 9.17 船体舵板分析

同理,水给船体的阻力矩为 $\frac{1}{2}\rho\omega^2 hL^4$,由角动量定理,得出 $\frac{1}{3}ML^2\frac{\mathrm{d}\omega}{\mathrm{d}t}=\frac{1}{2}\rho{\omega_0}^2 lR^4-\frac{1}{2}\rho\omega^2 hL^4$。令 $\alpha=\sqrt{\frac{hL^4}{\omega_0^2 lR^4}}$,$\beta=\frac{3\rho{\omega_0}^2 lR^4}{2ML^2}$整理得$\frac{\mathrm{d}\omega}{1-(\alpha\omega)^2}=\beta\mathrm{d}t$,因此$\frac{\mathrm{d}\omega}{1-\alpha\omega}+\frac{\mathrm{d}\omega}{1+\alpha\omega}=2\beta\mathrm{d}t$。

考虑 $t=0$ 时,角速度,解得上式,有 $\omega=\frac{1}{\alpha}(\mathrm{e}^{2\alpha\beta t}-1)/(\mathrm{e}^{2\alpha\beta t}+1)$。

在 $t\to\infty$,$\omega\to\frac{1}{\alpha}$,即 $\omega\to\sqrt{\frac{1}{h}\frac{R^2}{L^2}}\omega_0$。

估算:取水密度 $\rho=10^3\ \mathrm{kg/m^3}$,$M=10^4\ \mathrm{kg}$,$L=20\ \mathrm{m}$,$R=3\ \mathrm{m}$,$l=2\ \mathrm{m}$,$h=8\ \mathrm{m}$,$2\alpha\beta=3\sqrt{hl}R^2\rho\omega_0\approx10^5\omega_0$ 可见,在很短时间内 $\omega\to\frac{1}{\alpha}=\frac{9}{800}\omega_0$,由于船体是受力偶矩驱动,船体不会侧向倾斜,增大 ω_0 是可以使得船体快速转向的。

9.9.3 小结

本设计即通过改变舵板与船体的方向实现了通常船体航行过程中的转向,又通过改变舵板定向旋转驱动水实现了船体未航行(静止)过程中的转向,改变了以往的船体静止时的转向需另设机构来实现的方法,另一优点是舵旋转产生的是力偶矩驱动船体不易倾斜,这实现了船体静止时候的转向功能,同时又不会增加船体航行的阻力,本设计易于实现、成本低、易操作。该制作模型也可以作为角动量定理教学中一富于启发性的演示实验,现象明显。在教学中应用对学生会有更多的启发教育作用。

第 10 章　水火箭系列

10.1　瞬时气压记忆型水箭的制作

水箭(又称水火箭)是近年来作为演示变质量问题的一种有推广价值的实验教具,对于中小学生来说,一般只需了解该实验的一些定性现象;对于大学生来说,要考虑到发射瞬间箭内气压与发射高度的定量关系。就发射瞬间箭内气压的测量来说,通常利用气压表测量,但用气压表测量时人们通常是靠近箭体跟踪监测,不安全。引导学生利用身边简易器材设计、制作具有记忆水箭发射瞬时内气压的装置是必要的。

10.1.1　结构及材料

如图 10.1 所示,选有机透明圆桶(底部开孔)固定于可活动(调节倾斜角)铁架上,将流线型瓶底的饮料瓶瓶口朝下插在桶底圆孔中;将气嘴和一次性 20 mL(或 10 mL)注射器的吸水口端穿过胶塞固定于瓶口上,并封严;一次性注射器的活塞杆及外套打一孔洞可穿过一小铁钉,这样在给瓶充气时使活塞与外套保持相对不动;在活塞与注射器底部之间的注射器外套上刻上压强标识线。当瓶中装一定量水后再用喷塞塞紧瓶口,然后把瓶从有机桶口放入并按图 10.1 安装好,用铁夹把注射器固定,注射器活塞杆顶着挡板,即保持在发射后仍使注射器吸水口端朝上,以防注射器中的水喷出。通过发射角调节阀沿水平槽可调节箭的发射方向,通过量角仪读出发射角。图 10.2 为水箭实物图。

10.1.2　原理分析

当瓶中装一定量水后,通过气嘴给瓶充气(用打气筒)之前,注射器吸水口处的水由于受重力和表面张力再加上瓶内、注射器内气压共同作用而静止平衡,水不能自动流到注射器中。瓶中水产生(重力)压强及表面张力产生的压强远小于标准大气压,可忽略这方面因素,即

$$\rho gh+\frac{\alpha}{R}\ll P_0 \tag{10.1}$$

式中,P_0 为标准大气压;h 为瓶中水位高度差;R 为水在注射器吸水口管下侧处的曲率半径。

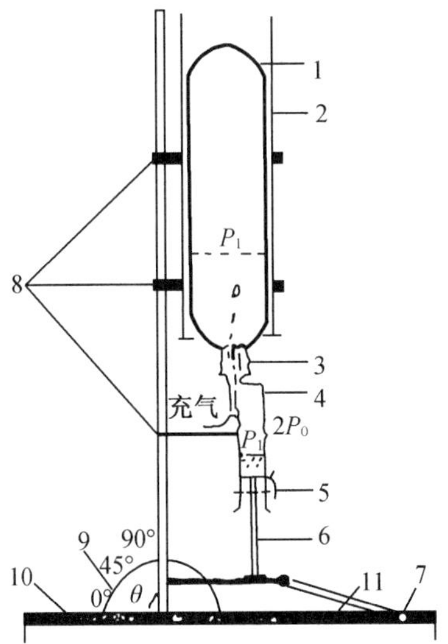

1—饮料瓶;2—透明有机桶;3—喷塞系统;4—注射器;5—铁钉;

6—注射器活塞杆;7—发射角调节阀;8—固定夹;9—量角仪;10—铁架台;11—水平槽。

图 10.1 水箭装置图

图 10.2 水箭实物图

这样就可认为瓶中压强始终与注射器中压强相等。当给瓶中充气加压时,瓶口水将因上部压强大于下部压强而向注射器中移动,移进注射器后因注射器外壳较粗,水受重力作用流入(沿侧壁或滴入)注射器中并达下部,同时把注射器下部(靠近活塞处)空气转运到注射器上部并压缩,随着流进注射器中水量增加而使注射器中水位上升,注射器中空气柱由最初长 l_0 而变为 l_0-x,x 为水位高度(注射器中)。即随着注射器中空气柱减小,气压上升,直到注射器中的压强等于(稍大于)瓶中气压时就停止水向注射器中流入。如果给瓶中充气速度不过快时,在瓶中气压达到推开喷塞压强时而使喷塞推开这一瞬间,注射器中的压强 P_1 即为瓶中这一瞬时压强。由于水箭发射后推开的喷塞被铁夹束缚使注射器口朝上,注射器中内气压快速下降而不至于把注射器中水推出,而仍保留发射瞬时的水量水位),因此通过这个水位对应的位置 x 处,由玻-马定律,发射瞬时气压 P_1 为

$$P_1 = P_0 L_0 (L_0 - x) \tag{10.2}$$

根据式(10.1)在注射器上标记压强标识线,从而实现了该装置的记忆功能。

10.1.3 箭发射高度与发射压强的关系

由伯努利方程,设喷水相对主体速度为 v_1,并且瓶中装水的体积远小于瓶壳包围体积,可视喷水过程 v_1 为恒量,发射瞬间压强为 P_1,瓶外空气压强 P_0(标准大气压),瓶中水面相对主体速度为 v_1,瓶中水高度差为 h,g_1 为在主体参照系中表观重力加速度,则

$$\rho g_1 h + \frac{1}{2}\rho v_1^2 + P_1 = \frac{1}{2}\rho v_1^2 + P_0 \tag{10.3}$$

考虑 $\rho g_1 h \ll P_0$,由连续性方程有

$$S v_1 = S_1 v_1 \tag{10.4}$$

其中 S、S_1 分别为瓶内与瓶口截面积,记 $n = SS_1$,于是式(10.3)为

$$v_1^2 = \frac{2(P_1 - P_0)}{\rho} \cdot \frac{n^2}{n^2 - 1} \tag{10.5}$$

通常 $n>4$,$n^2(n^2-1) \approx 1$,有

$$v_1^2 \approx 2(P_1 - P_0)/\rho \tag{10.6}$$

由变质量方程有

$$m\frac{\mathrm{d}v}{\mathrm{d}t} = F - v_1 \frac{\mathrm{d}m}{\mathrm{d}t} \tag{10.7}$$

忽略重力和空气阻力(瓶内气压较大),积分得

$$v = v_0 \ln \frac{m_0 + m_s}{m_s} \tag{10.8}$$

式中,m_s 为喷完水后箭壳质量;m_0 为箭中喷水前水质量。在喷完水后,忽略空气阻力,箭上升的高度 H 为

$$H = \frac{v^2}{2g} = \frac{\alpha^2}{\alpha^2 - 1} \cdot \frac{\rho_1 - \rho_0}{\rho g} \cdot \ln \frac{m_0 + m_s}{m_s} \tag{10.9}$$

估算:取 $n=5$,$p_1 - p_0 = 10^5$ Pa。若 $m_0 = 0.125$ kg(水),$\rho g = 10^4$ Pa,$m_s = 0.1$ kg,则 $H_{水} \approx 7$ m,若瓶内纯为空气,即$(m_0+m_s)m_s \to 1$,此时,$H_{空气} \ll H_{水}$,此结论同实验演示相一致。

10.2 一种用于室内演示的小水火箭

水火箭是越来越受到广大青少年欢迎的科技作品,也是广大物理教师在教学中用于演示动量定理的一个典型实例。近年来人们普遍利用大的可乐瓶(塑料)、胶塞和自行车气门芯等制作水火箭。这些用于户外演示均对不同的层次人群起到了积极的教育作用。而用

于室内课堂(或科技教育)演示就显得比较缺乏,为满足这一要求设计制作适合室内演示且安全的小水火箭很有必要,这在实践中深受广大师生的欢迎。

10.2.1 材料与制作

1. 材料

5 mL 空的塑料眼药水瓶 1 个,自行车气门芯胶管 1 段,空圆珠笔芯 1 支,20 mL 一次塑料注射器 1 个,红色软纸 1 块。

2. 制作

水火箭如图 10.3(a)所示,将药水瓶颈部切断一些(露出内径均匀即可),用一小段胶管套在瓶颈上(起到加固作用),用红纸做成锥形箭头粘在瓶底,这样水火箭便制成了。

充气筒如图 10.3(b)所示,将长 1.15 cm 圆珠笔芯插入注射器的头颈(安针头的地方)内,露出约 0.18 cm 长笔芯,然后用 1.16 cm 胶管将笔管和头颈紧紧套上(笔管不要露出胶管),这样充气筒便制成了。图 10.3(c)为水火箭待发射时的实物图。

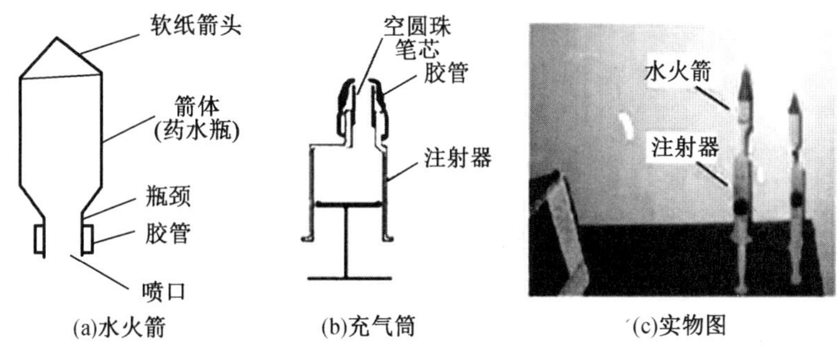

图 10.3 水火箭制作示意图

10.2.2 演示

(1)将注射器拉杆拉到适当位置(15~20 mL),把充气头用水湿润一下,插入水火箭的喷口(用力不宜过大,保证把充气筒内的气体压入水火箭内就可发射出),水火箭与充气筒(注射器)在一条直线上,并且水火箭竖直朝上,用注射器向水火箭充气,水火箭飞向空中。

(2)同过程(1),只是将水火箭中吸入少量水(约为水火箭空间的 1/4),发射时会看到水火箭很快飞出,射的高度远大于(1)的情况(如果斜射效果更好,可飞到 15~20 m 远)。

(3)比较在充同一气量时,水火箭在装不同水量时飞行的高度或射程。

(4)比较在装同一水量时,水火箭在充不同气量时飞行的高度或射程。

10.2.3 讨论

(1)为什么水火箭装水时发射飞的高远?

(2)为什么水火箭在同一装水量时,若充气量大则飞行的高度高或射程远?

10.2.4 注意事项

箭头一定要用软的物质而不要用坚硬的物体制作;不要用玻璃瓶制作水火箭,以免玻璃破碎伤人。瓶体一定用较软的塑料瓶才能保证安全,发射时不要对人群发射。

10.3 可以任意角度发射的水火箭

近些年,水火箭被广大教育工作者推广到物理教学和课外科技活动中,期刊和专利文献中出现了许多令人鼓舞的成果。一部分文献中介绍的水火箭只能竖直或斜向上发射,不能斜向下或竖直向下发射,一旦往下发射,水不能被水火箭内气体喷出,起不到喷水作用,影响实验效果。通过在箭体内置带小孔的活塞,可以制作任意角度发射的水火箭。

10.3.1 器材与制作

1. 实验器材

一次性 10 mL 和 50 mL 塑料注射器,眼药水瓶(8 mL 氯霉素软塑料瓶),弹簧,塑料泡沫,自行车气门芯胶管。

2. 水火箭的制作

(1)将一次性 10 mL 塑料注射器去掉针头和安装针头的塑料柱,取出活塞,去掉推杆,把活塞打个直径为 0.8~1 mm 小通孔。

(2)再将 10 mL 塑料注射器的活塞放进注射器(箭体)内把针孔堵住(用胶固定),去掉注射器外体的敞口处的推柄,将打完孔的活塞放回箭体,然后弹簧两端分别与带孔活塞和机体固定。

(3)将氯霉素软塑料瓶切掉底部和瓶嘴,套在箭体上,用胶和胶带封好接口。

(4)充气筒是用 50 mL 塑料注射器去掉针头,用一段自行车气门芯胶管套在安装针头的柱上。

(5)把箭体头部用软质发泡体作成流线型。图 10.4 为组装完的水火箭,图 10.5 为充气筒。

10.3.2 原理及演示

1. 实验原理

以往水火箭朝下发射时水受重力作用处在箭头,发射时水不能被箭体内气体推出起不到喷水作用,我们通过箭体内接弹璜,弹簧的弹力作用把内置带孔的活塞确定到一定位置,把箭体喷口朝上,用注射器通过喷口注入箭体内装水区一定量的水,由于水的表面张力、黏滞力和气压作用,不管是朝上还是朝下发射,注入的水被活塞限制在箭体喷口附近,根据气体密度小于水,用充气筒充气时水火箭喷口朝下气体通过水上升,再通过活塞孔进入活塞另侧充气区被压缩且大于外界大气压(一般3个大气压效果就很明显了),当发射时由于被压缩气体压强大于外界大气压强,于是就推动活塞和水向喷口快速移动,同时被压缩气体也通过活塞小孔喷出,这样使水快速喷出喷口,根据动量定理(或变质量方程)得知箭体同时获得了反向动力飞出;在喷水完毕活塞被气体推到喷口后(压缩气体喷完)又在弹簧作用下拉回原处,重复上面过程再次发射。

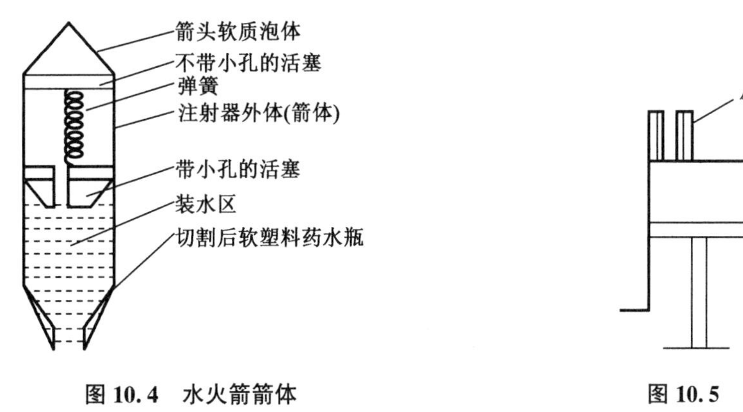

图 10.4 水火箭箭体

图 10.5 充气筒

2. 实验演示

(1)演示时把箭体喷口朝上,用注射器通过喷口注入箭体内装水区一定量的水,把充气筒的活塞拉到50 mL位置,并且使充气筒的胶管插入喷水口。

(2)充气时把水火箭喷口朝下,一手握住箭体,另一手推动充气筒即可给水火箭充气,充完后可将箭体头朝向任意方向发射了,看到水向后喷,箭体向前飞。除了演示动量定理或变质量问题外,还可以在演示本装置之前先用以往只能向上发射的水火箭,作为问题启发学生如何实现任意方向发射。

10.3.3 注意事项

虽然本实验是小水火箭,但飞行的速度还是很快的,发射时不要朝向人群,箭头一定用软物质做,在室内演示充气量不要过大(若内气压较大超过3个大气压时最好把水火箭放入一透明有机塑料外筒中发射出去,这样就安全了),箭体不能用玻璃等坚硬易碎物质。内活塞的小孔大小控制在理实装水区装满水时(喷口朝上)因表面张力和气压作用水不自动流入水火箭充气区,并且带孔的活塞在喷完水能运动到喷口处即可。

第 11 章　陀螺机理研究与演示

11.1　对自旋磁陀螺反向倾斜和公转运动的讨论

在《自然杂志》1992 年第 4 期第 304 页上《自旋磁陀螺的反向倾斜和公转》(以下简称“旋文”)一文报道了磁陀螺的反向倾斜和公转的一些现象,这些现象被认为是难以解释的新问题。笔者试图在大量演示实验的基础上对此现象做进一步的解释。

“旋文”所述(图 11.1)内容摘录如下:

“……我在圆磁盘中央钻了一个洞,穿上非铁磁性的铝轴,并将铝轴两端锉尖。这样就制成了一个磁陀螺,其一端为 N 极,另一端为 S 极。再在支撑板面中央钻孔,使之可放入条形磁铁,并可使条形磁铁上、下移动(图 11.1(a)中 N 极刚露出支撑板面上方,图 11.1(b)中 S 极刚露出支撑板面下方)。

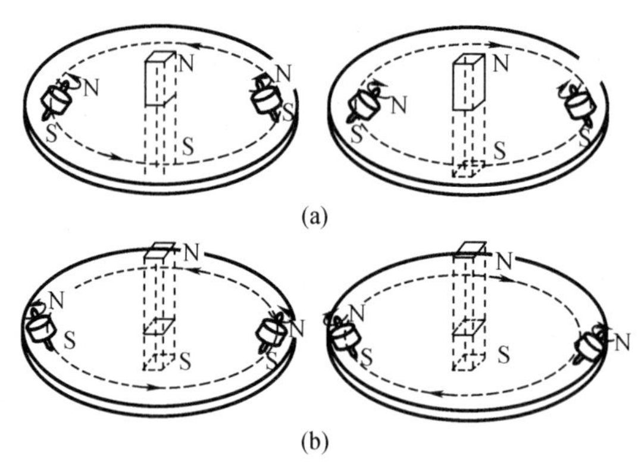

图 11.1　磁陀螺示意图 1

使磁陀螺在支撑板面上稳定自旋,没有发现磁陀螺移动。再在支撑板面中央的孔内放入条形磁铁,奇怪的事情发生了:磁陀螺马上就绕着条形磁铁公转。更奇怪的是,磁陀螺公转时,发生倾斜,倾斜方向竟然与条形磁铁的磁力作用方向相反——同性相吸,异性相斥!此外,磁陀螺自转方向改变时其公转方向也随着改变,但反向倾斜的特性不变……”。

11.1.1 演示实验

(1)当把磁陀螺竖直放在光滑的水平面上(或用细绳系于轴上,悬挂起来,使重心位于细绳的延长线并保持静止时),如果把条形磁铁靠近磁陀螺并使之处于图 11.1(a)(b)所示位置时,磁陀螺倾斜方向正好分别与图 11.1(b)(a)对应且不发生公转,并不与图 11.1(a)(b)的倾斜对应。在磁铁处于图 11.1(a)(b)所示状态时,磁铁对陀螺质心分别有斥力、引力作用(指合力效果)。

(2)当把磁陀螺的轴用细线(长约 1.5 m)悬挂起来,并使细线上劲后让磁陀螺绕竖直线(以自身为轴)稳定自转时,若把条形磁铁处于图 11.1(a)(b)磁陀螺倾斜方向则与我们所演示的(1)现象相同,磁陀螺也不会发生公转。

(3)当把磁陀螺轴端做成很钝的时候,再把磁陀螺按"旋文"所述,待磁陀螺自转稳定后,把磁铁按图 11.1(a)(b)放置。结果磁铁处于图 11.1(a)位置时产生的现象与"旋文"图 11.1(a)所示现象一致;而处于图 11.1(b)位置时,只有磁陀螺倾斜方向与"旋文"图(b)一致,公转却与"旋文"图 11.1(b)所示相反(实际为旋滚)。

(4)当把磁陀螺轴端做成尖端(按"旋文"的说法)时,我们重复"旋文"的操作过程,结果发现:

①当处于图 11.1(a)位置时磁陀螺的公转和倾斜效果较明显。当磁铁如图 11.1(a)所示靠近磁陀螺时,磁陀螺被推斥远离磁铁一定距离后才会稳定地公转(如图 11.1(a)所示公转)。

②当磁铁处于图 11.1(b)位置时,磁陀螺有被磁铁吸引靠近磁铁的现象发生,除了看到"旋文"图 11.1(b)中的现象外,还可看到磁陀螺刚开始时沿图 11.1(b)的情况运动,然后又与图 11.1(b)逆向(即按旋滚方向)公转,其倾斜方向不变,当磁铁靠近磁陀螺时,磁陀螺的倾斜角度加大。

(5)演示磁陀螺与平面间有摩擦时的实验现象:

①当把磁陀螺放在摩擦较大的平面上进行演示时,磁陀螺的倾斜公转现象较明显。

②当把磁陀螺放在摩擦较小的平面(如玻璃板面)上进行演示时,磁陀螺的倾斜、公转不太明显。

③当把高速自转的磁陀螺放在讲桌(桌面上有粉笔末,粉笔末可减小陀螺轴与桌面间的摩擦)上演示时,几乎很难观察到磁陀螺的公转现象由上述实验现象可得出如下结论:高速自转的磁陀螺受磁场作用时,只有当磁陀螺轴与接触平面间有摩擦时才能实现磁陀螺的公转。

11.1.2 解释磁陀螺的倾斜、公转现象

首先,我们考虑磁陀螺从稳定自转到稳定公转的过程:

(1)起初磁陀螺处于图 11.1(a)左图绕竖直轴高速自转(处于图 11.2 的位置 1)时,其

角动量为 L_0，然后在支撑面板中心孔处放一磁铁，磁铁便对陀螺产生图 11.2 所示磁力矩 $\boldsymbol{M}$（$\boldsymbol{M}=\boldsymbol{p}_m\times\boldsymbol{B}$，其中 $\boldsymbol{p}_m$ 为磁陀螺的磁矩，为磁铁在陀螺处产生的磁感应强度），其方向垂直于条形磁铁，沿着以条形磁铁为圆心、磁陀螺所在的水平圆周的切向。因而在 $\boldsymbol{M}$ 作用下就使陀螺产生切向角动量增量 $\mathrm{d}\boldsymbol{L}_{仍}$（与 $\boldsymbol{M}$ 方向相同）即陀螺角动量 $\boldsymbol{L}_0$ 沿角动量增量 $\mathrm{d}\boldsymbol{L}_{切}$。方向倾斜，又因陀螺倾斜时在重力矩作用下磁陀螺绕竖直轴（过轴尖端）作重力进动，紧接着重力矩在公转切向的投影与磁力矩方向相反，且由小变大，直至处于图 2 的位置 3 时，重力矩大于磁力矩，因此重力矩与磁力矩的合效果呈重力矩效果，记作

$$M_a=\text{重力矩大小}-\text{磁力距大小} \tag{11.1}$$

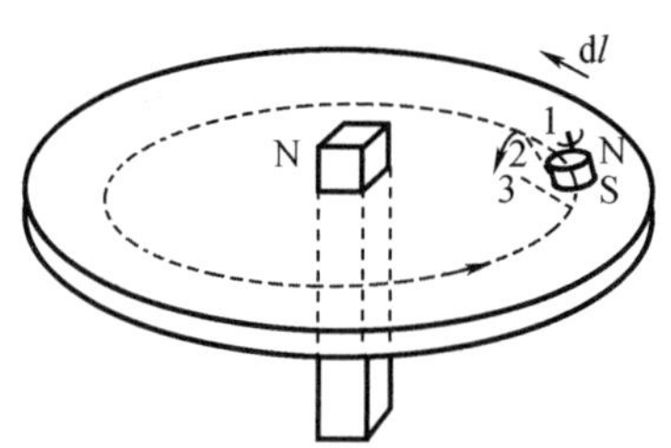

图 11.2　磁陀螺示意图 2

得磁陀螺进动角速度

$$\omega_a=M_aL_0 \tag{11.2}$$

与此同时，磁陀螺质心获得一支撑面给的切向冲量，且当满足

$$\omega_a^2Rm=f_n(f_n\leqslant\mu mg) \tag{11.3}$$

其中，R、m、f_n 分别为磁陀螺的半径、质量、法向摩擦力。此时，即式（11.2）、式（11.3）同时被满足时，我们就可以看到图 11.1（a）左图稳定的公转和反向倾斜现象了。同理，可得出图 11.1（a）的右图现象（略）。从表面上看磁陀螺的运动好像只受重力矩作用时，磁陀螺沿旋滚方向运动，也正是因为磁陀螺的旋滚运动同公转方向一致才使得演示图 11.1（a）现象较明显。可见，“旋文”中所说的“磁力矩大于重力矩”是不妥的。

（2）起初磁铁处于图 11.1（b）的情形时，磁场对磁陀螺的力矩 $\boldsymbol{M}$ 正好与图 11.1（a）磁力矩方向相反。先看图 11.1（b）左图，使陀螺由稳定自转的 $\boldsymbol{L}_0$ 向 $\boldsymbol{M}$ 方向倾斜，因倾斜而产生的重力矩使磁陀螺进动到图 11.1（b）左图的位置，此时如果重力矩>磁力矩，并令

$$M_{b1}=\text{重力矩}-\text{磁力矩} \tag{11.4}$$

则进动角速度

$$\omega_{b1}=M_{b1}L_0 \tag{11.5}$$

此时陀螺也获得一个切向冲量，且当满足

$$\omega_{b1}^2Rm=f_n(f_n\leqslant\mu mg) \tag{11.6}$$

时，才有图 11.1（b）左图情形的运动现象。但此时陀螺的公转方向与陀螺的旋滚运动方向相反，因而出现陀螺公转速度的相对逐渐减慢，又因旋滚时的切向摩擦不但有使陀螺公转速度减小的作用，而且又有使轴升起的作用，即重力矩要逐渐减小，当减小到满足磁力矩>重力矩，并令

$$M_{b2} = \text{磁力矩} - \text{重力矩} \tag{11.7}$$

此时进动角速度

$$\omega_{b2} = M_{b2} L_0 \tag{11.8}$$

且又满足质心公转运动方程

$$\omega_{b2}^2 Rm = f_n (f_n \leqslant \mu mg) \tag{11.9}$$

时,陀螺就将开始做与初始公转方向相反的运动,即按旋滚方向运动,因此陀螺轴端的尖、钝直接影响着演示的现象。同理,我们也可解释图 11.1(b)右图的现象(略)。

其次,我们再考虑磁陀螺初始质心速度的获得。

(3)磁陀螺从高速自转位置 A 到因受磁场影响而转到倾斜稳定位置 B 的轨迹(图 11.3)。图 11.3(a)(b)是陀螺质心从自转位置 A 到稳定位置 B 相对支点(轴与面的接触点)的轨迹,轨迹尾端的方向即为陀螺质心初始速度的方向,又因由自转到稳定公转的过程进行的较快,以致我们的肉眼不易观察。在图 11.3(a)磁陀螺的初始切向速度(与图 11.3(a)公转方向相反)因磁场排斥作用而远离且由平面摩擦而减小,很快就被陀螺的旋滚公转方向的速度淹没了。因此,在图 11.3(a)位置情况下,观察到的稳定公转是与陀螺旋滚方向一致的公转;图 11.3(b)磁陀螺初始切向速度(与图 11.3(b)公转方向相同)因磁铁的吸引而使陀螺的公转半径缩小,即增大了切向速度,此时可观察到图 11.3(b)现象。当由于陀螺轴的旋滚使陀螺的切向速度减小较明显时,陀螺又将逐渐沿旋滚方向开始做公转运动。这正如前面所提到的,陀螺轴端的尖、钝会直接影响到陀螺的公转方向。可见,我们的理论是与实验相一致的。

注:图 11.3(a)(b)是与图 11.1(a)(b)所放磁铁位置相同(对应)的俯视图。

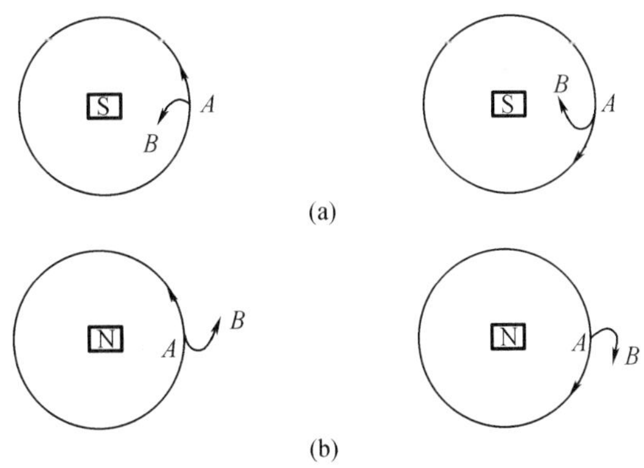

图 11.3 磁陀螺示意图 3

11.2 电驱自转式陀螺进动演示仪

以往的刚体进动演示实验多为手动实验,操作起来很不方便,现象稳定的时间短,不能供学生长时间观察,虽然现有一些大型综合力学进动演示装置问世,但因造价高而又一时不能引入。为此有必要提供一个可长时间的、重复性、稳定性均好的,能定性描述出角动量、力矩、进动方向相互关系的简易实验,该实验在教学中应用深受学生欢迎!

11.2.1 材料及制作

1. 材料

一个额定电压为3 V的玩具电机,两节一号电池,一个直径约8 cm圆盘(电木、塑料、金属等转动惯量较大,电机能带动的均可),一个约40 cm长的轻细直杆(木质或空心金属杆),一些细包皮导线及一根长约70 cm的细棉线(线越长越好,因在进动过程中会使细线扭转产生扭转力矩,不过在本实验长时间的演示过程中这种因素表现不出来)。

2. 制作

如图11.4所示,把圆盘固定在电机轴上,再把电机固定在直杆A端(电机轴与杆在一条直线上或平行)从电机两接线柱引出两条绝缘包皮线并附在直杆上,这两条线的另一端固定在杆的B端,在B端将由一号电池构成的电源及双向开关D固定,用细线系于杆上并悬挂起来。

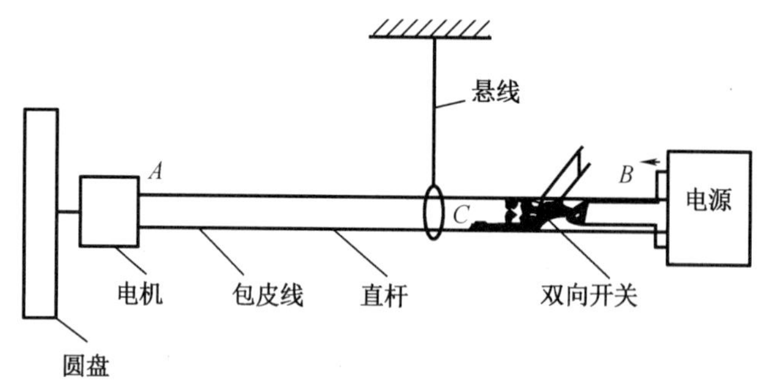

图11.4 电驱自转式陀螺进动演示仪示意图

11.2.2 演示及现象

1. 保持电机自转方向不变,改变悬线相对质心C的位置(改变对悬点重力矩)

(1)当通过调节细线的悬点使其处于质心C处,杆处于水平位置时,把电机的两接线头分别与电源正负极接上,则电机带动圆盘高速旋转起来,当放手释放后,发现这个悬挂起来的水平杆保持原来状态(初始静止,仍静止)。

(2)当把悬线由质心 C 向前移(向 A 端移)重复(1)过程,杆就随电机转动而绕竖直轴转动起来。

(3)当把悬线由质心 C 向后移(向 B 端移),重复(1)过程,杆也随电机转动而绕竖直轴转动起来,方向与(2)结果相反。

2. 改变电机自转方向(改变初始角动量方向)

(1)当悬线位置处于质心 C 时,无论怎样调换电源的极性(不同的自转方向),杆始终保持初始状态。

(2)当悬线位置分别处于1(2)、1(3)步位置时,调换电源的极性,则杆绕竖直轴的转向(进动方向)也随之调换。

(3)改变悬线距质心 C 位置时,悬线距质心越大,杆进动的角速度越大;距离小,进动慢,亦即系统对悬点(支点)重力矩越大,进动的角速度也越大;否则相反。

总之,通过此装置,可直观、形象地在学生头脑中描述出角动量、力矩及进动方向关系的物理图像来。此实验有成本低廉、制作简易、操作方便、现象明显、稳定性好、便于学生自制等特点,有利于培养学生动手动脑、理论联系实际。

11.3 可倒陀螺的机理研究与制作

作为一个刚体,当它在有摩擦的桌面上绕竖直轴高速旋转后释放,常常要改变原来所处的状态。如当熟鸡蛋在有摩擦的水平桌面上绕竖直轴高速旋转后释放时,看到熟鸡蛋渐渐竖起(立起)并继续绕初始方向旋转(刚体整体发生90°可倒角的翻转);而可倒陀螺在有摩擦的水平桌面上高速绕竖直轴旋转后释放,陀螺将发生180°可倒角的翻转。这些现象令人费解,特别是可倒陀螺,近几年来许多学校在这方面研究的都不很理想,1988年可倒陀螺被研制成功,并在2000年第三届东北亚和2000年全国高校物理演示实验研讨会上交流。这里从理论上对可倒陀螺的机理进行研究,进而得出具有不同"可倒角"的可倒陀螺的设计制作方案。

11.3.1 实验现象

(1)图11.5所示为熟鸡蛋在有摩擦的水平桌面上高速旋转后的实验现象。

(2)图11.6所示为可倒180°的陀螺在有摩擦的水平桌面上高速旋转后的实验现象。图11.7为陀螺开始和倒立180°时的实物图。

由图11.5和图11.6可以看出,虽然最初倾斜方向相同,但是熟鸡蛋升起的方向与可倒180°的陀螺升起(倒立)的方向不同,两者在水平有摩擦的桌面上高速旋转后,桌面摩擦系数较大时更易升起(或倒立)。

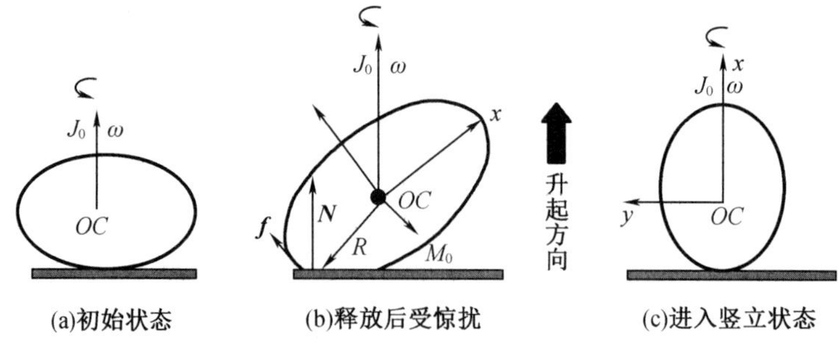

图 11.5 熟鸡蛋演示现象示意图

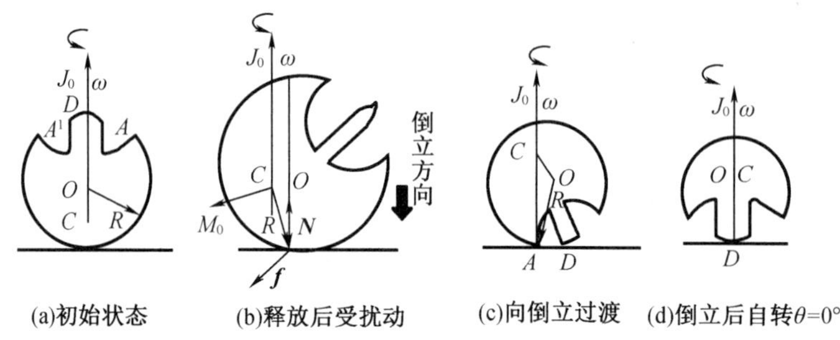

图 11.6 陀螺演示现象示意图

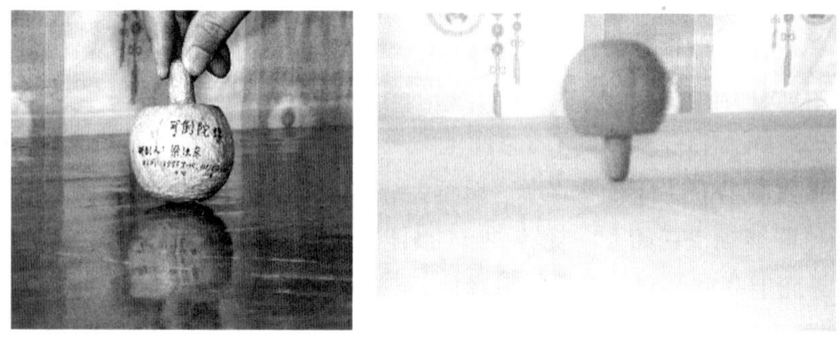

图 11.7 陀螺实物图

11.3.2 理论分析

1. 升起或倒立的时间

如图 11.5、图 11.6 所示,把熟鸡蛋和可倒陀螺视为质心固定的旋转椭球体(偏心率很小),熟鸡蛋质心 C 在几何中心 O 上,可倒陀螺质心 C 在球中心 O 附近。把熟鸡蛋和可倒陀螺视为球体,质量为 m,半径为 R,建立与熟鸡蛋和陀螺固定在一起的坐标系 $O\text{-}xyz$(O 与质心重合),z 轴方向垂直纸面向外,对 x、y、z 轴的转动惯量分别为 I_1、I_2、I_3,且 $I_1 \approx I_2 \approx I_3 = I \approx \frac{2}{5}mR^2$,当熟鸡蛋或可倒陀螺(下面均称为刚体)绕质心轴高速度旋转时,因受扰动而成为图 11.5(b)和图 11.6(b)所示情况。水平面给刚体一水平方向摩擦力$\boldsymbol{f}$,该力对质心 C 的力矩 $\boldsymbol{M}_0$ 在 $O-xy$ 平面内,从地面参照系看,刚体每转一周,摩擦力(或摩擦力矩)对 C 点的平均效果为零,支持力 $N\approx mg$ 对 C 点力矩很小,可忽略。这样,刚体质心可视为定点(或匀速运动的动点)。

由图 11.5 知,M_0 方向决定了 J_0 增量方向,在本体参照系中 J_0 向 x 轴正向靠拢,即在地面参照系中看到 x 轴正向向 J_0 靠拢;同理,由图 11.6 知,在地面参照系中看到 x 轴正向远离 J_0 方向。可用欧勒动力学方程,也可用过质心轴的转动定理进行定量分析,决定刚体升起(或倒立)方向的角度 θ(章动角),可由在 x 轴上

$$M_{c_x}=\frac{\mathrm{d}Jc_x}{\mathrm{d}t} \tag{11.10}$$

得

$$\mu mgR\sin\theta=\frac{\mathrm{d}(I\omega\cos\theta)}{\mathrm{d}t} \tag{11.11}$$

整理得

$$\theta=\frac{\mu mgR}{I\omega}=\frac{5\mu g}{2R\omega} \tag{11.12}$$

倒立 θ 角所用时间

$$t\approx\frac{\theta}{\dot{\theta}}=\frac{2R\omega\theta}{5\mu g} \tag{11.13}$$

估算 1:$\theta=\pi\omega=60\ \mathrm{rad}\cdot\mathrm{s}^{-1}$,$R=3\ \mathrm{cm}$,$\mu=0.1$,得 $t=2.3\ \mathrm{s}$。

2. 实现倒立与稳定性分析

可倒陀螺能否倒立 180°,决定于处于图 11.6(c)位置向图 11.6(d)位置过渡时,上升动能是否够继续升起的势能增量,即在图 11.6(c)状态时应满足

$$\frac{1}{2}I\dot{\theta}^2\geqslant(h_d-h_c)mg \tag{11.14}$$

其中,h_d、h_c 分别为图 11.6(d)、图 11.6(c)位置时质心高度。把 I 及式(11.12)代入式(11.14),得能倒立 180°的条件,即

$$\omega\leqslant\sqrt{\frac{\frac{5}{4}\mu^2 g}{h_d-h_c}}=\omega_{\max} \tag{11.15}$$

即当刚体运动处于图 11.6(c)位置时 ω 值应满足式(11.15)($\omega\leqslant\omega_{\max}$)才能倒立 180°。

当倒立过来后就和普通陀螺情形一样了,这时候能否稳定自转,可引用普通陀螺稳定自转的条件来说明。

$$\omega\geqslant\frac{4mglI\cos\theta}{I_3^2} \tag{11.16}$$

对于本实验有 $I_3=I$,$l=R$,$I=\frac{2}{5}mR^2$。由式(11.16)得

$$\omega \geqslant \sqrt{10gIR} = \omega_{\min} \tag{11.17}$$

即当陀螺倒立 180°后自转角速度 ω 满足式(11.17)就能稳定自转了,否则,立而不稳。如果考虑自转过程摩擦耗损,取最大摩擦力矩情况,则有

$$\overline{CO}\mu mg = I\dot{\omega} \tag{11.18}$$

于是摩擦耗损自转角速度为

$$\Delta\omega = \omega t = \frac{\overline{CO}}{R}\omega\theta \text{(对于倒立 180°时 } \theta=\pi\text{)} \tag{11.19}$$

由式(11.15)、式(11.17)、式(11.19),得最初刚体角速度 ω 应满

$$\omega_{\min} + \Delta\omega \leqslant \omega \leqslant \omega_{\max} + \Delta\omega \tag{11.20}$$

才能实现倒立 θ 角后并稳定旋转,即

$$\frac{\sqrt{\frac{10g}{R}}}{1-\theta\frac{\overline{CO}}{R}} < \omega < \sqrt{\frac{\frac{4}{5}\mu^2 g}{h_d - h_c}} \cdot \left(\frac{1}{1-\theta\frac{\overline{CO}}{R}}\right) \tag{11.21}$$

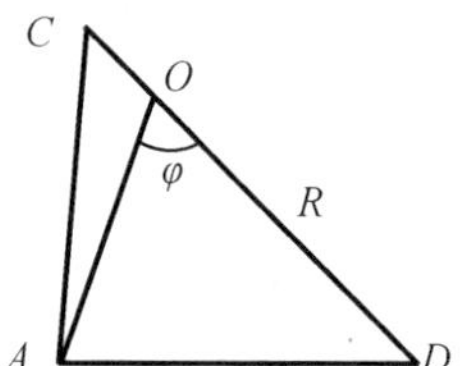

图 11.8　图 11.6(c)局部放大图

估算 2:当 $\theta=\pi$ 时,由图 11.8 得

$$h_d - h_c \approx (\overline{CO}+R) - \overline{CA} \approx \overline{CO}(1-\cos\varphi) \tag{11.22}$$

由式(11.21)、式(11.22),对可倒陀螺取 $R=0.02$ m,$\overline{CO}=Rn$,$n=10$,$\varphi=60°$,$\mu=0.1$,$g=10$,得 $103.08<\omega<51.58$ 矛盾,即不能实现 $\theta=\pi$ 的倒立现象。如果取 $\mu=0.5$、则有 $103.08<\omega<257.9$(即每秒转速为 16.4 周至 41 周之间)成立,初始 ω 满足此条件可实现 $\theta=\pi$ 的倒立现象。可见,水平面与刚体摩擦系数大易倒立;φ 值越小越易倒立(若陀螺轮廓为球面,应 $\overline{CD}\neq 0$ 成立)。此结论分析与实验演示现象一致,这就是我们设计出如图 11.6 所示可倒陀螺的结构,既要使 φ 值小,又要便于手捻动陀螺手柄杆发动使之旋转起来,同时,处于图 11.6(c)状态时,接触水平面的陀螺 A 或 A'处曲率半径应小于 R,并且 A 处的切线又切于手柄杆端(应有凸起,以便于倒立后减少摩擦力矩,使陀螺稳定自转时间延长),重力作用线通过 A,这样可减少由(c)状态过渡到(d)状态时阻碍倒立的摩擦力矩,进而更易实现倒立。演示时水平面与刚体摩擦系数应较大些,越光滑越不易倒立过来。

11.3.3 设计可便于观察出现不同“可倒角”时的陀螺

1. 最大“可倒角”为180°的可倒陀螺

如图11.9(a)所示,为了便于观察理解不同“可倒角”的陀螺,设计了一个外围有凸起点且仍在一个球面上的陀螺。由上面分析知,对于给定的可倒陀螺以不同 ω 旋转在同一水平面上或以相同 ω 旋转在不同摩擦系数的水平面上,将出现不同稳定的“可倒角”。如图11.9(b)所示,为了在旋转时能看到“可倒角”的情况,在陀螺球面上的凸起点可应用三原色等间隔涂色斑,由旋转时的组合得出了对应“可倒角”的彩色条块,图11.9(b)为倒立角为零时的彩色条块。

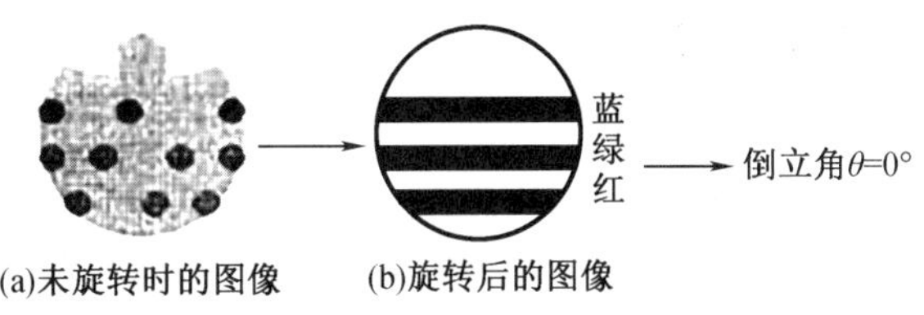

图11.9 陀螺涂色示意图

2. “可倒角”为0°→360°的可倒陀螺

如图11.10所示,外形轮廓为渐开线或对数螺旋线,其可倒原理同上。图11.11为多种陀螺实物图。

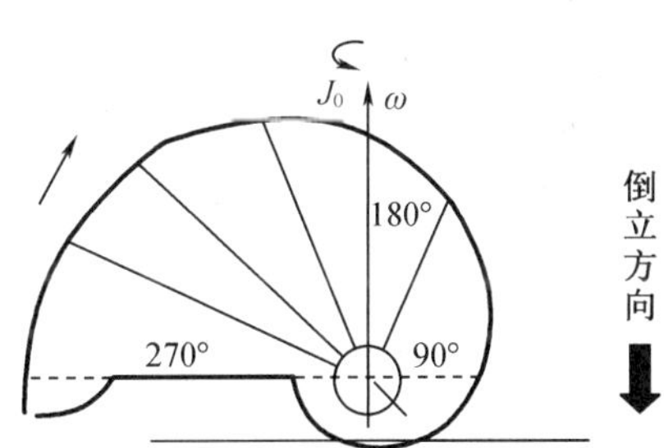

图11.10 360°可倒陀螺示意图

图11.11 多种陀螺实物图

11.4 环电流磁矩进动的演示与分析

在大学物理教学中,拉莫尔进动是原子物理教学中较难理解的内容,过去许多人试图研制环电流陀螺,但都未成功。涡电流现象通常用涡流管来演示,虽然快速、直观,但学生常常提出管壁摩擦影响了物体的下落等问题,为此,近些年经过大量的实验,研制出了环电流磁矩在磁场中的进动,以及磁场在导体中激发涡电流的陀螺演示仪器,演示现象明显。下面对此做介绍。

11.4.1 实验装置及演示

实验仪器装置如图 11.12 所示,将电池装在一头为尼龙制作的带手捻柄,而另一头装在尖端的壳装置中。在装置外绕有多匝细铜线(漆包线),使线圈的两端可与电池的正负电极连接,这样就构成了磁性陀螺。电池外壳用非磁性材料制成,以不被磁体吸引,如 7 号锌锰电池;实验用的外磁场是强磁体(磁钢)。陀螺重心应较低(稳定性高,忽略重力矩对磁力矩的影响)。

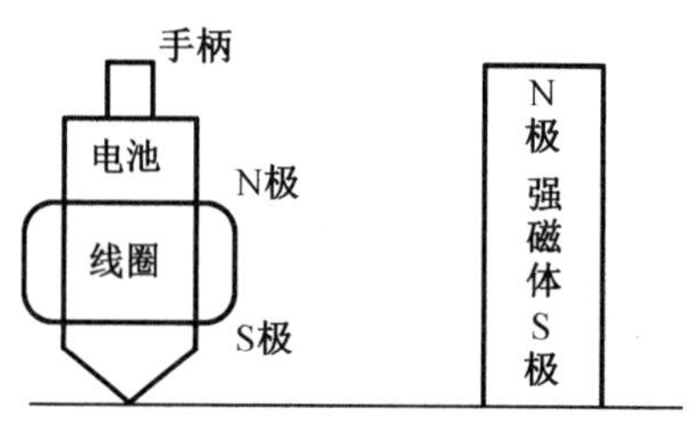

图 11.12 环电流磁矩进动演示仪示意图

在铜线未与电池正负极接通时,使陀螺高速在水平面上自转,把条形强磁体快速移近陀螺,陀螺无进动现象。在铜线与电池正负极接通时(图 11.13 为实物演示图),有电流通过铜线,使陀螺高速在水平面上自转,把条形强磁体快速移近陀螺,陀螺便开始绕磁体倾斜、公转,即出现进动现象;当快速调转磁体的两极时,陀螺在水平面上便开始绕磁体反向(倾斜、公转)进动。

线圈下移,使陀螺重心落在陀螺的支点上,即只有磁力矩的而无重力矩的情况,属于拉莫尔进动,将陀螺高速自转后放在支架上托起,待稳定后将磁体快速移近陀螺,则会看到进动现象;当调转磁极时进动方向也随之反向。若将陀螺尖端放在光滑小凹坑中高速自转,将会看到陀螺在磁场中的进动规律(无公转情形)。

11.4.2 分析

1. 陀螺在水平摩擦面上受磁力矩和重力矩作用下的运动

首先，按图 11.12 所示在接通电源后环绕的多匝铜线产生磁场（即相当于电子的环绕运动），相当于一个陀螺，起初陀螺绕竖直轴高速度自转时，其角动量为 $\boldsymbol{L}_0$，然后把磁体移近陀螺，磁体的磁场对陀螺产生磁力矩 $\boldsymbol{M}_B$（$\boldsymbol{M}_B=\boldsymbol{p}_{\mathrm{m}}\times\boldsymbol{B}$），其中 $\boldsymbol{p}_{\mathrm{m}}$ 为陀螺的磁矩，$\boldsymbol{B}$ 为磁体在陀螺处产生的磁感应强度。$\boldsymbol{M}_B$ 的方向垂直于磁体，沿着陀螺所在的水平圆周的切向，即对陀螺产生切向角动量增量 $\mathrm{d}\boldsymbol{L}_{\text{切}}$。这样一来，陀螺将向 $\boldsymbol{M}_B$ 方向倾斜，同时陀螺在重力矩作用下也做进动，并且在磁力矩和重力矩共同作用下，角动量增量在公转的切线方向上，此时重力矩方向与放磁体瞬间磁场力矩方向相反。因磁场是强磁体产生的，磁力矩大于重力矩，会感觉只有磁场力矩在起作用，即电流轨道磁矩在磁场中进动。同理，当调转磁极在陀螺处产生反向磁力矩时，将产生反向公转与反向倾斜。

2. 拉莫尔进动

为了能说明磁矩只在磁场中的进动，我们可以将陀螺重心下移（移动外围线圈）至陀螺尖端（即支点）处，演示时用一小竖立支架凹槽支撑于支点，此时陀螺只在磁场力矩下进动，但看不到公转，演示时磁场应较强，现象才会更明显。

11.4.3 涡流磁陀螺

在实际研制时，我们曾用导体（非磁性材料）作为装电池的壳体，发现因涡流效应而影响线圈产生的磁场。于是，我们利用这一规律，研制出了涡电流磁陀螺。即把无电池的非磁性导体壳（形状如图 11.13 所示，实物演示图不包括线圈）在平面上高速自转，当突然将磁体移近壳体时，将会看到壳体公转并向内（磁体）倾斜，无论磁体的哪个极靠近壳体都将产生这一现象。这也是与上文的不同之处，陀螺的倾斜与公转是由于激发的涡电流力矩产生的。而对于非导体（非磁性材料）和同样形状大小的塑料陀螺，演示时则不产生这一现象。过去多以涡流管来演示涡流现象，学生常有疑问：是不是摩擦力影响了磁块在竖直管中的下降速度。而用本陀螺演示则可以通过磁体突然移近导体陀螺产生的现象，直观演示激发出涡电流的现象，学生观看后确信无疑。

图 11.13　实物演示图

需要注意的是,环电流陀螺上的漆包线要细,且缠绕匝数要尽量多(图 11.14),演示时时间不要过长,以免烧毁电池或漆包线。

图 11.14　环电流陀螺实物图

11.5　一种旋转翻身 180°的球

一个熟鸡蛋当它在水平桌面上让其绕竖直轴高速旋转后,渐渐竖起来,也就是翻转 90°角后继续绕竖直轴旋转。对于完整的硬质球来说一般不论如何让其绕竖直轴旋转,我们都看不到它能翻转,这似乎给我们一个错觉,只有传统型的翻转陀螺才能在旋转过程中实现翻转 180°角,为培养学生的创新精神和实践能力,寓教于乐,需要给出更多的快速制作翻转陀螺类的实用方案,已有文献给出了翻转一般角度的方案,但制作工艺相对复杂,因此设计便于学生自制或改进、简单易行、翻转效果好和故障率低的旋转翻身 180°的球成为新的研究目标。

11.5.1　装置结构

如图 11.15 所示,一种旋转翻身 180°的球,是由大球冠 1、小球冠 2 和填充物 3 构成的。其特征是将一空心球体(如,乒乓球等)在直径的 2/3 至 4/5 处切割成大球冠 1 和小球冠 2;将大球冠 1 内空间部分或全部置满软填充物 3,用液体胶将填充物 3 与大球冠 1 固定,并用胶涂抹大球冠 1 和小球冠 2 内侧边缘;将小球冠 2 与大球冠 1 边缘重新固定在一起恢复原球体外观,再用带色油性笔涂抹在小球冠 2 顶部 4 区域上以区别于大球冠 1。

11.5.2　演示实验

将球置于水平面上,由于质心在大球冠部分,大球冠接触平面,小球冠顶部朝上,用手捻动球体绕竖直轴旋转,就可以看到球体在旋转的同时开始倒立,随着大球冠竖起,小球冠顶部接触平面开始稳定旋转，实现了球体翻转 180°。

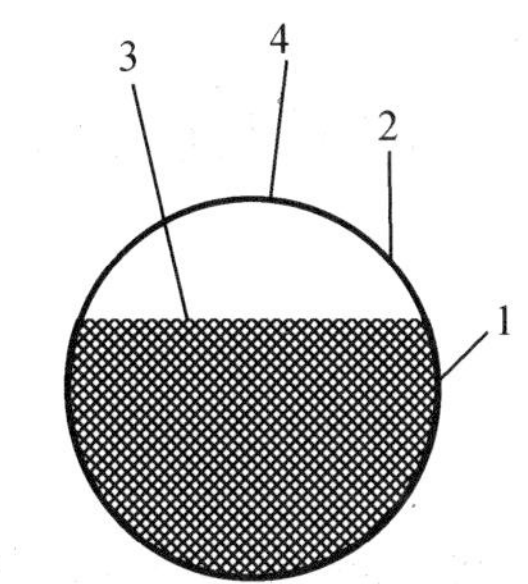

1—大球冠；2—小球冠；3—填充物；4—小球冠顶部。

图 11.15 旋转翻身 180°球的示意图

11.5.3 小结

本设计与现有实验不同，实现了球体旋转翻身 180°。制作极其简易，效果明显，在教学中推广会增加更多的教育功能，也可以推广到科普玩具领域。

第 12 章　振动演示与分析

12.1　偏心类柱体的运动规律演示与分析

在力学教学中刚体的转动是一个重要的内容，通常把这一内容与振动问题联系起来而变得更有意义。在课堂教学中可供学生演示研究的内容并不多见，我们曾研制了系列对称型刚体在平面上的运动规律演示实验，有效地提高了教学质量，而对于质量偏心外型对称的刚体，以往只是在理论力学习题课中才出现，并且一般模型是单一的半柱状刚体，学生们只是计算它的微振动周期。对于学有余力的学生缺少促进其进一步探索的演示实验。为此，我们研制了不同材料偏心柱体的运动规律演示仪器，在教学中引导学生将其与对称性刚体的运动演示对比，有效地提高了学生的创新与实践能力。

12.1.1　实验装置及主要内容演示

偏心柱体是由大柱体（半径 $R=10$ cm）在与轴线平行方向（在半径方向距离大柱体圆心 r 处）挖去小柱体$\left(半径\ r\approx\frac{1}{2}R\right)$制成 2 个几何尺度一样的不同材料（铜、钢等）的偏心柱体（图 12.1）。运动轨道的曲面半径 $H=1$ m。将 2 个不同材料的偏心柱体放在硬度大的玻璃或钢板平面上。当同时用手摆动一小角度，会发现不同材料的柱体谐振动，且摆动周期相同。面（弧面）上（2 个柱体平行在同一高度位置）均以各自的对应部位与斜面接触，同时释放。会发现 2 个柱体运动速度相同。且在滚动的每一周（转）中柱体几何中心运动的速度都会有慢—快—慢的周期性运动变化。

注意事项：在释放柱体时不能放得太高，圆弧曲面的曲率半径应该较大，柱体与曲面（表面）的摩擦系数较大才能保证偏心柱体在释放后能做纯滚动。

12.1.2　理论分析

1. 微摆动的周期

如图 12.1 所示，建立直角坐标系 $O\text{-}xy$，偏心柱体受到重力 mg、支持力 $\boldsymbol{N}$ 和摩擦力 $\boldsymbol{F}$，自转角 φ，在 $F\leqslant\mu N$（静摩擦力）条件下，由于柱体做纯滚动，有质心约束方程为

$$\begin{cases} x_0 = R\varphi - h\sin\varphi \\ y_0 = R - h\cos\varphi \end{cases} \tag{12.1}$$

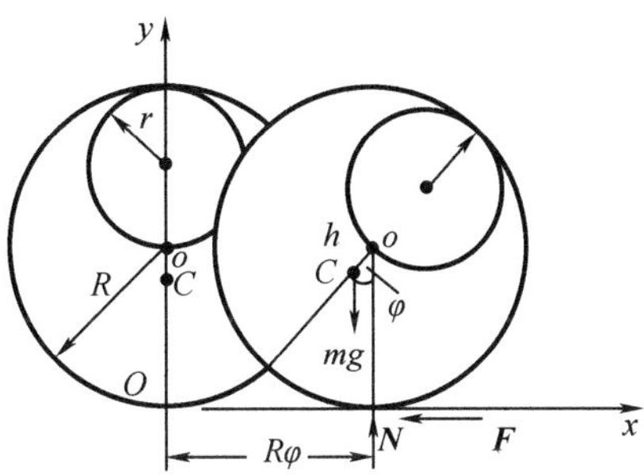

图 12.1 偏心柱体沿平面滚动示意图

由质心运动微分方程,有

$$-F = m\ddot{x}_C$$

$$N - mg = m\ddot{y}_C \tag{12.2}$$

由质心转动定理,有

$$I_C\ddot{\varphi}_C = Fy_C - Nh\sin\varphi \tag{12.3}$$

对质心轴的转动惯量为

$$I_C = m\rho_C^2 \tag{12.4}$$

联立式(12.1)至式(12.4),并考虑 φ 很小($\varphi \to 0$)时,忽略高阶小量,得

$$[\rho^2 + (R-h)^2]\ddot{\varphi}_C + gh\varphi = 0 \tag{12.5}$$

周期为

$$T = \frac{2\pi}{\omega} = 2\pi\sqrt{\frac{\rho_C^2 + (R-h)^2}{gh}} \tag{12.6}$$

可见,在偏心柱体做微小摆动时,偏心柱体做谐振动。

对于分布一样的不同材质且尺寸大小相同的偏心柱体的对质心轴回转半径的平方 ρ_C^2 相同。

由定义

$$m\rho_C^2 = \sum m_1 r_1^2 = \int r^2 \mathrm{d}m \tag{12.7}$$

$$\mathrm{d}m = \rho(r)\mathrm{d}V \tag{12.8}$$

其中 $\rho(r)$ 是柱体质量的体密度分布函数,对于不同材质 ρ 是常量,所以

$$\rho_C^2 = \frac{\int r^2\rho(r)\mathrm{d}V}{\int \rho(r)\mathrm{d}V} = \frac{\int r^2\mathrm{d}V}{\int \mathrm{d}V} \tag{12.9}$$

可见,其与密度大小无关,只与几何形状有关。同理,还可得出质心到柱体圆心距离 h 与密度无关,只与几何形状有关,即

$$h=\frac{\sigma\pi r^2 r}{\sigma\pi R^2-\sigma\pi r^2}=\frac{r^2}{R^2-r^2} \tag{12.10}$$

其中 σ 为柱体的面密度。也就是说，几何形状、大小相同的不同材质偏心柱体的微小摆动周期相同。

2. 在曲率半径为 H 的圆弧面上偏心柱体的运动规律

如图 12.2 所示，建立与曲面固定的直角坐标系 $O\text{-}xy$，在纯滚动的条件下有质心坐标：

$$x_C=(H-R)\sin\varphi-h\sin\varphi \tag{12.11}$$

$$y_C=H-[(H-R)\cos\varphi+h\cos\varphi] \tag{12.12}$$

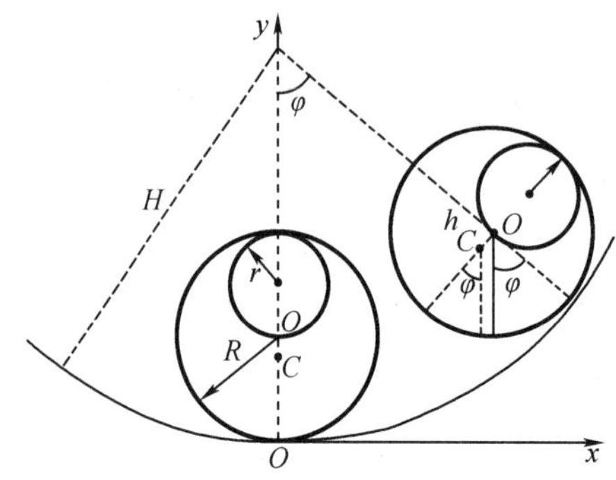

图 12.2　偏心柱体沿曲面滚动示意图

以 $\varphi=0$，$\varphi=0$ 即 $\overline{oC}$ 与 y 轴重合为 φ 和 φ 的起始位置，设柱体在 $\varphi=\varphi_0$ 位置释放，且质心的位置为

$$y_{C0}=H-(H-R+h)\cos\varphi_0 \tag{12.13}$$

由几何约束关系 $H\varphi=R(\varphi+\varphi)$，得出

$$\varphi=\frac{R}{H-R}\varphi \tag{12.14}$$

由系统的机械能守恒得出

$$mgy_{C0}=mgy_C+\frac{1}{2}mv_C^2+\frac{1}{2}l_C\omega^2 \tag{12.15}$$

其中

$$I_C=m\rho_C^2,\omega=\varphi,v_C^2=x_C^2+y_C^2 \tag{12.16}$$

联立式(12.11)至式(12.16)，求解得出

$$\varphi^2=\frac{2g[(H-R)\cos\varphi+h\cos\varphi-(H-R+h)\cos\varphi_0]}{R^2+h^2+\rho^2-2Rh\cos(\varphi+\varphi)} \tag{12.17}$$

偏心柱体的圆心运动速率为

$$v_0=R\varphi=\frac{R^2}{H-R}\left|\sqrt{\frac{2g\left[(H-R)\cos\left(\frac{R}{H-R}\varphi\right)+h\cos\varphi-(H-R+h)\cos\varphi_2\right]}{R^2+h^2+Q^2-2Rh\cos\left(\varphi\frac{H}{H-R}\right)}}\right| \tag{12.18}$$

3. 估算

取 $H=1\ \text{m}$，$R=0.1\ \text{m}$，$g=10\ \text{ms}^2$ 代入式(12.10)，得 $h=\frac{1}{6}R$，由定义 $I_C=m\rho^2$，$\sigma\pi R^2-\sigma\pi r^2=\frac{3}{4}\sigma\pi R^2$，则整个刚体对质心 C 轴的转动惯量，可看作原实心圆柱体对 C 轴的转动惯量减去挖去的小圆柱体对轴 C 的转动惯量，得出

$$I_C=\frac{1}{2}(\sigma\pi R^2)R^2+h(\sigma\pi R^2)-\left[\frac{1}{2}(\sigma\pi r^2)r^2+\sigma\pi r^2(r+h)^2\right]=\frac{37}{96}\sigma\pi R^4 \tag{12.19}$$

所以

$$\rho^2=\frac{I_C}{m}=\frac{37}{72}R^2 \tag{12.20}$$

将相关数值代入式(12.6)，得微小摆动的周期 $T=1.69\ \text{s}$，与实验测量结果一致。将相关数值代入式(12.18)，得圆心速率

$$v_0=\frac{2\sqrt{6}}{9}\left|\sqrt{\frac{54\cos\frac{\varphi}{9}+\cos\varphi-64\cos\varphi_0}{111-24\cos\frac{10}{9}\varphi}}\right| \tag{12.21}$$

符合实验规律。

特例：当 $r\to0$ 时，$h\to0$，$\rho^2=\frac{1}{2}R^2$ 变为实心柱体。

几何大小相同的一组柱体的运动状态如图12.3至图12.5所示。可见，只要将几何大小相同的不同材料偏心柱体的对应位置(要平行)放在曲面的同一水平高度，以相同的初速度释放，在同一轨道上偏心柱体将以共同的速度运动。且在同一平面上偏心柱体以相同摆动幅度(振幅)的摆动周期相同(与柱体的密度大小无关)，理论与实验相符。

图12.3 两个不同材料(铜、铝)偏心柱体运动规律相同

图12.4 两个不同材料(钢、铝)实心柱体运动规律相同

图 12.5 两个同质量不同分布柱体运动规律不同(大铝柱和小铜柱的组合)

12.2 不同材料全等形摆的演示与分析

在力学教学中,刚体转动定理是一个很重要的内容,人们常以圆环摆为例加以研究,有效地促进了学生对问题的理解,但缺少对应的实验演示,为此我们于 2001 年研制了系列圆环(圆弧)摆,通过了清华大学的鉴定,得出圆环(圆弧)摆演示实验周期与理论上的周期 $T=2\pi\sqrt{\dfrac{2R}{g}}$ 一致的结论。该实验在教学中的应用对学生理论联系实际起到了一定的促进作用。在演示时人们自然考虑是否周期与环(圆弧)的材料无关?是否不同材料全等形摆的摆动周期相同?通过及时地引导学生制作并从理论上加以分析,得到了理论联系实际、开拓学生创新思维和提高学生动手能力的效果。

12.2.1 仪器构造与演示

如图 12.6 所示,用长度相同(28 cm)的铜丝(ϕ2 mm)和车辐条(ϕ2 mm)各两根,分别并排固定在一起,弯成相同的形状,构成了全等形摆(用金属丝做,需要两两并排在一起构成一个整体的摆,在摆动时不易出现侧摆),可任意弯成要求的形状。图 12.6(b)是我们制作的一种形状的摆,$\overline{AB}=\overline{BE}=4$ cm,$\overline{EF}=22$ cm,支点 O 在 $\overline{BE}$ 段的中点处。在两个全等形摆的对应位置用钢锉挫成小凹槽,我们再制作成一个三棱形的刀口支杆,刀口支杆水平固定在铁架台支架上。演示时,调整好刀口支杆水平,刀刃朝上,将两个全等形摆的小凹槽挂在刀刃上,用手将摆与竖直方向成小角度处(离开平衡位置)同时释放,我们将看到全等形摆的摆动是做简谐振动,而且摆动的周期相同。对于条件较好的学校可以加工全等形偏心柱体摆(用铁、铜、铝),如图 12.7(a)所示,柱体高为 5 cm、直径为 10 cm,挖去直径约为 5 cm 的洞(保证 O 处有 2 mm 的厚度),这样,既可以演示在平面、凹面上的微摆动和滚动,又可以演示在支点上的摆动。

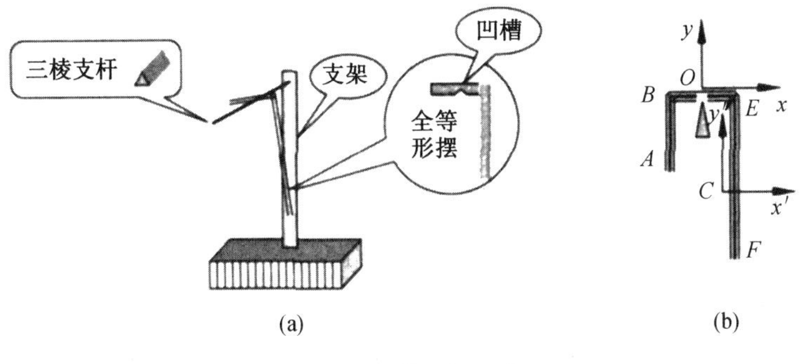

图 12.6 全等形摆示意图

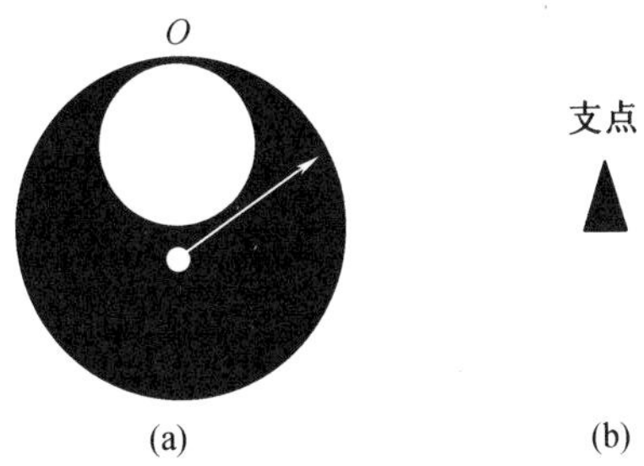

图 12.7 全等形偏心柱体摆示意图

12.2.2 理论分析

如图 12.6(b),质心为 C,建立坐标系 $C-x'y'z'$为固定在全等形摆上的坐标系,$O-xyz$ 为固定在支点刀口上的坐标系。则质心位置

$$x_C = \frac{\iiint x\rho \mathrm{d}v}{\iiint \rho \mathrm{d}v} = \frac{\iint x\sigma \mathrm{d}x\mathrm{d}y}{\iint \sigma \mathrm{d}x\mathrm{d}y} = \frac{\iint x\mathrm{d}x\mathrm{d}y}{\iint \mathrm{d}x\mathrm{d}y} \tag{12.22}$$

同理

$$y_C = \frac{\iint y\mathrm{d}x\mathrm{d}y}{\iint \mathrm{d}x\mathrm{d}y} \tag{12.23}$$

其中,ρ 和 σ 分别为全等形摆的体密度和面密度。可见,对于不同的材料只要 ρ 或 σ 分布规律相同,全等形摆的质心坐标位置就相同(为研究方便,下面用面密度 σ 表示材料的分布规律)。由刚体的平行轴定理,得出刚体对过质心 C 轴的转动惯量 I_{C_z} 和对过 O 点轴的转动惯量 I_{O_z} 为

$$I_{C_z} = \iint \sigma(X'^2 + Y'^2)\mathrm{d}x'\mathrm{d}y' \tag{12.24}$$

$$I_{O_z} = I_{C_z} + (x_C^{\ 2} + y_C^{\ 2})\iint \sigma \mathrm{d}x\mathrm{d}y \tag{12.25}$$

由对过 O 轴的转动定理,有

$$I_{O_z}\frac{\mathrm{d}^2\theta}{\mathrm{d}l^2}=-(x_C^2+y_C^2)^{\frac{1}{2}}g\sin\theta\iint\sigma\mathrm{d}x\mathrm{d}y \tag{12.26}$$

将式(12.24)至式(12.26)联立求得

$$\left[\iint\sigma(x'^2+y'^2)\mathrm{d}x'\mathrm{d}y'+(x_C^2+y_C^2)\iint\sigma\mathrm{d}x\mathrm{d}y\right]\frac{\mathrm{d}^2\theta}{\mathrm{d}t^2}=-(x_C^2+y_C^2)^{\frac{1}{2}}g\sin\theta\iint\sigma\mathrm{d}x\mathrm{d}y \tag{12.27}$$

考虑式(12.27)中 σ 是常量,以及式(12.22)、(12.23)的结论:全等形摆的质心坐标位置相同,全等形摆的运动规律相同。对于微摆动时 $\sin\theta\approx\theta$ 有

$$\left[\iint(x'^2+y'^2)\mathrm{d}x'\mathrm{d}y'+L^2\iint\mathrm{d}x\mathrm{d}y\right]\frac{\mathrm{d}^2\theta}{\mathrm{d}t^2}=-\left(Lg\iint\mathrm{d}x\mathrm{d}y\right)\theta \tag{12.28}$$

式中,$L^2=x_C^2+y_C^2$。

可见,全等形摆做简谐运动,且周期 T 相同。

令

$$\omega^2=Lg\iint\mathrm{d}x\mathrm{d}y\left[\iint(x'^2+y'^2)\mathrm{d}x'\mathrm{d}y'+L\iint\mathrm{d}x\mathrm{d}y\right] \tag{12.29}$$

式(12.28)变为

$$\frac{\mathrm{d}^2\theta}{\mathrm{d}t^2}=-\omega^2\theta \tag{12.30}$$

即对于不同材料全等形摆在作微小摆动时,是遵循简谐振动规律运动的,且周期相同。

12.2.3 几种实例全等形摆周期估算与实验演示测量

(1)对于半径为 R 的圆环(圆弧)摆,有 $x'^2+y'^2=R^2$,$L^2=R^2$,$\omega^2=\frac{g}{2R}$,理论周期 $T=2\pi\sqrt{\frac{2R}{g}}=0.65\ \mathrm{s}$。

实验选用材料分别为铝制和铜制圆环,直径为 0.105 m(内直径为 0.100 m,外直径为 0.110 m,支点在环直径 0.105 m 处)。实验测得(摆动 50 周期用了 32 s)周期为 0.64 s,理论摆动周期计算为 0.65 s。

(2)对于材料分别为铜和铝的圆柱偏心摆,如图 12.7 所示,将偏心柱体的 O 点处挂在支点上,拉开与竖直成一小角并释放。我们还可得出质心与柱体圆心距离 h 只与几何形状有关。即(取 σ 为柱体的面密度)

$$h=\frac{\sigma\pi_{r^2r}}{\sigma\pi R^2-\sigma\pi^2{}_{r}}=\frac{r^3}{R^2-r^2}=\frac{5}{6}\ \mathrm{cm}$$

$$L=R+h=R+\frac{r^3}{R^2-r^2}=5\frac{5}{6}\ \mathrm{cm}$$

$$\omega^2=2Lg3(R^2+r^2)$$

理论计算周期

$$T=2\pi\sqrt{\frac{3(R^2+r^2)}{2Lg}}=0.569\ \text{s}$$

实验用铝(或铜)材料的柱体测得周期(微摆动 80 周期用了 45 s)为 0.563 s。

(3)对于分别为铜和钢金属丝制作的全等形摆,尺寸分布如图 12.6(b)所示,质量为 M 的全等形摆的质心 C 到支点 O 的距离为 L,金属丝的线密度 λ,对过 O 点的 z 轴转动惯量 I_{O_z},微摆动时,有

$$L=(x_C^2+y_C^2)^{\frac{1}{2}}=\left[\left(\frac{9}{7}\right)^2+\left(\frac{125}{14}\right)^2\right]^{\frac{1}{2}}\times10^{-2}=9.02\times10^{-2}\ \text{m}$$

$$\omega^2=\frac{MgL}{I_{O_Z}}=\frac{0.28\lambda gL}{\lambda\left(5\ 444+10\ \frac{2}{3}\right)\times10^{-6}}=\frac{2\ 800gL}{54.57}$$

周期

$$T=2\pi\sqrt{\frac{54.57}{2\ 800gL}}=0.93\ \text{s}$$

实验测得周期为(摆动 60 周期用了 48 s)0.80 s,理论计算为 0.93 s,本特例理论与实验的差异较大(误差 16.3%)。主要原因:本实验仪器是手工加工精度不够高,作为演示基本上达到了精度要求。

总之,我们在教学中既要充分利用现成仪器,又要在教学中留给学生拓展想象的空间,设计一些学生易于制作又能与课堂学习紧密联系的演示实验。这样,既可以提高学生理论联系实际的能力,又能培养学生们的创新与实践能力,是一举多得的有效做法,读者不妨试一试。

12.3 一类相似形刚体滚动运动规律的演示与分析

在偏心类刚体的运动规律及不同材料全等形摆的演示仪器的基础上,我们又研制了相似形刚体的运动规律演示仪器,将其引入物理教学中,对有效地培养学生的创新与实践能力得到了良好的教学效果。

12.3.1 相似形刚体在曲面上的纯滚动演示实验

将两个不同材料全等形(图 12.8)或相似形柱状实心体(图 12.9),在同一曲面且与曲面接触处的同一水平线上同时释放。结果发现,无论是全等形还是两个相似体,其质心运动速度相同,加速度也相同。

图 12.8　不同材料全等形柱刚体运动规律

图 12.9　不同材料(钢、铝)相似形柱刚体运动规律

通过这一实验,寻求一类质心运动速度相同的不同刚体,其密度分布和几何形状等之间应遵循的规律。

12.3.2　理论分析

由图 12.8 和图 12.9 的实验演示分析,是否形状相似密度分布具有球对称性或轴对称性的外围为球状、椭球状或柱状的所有刚体,其质心加速度运动规律都相同,需要从理论上加以分析。

做纯滚动的刚体(图 12.10),其滚动半径为 R,对质心轴的转动惯量为 J_{C_z},刚体与曲面相切处的切面与水平面夹角为 θ。由牛顿定律和转动定理得出

$$mg\sin\theta - f = ma \tag{12.31}$$

$$fR = J_{C_z}\beta \tag{12.32}$$

$$a = R\beta \tag{12.33}$$

联立式(12.31)至式(12.33)得

$$a = \frac{g\sin\theta}{1+\dfrac{J_{C_z}}{mR^2}} \tag{12.34}$$

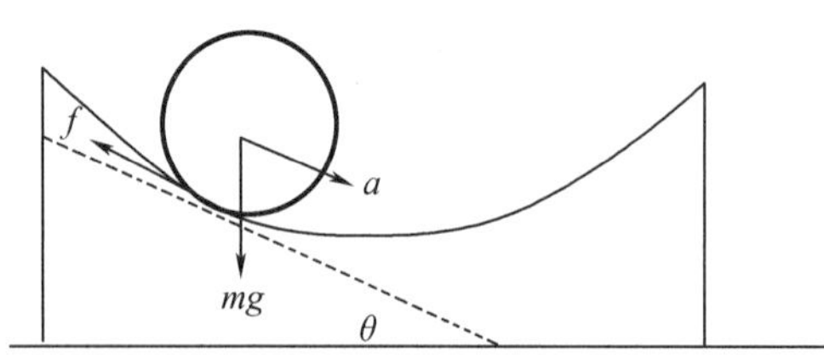

图 12.10　滚动原理示意图

对于演示实验,刚体对过质心轴的转动惯量,如柱状刚体为 $J_{C_z}=\frac{1}{2}mR^2$,得 $a=\frac{2}{3}g\sin\theta$;球刚体 $J_{C_z}=\frac{2}{5}mR^2$ 得 $a=\frac{5}{7}g\sin\theta$,也就是刚体沿斜面纯滚动的加速度与刚体的半径无关,

与形状(质量分布)有关(如球体或柱体),那是否意味着只要两个刚体是相似形,它们的质心加速度运动规律就相同。

设刚体为密度分布均匀对称的外围为球状、椭球状或柱状的刚体,对垂直转轴(刚体的对称轴)的最大横截面半径为 R 的圆平面,质心集中在几何中心,距离圆中心为 r,相对距离(位置)$r'=\frac{r}{R'}$,则面密度 $\sigma(r)=\sigma(r'R)=\sigma'(r')$,称 $\sigma'(r')$ 为相对位置面密度,于是式(12.34)中,有

$$\frac{J_{C_z}}{mR^2}=\frac{\int_0^{2\pi}\int_0^{R}\sigma r^3\mathrm{d}r\mathrm{d}\theta}{R^2\int_0^{2\pi}\int_0^{R}\sigma r\mathrm{d}r\mathrm{d}\theta}=\frac{\int_0^{2\pi}\int_0^{1}\sigma' r'^3\mathrm{d}r'\mathrm{d}\theta}{\int_0^{2\pi}\int_0^{1}\sigma' r'\mathrm{d}r'\mathrm{d}\theta} \tag{12.35}$$

对于两个相似体来说,它们的相似对应位置分别为 r_1 和 r_2,则面密度 $\sigma_1(r_1)=\alpha\sigma_2(r_2)$,同理相对位置面密度分别为 $\sigma_1(r_1)$ 和 $\sigma_2(r_2)$,应满足 $\sigma_1'(r_1')=\alpha\sigma_2'(r_2')$,其中 α 为与相似体的形状和材料有关的常量。也就是说,对于相似形刚体式(12.35)结论相同,式(12.34)质心加速度运动规律相同。

12.3.3 结论

相似形刚体且质量密度分布具有球对称性或轴对称性,也就是外围为球状、椭球状或柱状的刚体,对垂直转轴(刚体的对称轴)的最大横截面半径为 R 的圆平面,质量集中在几何中心的刚体,在同一曲面且与曲面接触处的同一水平线上同时释放,则做纯滚动的质心加速度运动规律相同,理论与实验结果相一致。

第 13 章　波动演示与分析

13.1　一种声传播机理演示与分析

声速及声传播是物理教学中重要内容之一,而近年来有关演示实验在波传播的方向及波形上演示得较多,对演示声在不同媒质中速度不同的演示很少。为此我们设计制作声传播过程及速度的演示实验很有必要。

13.1.1　实验装置与实验现象

如图 13.1 所示,把质量为 m_1、m_2 的两组球用劲度系数为 β_1、β_2 和自由长度为 a_1、a_2 的两组弹簧串联成两条振子链 A 和 B。A 和 B 置于相互平行的两条光滑水平直穴中,若忽略弹簧质量,则它相当于沿波传播方向(直线)上的介质元在弹性力作用下的运动。在振子链左端放置击球枪,它以等幅周期性地打击链中左端球体 m_1、m_2。我们观察到:两振子链系统不同时,右端穴中的球被击出(这是弹性碰撞,从槽中击出 m_1、m_2 的速度不是波速而是球的振动速度),它表示声在不同媒质中传播速度 v 不同。

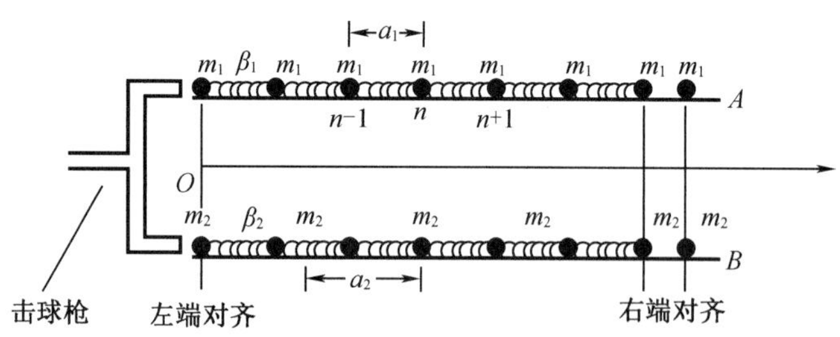

图 13.1　实验装置示意图

当 $m_1=m_2$,$a_1=a_2$ 且 $\beta_2>\beta_1$ 时,$v_2>v_1$;当 $\beta_2m_2a_2>\beta_1m_1a_1$ 时,$v_2>v_1$;当 $\beta_2m_2a_2=\beta_1m_1a_1$ 时,$v_2=v_1$。

上述表明不同媒质经过调节温度、压强等参量(对应于本实验中调节 a)可使不同媒质具有相同的声速。

13.1.2 理论分析

图 13.1 所示为多个媒质粒子构成的系统，设 x_n 为第 n 个媒质粒子(球体)的振动位移，考虑到相邻媒质粒子间的简谐作用，则第 $n+1$ 个媒质粒子作用第 n 个媒质粒子的力为 $\beta(x_{(n+1)}a-x_{na})$ 第 $n-1$ 个媒质粒子作用第 n 个媒质粒子的力为 $-\beta(x_{na}-x_{(n-1)a})$，于是，第 n 个媒质粒子受的简谐力为

$$F_{na}=\beta(x_{(n-1)}a+x_{(n+1)}a-2x_{na}) \tag{13.1}$$

则第 n 个媒质粒子的运动方程为

$$m\frac{\mathrm{d}^2x_{na}}{\mathrm{d}t^2}=\beta(x_{(n-1)}a+x_{(n+1)}a-2x_{na}) \tag{13.2}$$

第 n 个媒质粒子无扰动时(即平衡)位置为 $x_0=na$，(a 为相邻球体间距)振动开始后，振子链将振动状态依次传播，第 n 个媒质粒子振动位相为 $-\boldsymbol{k}na$($\boldsymbol{k}$ 为波矢)。由波动力学可知，方程(13.2)具有以下形式的特解

$$x_{na}=A_n\exp[i(\omega-kna)] \tag{13.3}$$

其中 ω 具有以下形式

$$\omega=2\overline{\beta/m}\sin(\boldsymbol{k}a/2)\omega=2\beta/m\sin(\boldsymbol{k}a/2) \tag{13.4}$$

由式(13.4)的色散关系可得声速

$$v=\frac{\mathrm{d}\omega}{\mathrm{d}k}=a\beta/\overline{m}\cos(\boldsymbol{k}a/2) \tag{13.5}$$

考虑波长远大于媒质粒子间距，即 $\boldsymbol{k}a/2\to0$，则式(13.5)变为

$$v\approx a\beta/\overline{m} \tag{13.6}$$

当把系统视为点阵构成的连续介质时(对本实验来说击球枪振幅较小)，由弹性力学可知，式(13.6)可变为

$$v=\frac{\overline{Y(Sa)}}{\overline{ma^2}}=\overline{Y\rho} \tag{13.7}$$

式中，Y 为杨氏模量；ρ 为介质密度。

$\beta=Y\dfrac{S}{a}$为胡克定律公式。

13.1.3 定性判断

式(13.6)、式(13.7)均与实验演示定性上一致。

(1)当媒质温度升高时(视同种物质 β、m 一定)，分子间距加大(或说媒质 Y 一定，ρ 减小)，则声速 v 也增大。

(2)当温度与媒质弹性系数一定时，同种物态的媒质摩尔质量大者(或说媒质密度大的

同种物质)声速小(如空气约 29 kg/m³,氧气 32 kg/m³,$v_{空气}>v_{氧气}$)。

(3)当分子间距 a、质量 m 一定时(密度 ρ 一定时),劲度系数大者(Y 大者),声速大。

13.2 非均匀介质的驻波演示与分析

在波动演示实验中演示驻波的实验仪器多为横波型,如用小电机振动弹性绳、永磁体对通交流电的柔导线作用而产生的驻波等。而纵驻波多是带一排小孔的长金属桶中充液化气形成的火焰或在透明桶中的煤油在扬声器作用下产生的驻波,这种仪器成本高,存在污染环境和不安全因素,并且不能像横驻波那样频率增加一倍波节间距缩小一倍。这些驻波仪对物理教学起到了积极促进作用,对非均匀介质又是一种怎样的规律?鉴于此我们研制了一件仪器,它可演示驻波在均匀介质和非均匀介质中的基本规律,且低成本、易操作,效果显著,是课堂教学和课外研究探索的值得推广的实验仪器。

13.2.1 材料和装置

加工长 1 m、螺距 0.5 cm、钢丝直径 1 mm 和弹簧直径为 5 cm,或长 1 m、螺距 0.5 cm、钢丝直径 0.5 mm 和弹簧直径为 2.5 cm 的长弹簧,喇叭一个(或两个)。如图 13.2 所示,一工字型支架(课堂视频教学可选用 80 cm 高),将弹簧的一端固定于支架上端,下端自然下垂与喇叭振动部分固定,一种是振动方向顺着弹簧轴向,另一种振动方向垂直于弹簧轴向(我们也可用锥形弹簧来演示非均匀介质情形)。两弹簧并排悬挂,实验时仪器背景颜色应与弹簧颜色明显区分开(如弹簧为黑色,背景用白色),这样弹簧振动和不动部分就能明显被观察到。

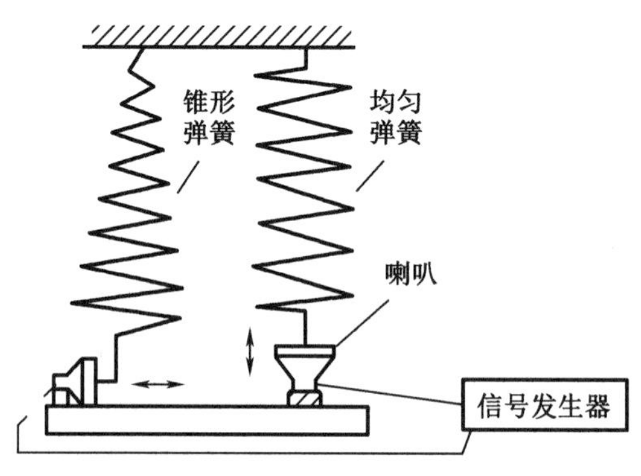

图 13.2 驻波演示仪示意图

13.2.2 演示现象

1. 纵驻波

(1) 对视频台上的实验选用丝的直径为 0.5 mm,螺管的直径为 2.5 cm。我们调节信号发生器给喇叭以适当频率和功率,会看到弹簧纵向振动并渐渐出现稳定的波腹(振动幅度最大部分)和波节(不动部分)。当使弹簧缩短,弹力较大也就是重力影响相对较小(可忽略)时,会看到波节均匀排列。此时为均匀介质中的纵驻波规律的实验演示,当弹簧自然下垂并与喇叭连接,此时为非均匀介质情形,波节为不均匀排列。

(2) 在演示大厅时,实验选用丝的直径为 1 mm,螺管直径 5 cm 的弹簧效果好。当弹簧上端固定在天棚上下端自然下垂并与喇叭固定,即弹簧为长弹簧时,它的重力改变自身螺环(个数)的分布密度,自上而下相邻波节间距逐渐变小(此时为非均匀介质中驻波的情形),但相邻波节间的螺丝环数相等。

(3) 喇叭振动频率增大一倍,会看到相邻波节间距缩小一倍;反之亦然。

(4) 实例:

当弹簧上端固定在天棚上,下端自然下垂并与喇叭固定,即弹簧为长弹簧(长度为 2.7 m 即房间的高度,丝直径为 1 mm,弹簧直径为 5 cm,螺距为 5 mm),在频率为 16 Hz 时,相邻两波节间的螺环数为 8;在频率为 32 时,相邻两波节间的螺环数变为 4。

2. 横驻波

横驻波的演示规律同上,只是波腹振动方向为垂直弹簧的轴线。锥形弹簧演示的现象将比直径均匀弹簧现象复杂得多,可供学有余力的学生课下讨论,本书不做介绍。

13.2.3 分析

我们以纵驻波的演示来分析。把(本书暂时不讨论锥形弹簧)弹簧视为弹性介质,在弹簧较短并且弹簧的拉力较大时,重力的影响可忽略,这时候为均匀介质,我们看到弹簧从上向下相邻两波节间距相等;在弹簧较长的时候,在重力作用下自上而下介质密度增大,张力变小,而波速为 $V-\sqrt{\dfrac{T}{\lambda}}$。因此在喇叭振动频率不变时,入射波与反射波在弹簧的对应位置波速相同(并随弹簧从上向下速度变小)、振幅相等,这样在波频率相同条件下波长随弹簧从上向下变小,即我们看到的随弹簧从上向下相邻两波节间距变小。但有意思的是,我们又看到相邻波节的螺纹(环)数却不变。这对于大学生来说是一个很好的问题,事实上,在纵波实验中体现了两种形式波的演示。现在来看振动是沿钢丝从喇叭处开始的,由于钢丝是均匀的(如丝直径为 1 mm)材料,喇叭的振动在钢丝中产生扭转(如同光学中的旋光现象)振动的传播过程,我们不妨称为扭转波(波速与剪变模量有关)。此波在钢丝中产生扭转驻波,在钢丝中相邻两扭转驻波节间的丝长度相等,即体现了在悬挂的长弹簧中相邻纵驻波波节间距不等,但螺纹(环)数相等的现象。理论与实验相符合。

13.3 气体火焰驻波演示实验的理论分析

在大学物理中驻波的演示实验是物理教学中不可缺少的内容,现有的演示方法有:电动机振动绳子产生横驻波,通过交流电的柔性导线在永磁场中振动形成横驻波,昆特管(声波对玻璃管中煤油的振动)、火焰驻波和弹簧驻波等。气体火焰驻波,因演示场面壮观而适合在大教室演示。但由于火焰驻波火苗轮廓与教材中的驻波波形在反射固定端是波节的图形不一样,学生难以理解,因此对火焰驻波应加以重点研究。

13.3.1 火焰驻波实验现象的演示

火焰驻波演示仪为一端开口的金属管上带一排均匀分布小孔,开口端为可控频率的喇叭,管中充入煤气或天然气。点燃小孔处的气体,在喇叭振动前火焰高度相同,随着喇叭的振动火焰就会出现高低分布的变化,同时看到无论喇叭振动频率如何变化在管端总是出现火焰。管的两端为火焰最高的点,管上 3 处趋于没有火焰。图 13.3 是笔者在清华大学刘凤英教授的大学物理课堂上拍摄的火焰驻波波形图片,管上方整体火焰的高低受到进气管的流量阀门控制,整体轮廓不变化,靠近喇叭处的最低火焰比靠近管底端的最低火焰高。

注意:演示火焰驻波的金属管不宜过长,约为 1.2 m 即可,演示时间也不宜过长。

图 13.3 火焰驻波波形图片

13.3.2 理论分析

由流体的伯努力方程知,通过小孔的气体的流速平方与管内外压强差成正比,在管上的火焰高低受管内的气体压强影响。下面研究管内的气体微元在平面声波作用下位移 X、声压 p 的表达形式,声压定义为:在有声波传播的空间,其中某一点在某一瞬时的压强与没有声波时的压强 p_0 的差。建立如图 13.4 所示的坐标,设在 x 处沿着管的方向长为 $\mathrm{d}x$ 垂直

x 方向的面积为 S 的长方体气体微元,气体密度为 ρ,由牛顿第二定律,得

$$-s\mathrm{d}p=\rho s\mathrm{d}x\frac{\mathrm{d}^2X}{\mathrm{d}t^2} \tag{13.8}$$

则

$$p=\int-\rho\frac{\mathrm{d}^2X}{\mathrm{d}t^2}\mathrm{d}x \tag{13.9}$$

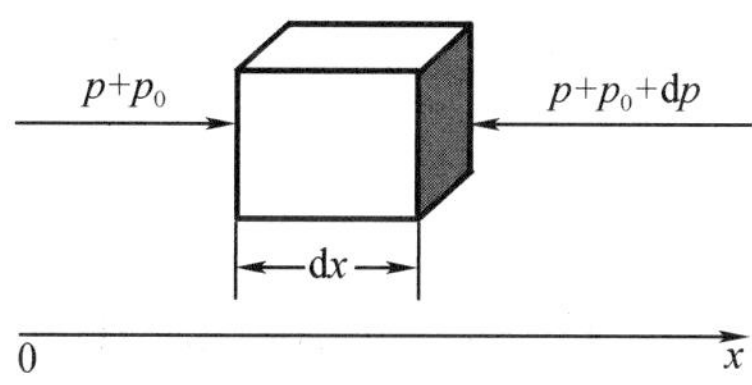

图 13.4 坐标系的建立示意图

设入射波为

$$X_1=A\cos(\omega t-kx+\alpha) \tag{13.10}$$

反射波(以反射端为坐标原点)为

$$X_2=A\cos(\omega t+kx+\alpha+\pi) \tag{13.11}$$

入射波与反射波叠加形成的波为

$$X=X_1+X_2=2A\cos\left(kx+\frac{\pi}{2}\right)\cos\left(\omega t+\alpha+\frac{\pi}{2}\right) \tag{13.12}$$

在反射端 $x=0$ 处位移 $X=0$,也就是

$$\cos\left(kx+\frac{\pi}{2}\right)=0 \tag{13.13}$$

满足式(13.13)的位置为驻波波节,在反射端固定时,表现为在反射端形成驻波的波节。对于流体驻波在反射端为固定情况下也为波节。

将式(13.12)代入式(13.9),得管内的声压为

$$p=\frac{2\omega^2A}{k}\rho\sin\left(kx+\frac{\pi}{2}\right)\cos\left(\omega t+\alpha+\frac{\pi}{2}\right) \tag{13.14}$$

比较式(13.13)和式(13.14)可知,在流体微元位移最小波节处,是声波压强振幅最大处,仿照波节(位移)的概念,不妨给出声压的压腹、压节概念。也就是 $\sin\left(kx+\frac{\pi}{2}\right)=0$ 的 x 位置为声压节,$\sin\left(kx+\frac{\pi}{2}\right)=\pm1$ 的位置为声压腹,这就是反射端出现的声压高的原因。由于视觉暂留,演示时声波的频率一般在 400 Hz 左右,每周期内煤气(或天然气)在声波压强的作用下,使得管上方火焰呈现与相应位置的压强最大时的状态对应,整体轮廓呈现与绳驻波相仿的稳定火焰驻波的视觉形状。由于声波在喇叭处入射波和反射波振幅(有衰减)不等,反射波有一定的能量损失,而在管的底部附近入射波与反射波振幅接近相等。由波的叠加,在入射、反射两列波相遇处声压反相位时,声压是否为零取决于相遇波的振幅是否相

等,因此,靠近喇叭处的最低火焰比靠近管的底端的最低火焰高。

13.3.3 总结

火焰驻波很壮观,又很有启发性。在刚火焰驻波很壮观,又很有启发性。在刚讲解驻波时,若考虑对概念的理解,可先演示绳子的横驻波、弹簧纵驻波再演示火焰驻波,供学有余力学生进一步研究。火焰驻波实验也是演示声压分布的好实验,还可以帮助理解声悬浮实验。本实验能开拓学生思维,是培养学生创新精神和实践能力的好实验。

13.4 便携式纵驻波演示仪的制作

驻波是一种波的特殊叠加现象,而纵驻波的演示较困难,实验时对传播介质和振源的频率精度(稳定性)要求较高,使用一台性能稳定的振源是做驻波实验的关键。以往的驻波演示仪,主要是演示横驻波的,一般是将绳的一头系在打点计时器(或偏心电动机)上,另一头固定且可以调整长度,打点计时器工作时产生 50 Hz 振动,将振动传递给绳,通过调整绳的长度,可以看到横驻波现象。而演示纵驻波的仪器相对较复杂,需要一台足够输出功率的振荡发生器,产生可调电压、频率的正弦波输出,在输出电源上接扬声器,扬声器纸盆产生机械振动,将振动传递到悬挂的钢性螺旋弹簧上。通过调整振源输出频率,就可以看到弹簧上出现纵驻波现象。无论横驻波还是纵驻波,要想做实验,就必须去实验室,搬动笨重的实验设备,经过一阵细心调整后,才能做实验。如此烦琐的实验,要想带入课堂,似乎是不可能的。特别缺少课堂上的纵驻波演示仪器。在讲授大学物理课程时,需要根据培养学生创新精神和实践能力的宗旨,指导鼓励学生参与研制,充分发挥学生现有的知识,有效地利用大学物理知识。经过近十余次的改进、研制出了一台适合学生制作的,能带入普通课堂,具有一体化、质量小(小于 1.5 kg)、小巧精致、易于调整、使用安全、造价低廉、故障率低和实验效果明显等优点的便携式纵驻波演示仪。经过几个学期在大学物理课堂上使用,受到教师和同学们的好评,使同学们受到鼓舞,激发了同学们的创新精神,提高了创新能力。

13.4.1 仪器结构与制作原理

图 13.5 为仪器装置图,振动传播介质为特制的由直径 1 mm 的金属丝制成的、螺环距 5 mm 和环圈直径为 5 cm 的弹簧。弹簧的伸长由折叠雨伞杆伸缩改变,在控制面板上只有 5 个口,分别是频率输出口、电源开关、振幅调整旋钮、频率调整旋钮和电源指示灯。频率输出口引出的两根线接在有频率计功能的万用表上,用于显示振动频率;电源开关控制仪器的开启与关闭;振幅调整旋钮与频率调整旋钮分别调整振源起振的振幅与频率;电源指示灯指示仪器是否在运行。

图 13.6 为纵驻波演示仪原理图,办法是用一块从废旧硬盘中拆来的交流同步电动机产生交流信号。也就是用可稳定控制转速的直流电动机带动交流同步电动机,交流电动机的 3 组星形连接线圈产生 3 组同频率感应电压。一组感应电压经功率放大后驱动扬声器产生机械振动;另一组感应电压通过升压变压器的升压和电容滤波后,与频率计连接,显示振动频率数值。

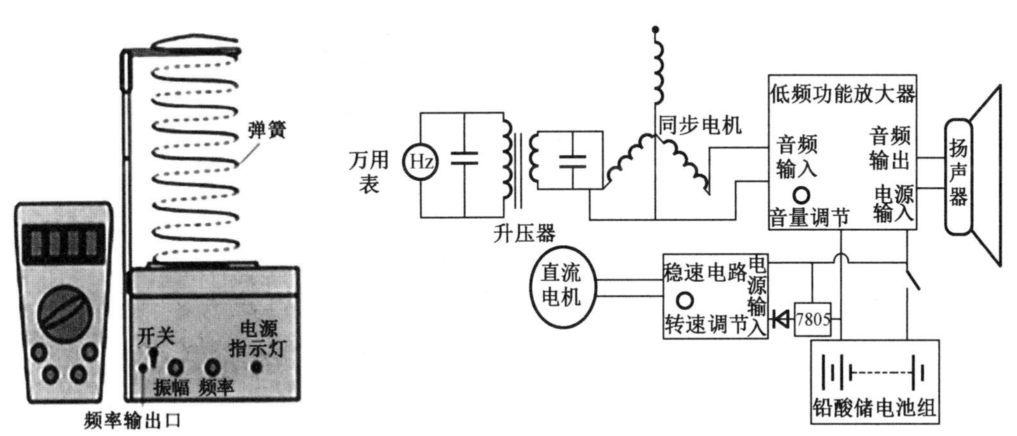

图 13.5 仪器装置图示意图　　**图 13.6 纵驻波演示仪原理图**

稳定控制直流电机转速使用的是 AN6650 稳速集成块。通过它稳速后的电动机,只要负载不超过集成电路的最大负载,就能保证电动机的转速高度准确,且可通过调整可调电阻控制电动机转速。将直流电动机与交流同步电动机并排固定,用皮带传递转矩。这样交流同步电动机就产生 3 组同频率正弦波感应电压。调整 AN6650 电路的可调电阻,精确控制直流电动机转速,也就得到频率稳定的 3 组正弦波感应电压。通过调节电路中可调电阻的阻值,也就是控制扬声器的振动频率。此电路的电源来自铅酸蓄电池,12 V 电压经过 7805 稳压集成块后变为 5 V,再用一个硅二极管产生 0.7 V 压降,最后给稳速电路提供 4.2 V 电压(或由两节干电池驱动,工作电压为 3 V,电流约 65 mA)。

对于万用表频率计读数的显示,因使用的同步交流电动机的一组线圈直接产生的感应电压只有 0.08~0.23 V,而万用表频率计的最小显示灵敏度是峰值电压超过 1 V 的交流电。如果直接将万用表与交流电动机连接,电动机工作时万用表没有读数。所以使用了一个 220 V 转 6 V 的降压变压器,将低压线圈与交流电动机连接,而高压线圈与万用表连接。变压器工作时将电压升到 0.82~1.35 V。同时变压器的初级、次级线圈分别并联合适容量的电容起到稳压、滤波作用,大大提高仪表的工作稳定性。

同步交流电动机的另一组线圈直接与功率放大器连接。考虑到仪器的工作频率为 17~54 Hz,所以选择使用低音炮专用的低音音频功率放大器。这样就得到足够功率的电流来驱动扬声器做正弦波机械振动。通过调节功率放大器的音量旋钮,控制扬声器振动的振幅。此电路的工作电压为 12 V,电流约 500 mA,由上文中提到的铅酸蓄电池组驱动。

仪器在装配时,用塑料饭盒做外壳,具有色彩艳丽、价格低廉、便于加工、使用安全等优点。

13.4.2 仪器使用方法

(1)图 13.7 为实物图。将仪器平稳地放在讲桌上,一手压住仪器,一手向上拉起支架,支架可拉长为原长的 3 倍。背景采用与弹簧色彩对比明显的纸面或布帘。

图 13.7 实物图

(2)将频率输出口的两根导线分别插在万用表的地线和电压线接口上,开启万用表,将功能盘调到“Hz”挡。

(3)调整振幅旋钮至最大值的 1/3,打开仪器的电源开关,慢速调整频率旋钮,观察弹簧的振动情况,当频率合适时,再经微调频率旋钮,使弹簧的驻波现象明显。

经过三步调整,调整结束。此时弹簧上出现驻波现象,弹簧不是整体振动,而是有波腹振动,波节静止,相间的波腹和波节出现,万用表显示的就是当前的振动频率。随着扬声器振动频率的改变出现的波腹与波节的位置也随之改变,选用折叠雨伞杆作为弹簧伸缩调节,可以使弹簧分布成均匀和非均匀两种情况进行演示,也就是可以演示均匀介质和非均匀介质的驻波分布。由图 13.7 可见驻波图像清晰的不动波节和图像模糊的振动波腹,当时实验的频率为 22 Hz,相邻波节间距为 6 个环距离。

13.4.3 注意事项

用蓄电池驱动仪器,对于使用者来说,是方便了很多,安全性也大幅度提高,但经过几节课后,蓄电池的电能可能消耗殆尽,无法继续使用。这时就需要充电。将专用充电器高压端插在 220 V 照明电源插座上,低压端插在仪器的另一面的充电接口上。完成充电一次需要 3~4 个小时。由于用的是铅酸蓄电池,所以蓄电池严禁长时间处于无电状态;如果长时间不使用仪器,也应每隔两个月充电一次,以保证蓄电池性能不会失效。

虽然,这里介绍的纵驻波实验仪器在制作中不是最优化的,但是可以反映出学生们在研制过程中利用大学物理知识的探究精神,即利用直流电动机带动交流同步电机产生交流信号驱动扬声器,用特制弹簧方便地实现了课堂纵驻波的演示,解决了以往大学物理教师上课难以演示纵驻波的问题,同时也培养了学生们创新精神和实践能力。

13.5 流体-流体模型裸眼井的声场理论分析与数值计算

1974 年,Peterson 对流体-流体模型的裸眼井中的简正波进行了计算,1979 年,Rader 对首波进行了计算,他们在复平面上对极点和割线进行数值计算,结果表明,极点的贡献对应于简正波;割线积分贡献对应于滑行波。对慢地层和快地层两方面研究表明,慢地层的全波场中的横波也较弱,这与当时的资料相矛盾。1985 年,Kurkjian 研究表明,快地层中测定横波相对较强的原因,在于靠近截止频率最近的简正波极点的贡献所致。本书对无横波的慢地层进行研究,以进一步澄清慢地层的有关问题。

13.5.1 模型及参量

文中提到的介质是各向同性的弹性介质,井内为无限长圆柱中充满均匀的流体(d,λ),井外环绕的为无限延伸的可视为零的弹性固体($\bar{d},\bar{\lambda}$)介质。如图 13.8 所示,各向同性脉冲点声源 $x(t)$ 处在井的轴线上(设 $c_f<c_p$),接收器与点源相距大于一个波长(距离为 z),并都在井柱轴线上。其中,$x(k)$ 是 $x(t)$ 的付氏变换,井内半径为 a,c_f 和 c_p 分别为井内、井外流体中声速。λ 和 $\bar{\lambda}$ 为介质的拉迈(Lame)系数。上述有关参量取值为:$d=1\ 000\ kg/m^3$,$\bar{d}=2\ 000\ kg/m^3$,$c_f=1\ 500\ m/s$,$c_p=2\ 000\ m/s$,$z=2.5\ m$,$a=0.1\ m$。

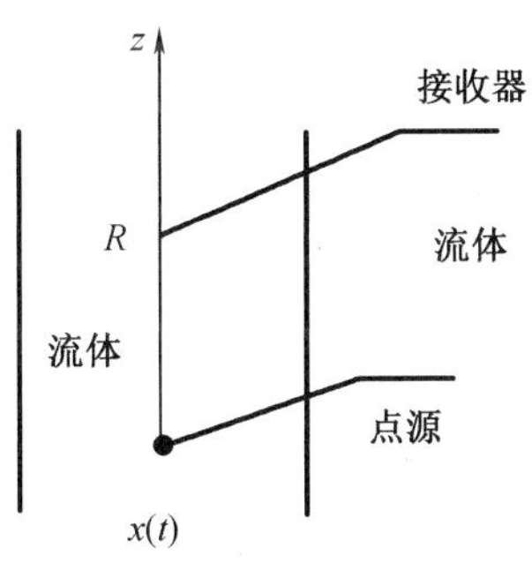

图 13.8 声波模型

13.5.2 方法

采用直接场声压 p_d 与反射场声压 p_r 叠加的结果为总场声压 p_t,即

$$p_t=p_d+p_r \tag{13.15}$$

场总声压也可视为滑行 p 波声压 $p_{\mathrm{cut}(p)}(z,t)$ 与留数贡献的声压 $p_{\mathrm{liu}}(z,t)$ 的和。在井内只有纵波存在,即

$$\overline{H_0}(r,k_z,k)=\dot{\pi}\frac{\bar{x}(k)}{\mathrm{d}k^2}\left[\mathrm{H}_0^{(1)}(k_r^{(f)}r)+\frac{A(k_z,k)}{\dot{\pi}}\mathrm{J}_0(k_r^{(f)}r)\right] \tag{13.16}$$

其中 ${k_r^{(f)}}^2=\frac{k^2}{c_f^2}-k_z^2$, $k_f=k/c_f$, $\mathrm{H}_0^{(1)}(x)$ 为零阶第一类汉克尔函数;$\mathrm{J}_0(x)$ 为零阶贝塞尔函数;

$$p_{\mathrm{cut}(p)}=\frac{1}{(2\pi)^2}\int_{\mathrm{d}}x(k)(A_+-A_-)\mathrm{e}^{\mathrm{i}k_z z}\mathrm{e}^{-\mathrm{i}kt}\mathrm{d}k_z\mathrm{d}k \tag{13.17}$$

令

$$I(k,z)=\frac{1}{2\pi}\int_{\mathrm{cut}(p)}(A_+-A_-)\mathrm{e}^{\mathrm{i}k_z z}\mathrm{d}k_z \tag{13.18}$$

A_+、A_- 由 $A(k_z,k)$ 在支割线右侧、左侧的取值确定,则

$$p_{\mathrm{liu}}(z,t)=\frac{1}{(2\pi)^2}\int_{-\infty}^{\infty}x(k)\left[2\pi\mathrm{i}\sum\mathrm{Re}\ s\right]\mathrm{e}^{\mathrm{i}k_z z}\mathrm{e}^{-\mathrm{i}kt}\mathrm{d}k_z\mathrm{d}k \tag{13.19}$$

令

$$I_{\mathrm{liu}}(z,t)=\frac{1}{2\pi}\int_{\mathrm{pole}}\left[2\pi\mathrm{i}\sum\mathrm{Re}\ s\right]\mathrm{e}^{\mathrm{i}k_z z}\mathrm{d}k_z \tag{13.20}$$

只要求出式(13.18)、式(13.20),即可求出对应的时-空域的声压。因此,寻找支点和极点是我们的主要工作。这里支点已知,极点未知(包括实极点和复数极点)。由式(13.19)因子 $\mathrm{e}^{\mathrm{i}k_z z}$ 知,贡献最大的是实极点,但复极点的贡献也是有意义的。

1. 实极点范围的判定

如图 13.9 所示,将井内声势式(13.16)及井外声势代入边界条件,即由相关文献知系数 $A(k_z,k)$ 的分母 D 为

$$D=k_r^f a\mathrm{J}_1(k_r^f a)\mathrm{H}_0^{(1)}(k_r^p a)-\frac{d}{\bar{d}}\mathrm{J}_0(k_r^f a)(k_r^p a)\mathrm{H}_1^{(1)}(k_r^p a) \tag{13.21}$$

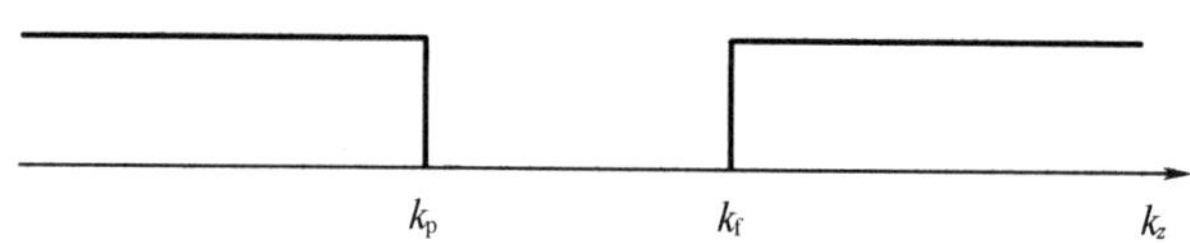

图 13.9 分点在实轴位置

当 $k_z<k_p=k/c_p$ 时,k_r^f、k_r^p 皆为实数。令 $k_1=k_r^p a$、$k_2=k_r^f a$,则

$$D=\left[k_1\mathrm{J}_1(k_1)\mathrm{J}_0(k_2)-\frac{d}{\bar{d}}\mathrm{J}_0(k_1)J_1(k_2)k_2\right]+\mathrm{i}\left[k_1\mathrm{J}_1(k_1)y_0(k_2)-\frac{d}{\bar{d}}\mathrm{J}_0(k_1)y_1(k_2)k_2\right] \tag{13.22}$$

假设 $D=0$,则有

$$\frac{\mathrm{J}_0(k_2)}{\mathrm{J}_1(k_2)}=\frac{d/\bar{d}k_2\mathrm{J}_0(k_1)}{k_1\mathrm{J}_1(k_1)}=\frac{y_0(k_2)}{y_1(k_2)} \tag{13.23}$$

而因 $J_0y_0-J_1y_1=2/\pi k_2$，故假设不成立。所以，在 $k_z<k_p$ 内不存在实极点。

当 $k_z>k_f=k/c_f$ 时，k_r^f、k_r^p 皆为纯虚数。令 $k_r^f=\mathrm{i}k_r^{f'}$，$k_r^p=\mathrm{i}k_r^{p'}$，由 $J_0(\mathrm{i}x)=J_0(x)$，$J_1(\mathrm{i}x)=\mathrm{i}I(x)$，$H_0^{(1)}(\mathrm{i}x)=(2/\mathrm{i}\pi)k_0(x)$，$H_1^{(1)}(\mathrm{i}x)=-(2/\pi)k_1(x)$，则有

$$D=\frac{2\mathrm{i}}{\pi}\left[\dot{k}_1I_1(\dot{k}_1)k_0(\dot{k}_2)+\frac{d}{\bar{d}}I_0(\dot{k}_1)k_1(\dot{k}_2)\right]\neq 0 \tag{13.24}$$

其中 $k_1'=k_r^{f'}a$，$k_2'=k_r^{p'}a$，故在 $k_z>k_f$ 内无实极点，说明无衰减的斯通利波不存在。

当 $k_p<k_z<k_f=k/c_f$ 时，k_r^f 是实数，k_r^p 是纯虚数。令 $k_1=k_r^fa$，$k_2=\mathrm{i}k_2'=\mathrm{i}k_r^{p'}a=k_r^pa$，有

$$D=\frac{2}{\pi\mathrm{i}}\left[k_1J_1(k_1)k_0(\dot{k}_2)-\frac{d}{\bar{d}}[J_0(k_1)k_1(\dot{k}_2)\dot{k}_2]\right] \tag{13.25}$$

由图 13.10 不能直观确定 D 在 $k_p\sim k_f$ 之间是否有极点，需借助计算机完成，特别是有无衰减的斯通利波存在。

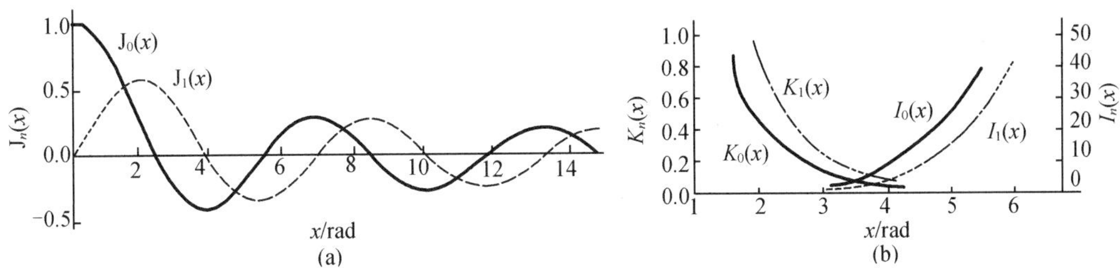

图 13.10 J_0、J_1 函数曲线

2. 计算方法的处理

(1)割线积分

$I_{\mathrm{cut(p)}}(z,k)$ 是波数域中的割线积分，取 $k_z=k_p+\mathrm{i}k_z''$，在支点 k_p 的割线右侧 $I_m(k_r^pa)>0$；在支点 k_p 的割线左侧 $I_m(k_r^pa)<0$；$k_r^p=k_p^2-k_z^2$ 的虚部是负值。这时 A_+ 为 A 中当 $k_r^pa=-k_r^pa$ 时的值；A_- 为 A 中当 $k_r^pa=k_r^pa$ 时的值。当 k_z 在支点 k_p 上，因 $H_0^{(1)}(0)\to\infty$，这时 A_+ 与 A_- 均趋于有限值，且 $A_+|k_z=k_p=A-|k_z=k_p$，即支点 k_p 对积分值无贡献，而支点附近对积分值贡献最大。为此，我们采用 k_z 的虚部 k_z'' 从 10^{-6} 开始沿垂直割线分段积分，在每段中采用龙贝格定积分，计算直至达到精度要求为止。每段积分总和就是相应频率下的积分值，取其模，便得到波数域中滑行 p 波振幅曲线。最后将 $I_{\mathrm{cut(p)}}(z,k)$ 值利用快速傅里叶变换(FFT)即得时间域的滑行 p 波声压振幅曲线。

(2)极点

先沿 $k_p\to k_f$ 段进行粗找(但是 k_z 要覆盖 $k_p\to k_f$)以确定极点初值，再利用牛顿迭代法 $k_z^{i+1}=k_z^i-\left(\dfrac{D}{\partial D/\partial k_z}\right)_{k_z=k_z^i}$ 求得准确极点值。由此即可计算出不同频率下极点值，从而求得留数

$$\mathrm{R}(k,z)=\left[\frac{1}{2\pi}\frac{N(k_z,k)}{\partial D(k_z,k)/\partial k_z}\mathrm{e}^{\mathrm{i}k_zz}\right]_{k_z=k_{\mathrm{zpole}}(k)} \tag{13.26}$$

对每个留数与最大留数的比值取对数，得到激发曲线，由相速度 c 与 c_p 比有

$$\frac{c}{c_{\mathrm{p}}}=\left[\frac{k}{k_{\mathrm{zpole}(k)}}\right]/c_{\mathrm{p}} \tag{13.27}$$

由群速度 $U(U=\mathrm{d}k/\mathrm{d}k_z \approx \Delta k/\Delta k_{\mathrm{zpole}(k)})$ 与 c_{p} 的比,得到群速度频散曲线。其他计算由式(13.19)和式(13.20)得到。

13.5.3 数值计算结果分析

图 13.11 给出滑行 p 波振幅随声源频率 f 变化的激发曲线。由图 13.11 可见,当 $f=$ 8.7, 12.6,12.8 kHz 时,有极小值;当 $f=13.9$ kHz 时出现共振高峰;再随 f 的增加将衰减下来。因此,在 $f=13.9$ kHz 时将会激发出最强的滑行 p 波。

从简正波的激发曲线(图 13.12)可以看出,当 $f=4\sim5$ kHz 时,$f=16$ kHz 附近,$f=28$ kHz 附近,分别激发出最强的第一、二、三级简正波;随着 f 的增加将会激发更多的简正波模式,而且随着模式级别升高,可能激发出的幅度越大。

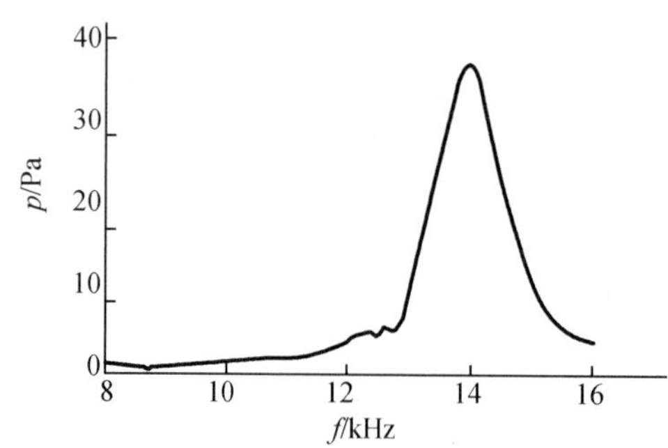

图 13.11 滑动 p 波声压振幅波形

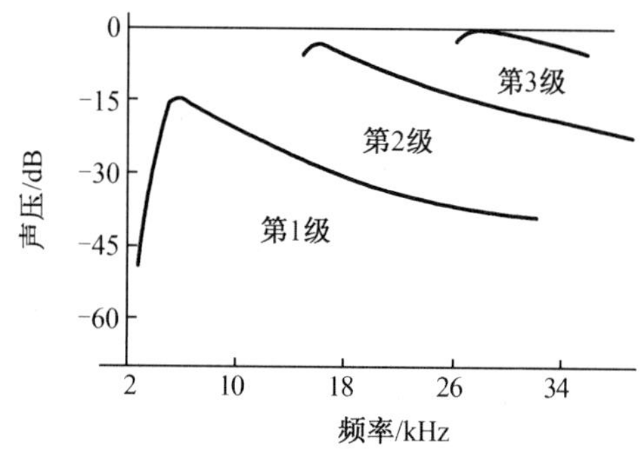

图 13.12 模态激励曲线

从频散曲线(图 13.13)可以看到,第一级简正模式的截止频率为 1～2 kHz 并靠近 2 kHz;第二级简正模式的截止频率在 14 kHz 附近;第三级简正模式的截止频率在 25.9 kHz 附近。f 是相速度的多值函数,即对应一定 f 会有不同级别的相速度与之对应。截止频率限制了对一定 f 下各种简正模式是否出现,每个群速度曲线都有一极小值(Airy 震相)。在 f 趋于截止频率时,相速度和群速度都趋于 c_{p}。

上面已经计算了由支点贡献的滑行 p 波和由实极点贡献的简正波,现在讨论与复极点有关的内容,即有无漏模式和漏斯通利波($k_z>k_{\mathrm{f}}$ 的情况)。利用 FORTRAN 语言中的双精度型程序,在相对误差为 10^{-24} 时,并在 k_z 的实部 k_z' 为:0. 5→$k_{\mathrm{f}}+30$;虚部 k_z'' 为 0. 5→5 的范围内,对频率 $f=8,10,12,14,15$ kHz 进行扫描,再利用牛顿迭代法准确寻找,在 $f=8$ kHz 和 $f=$ 10 kHz 都未发现复极点。所得结果列入表 13.1。

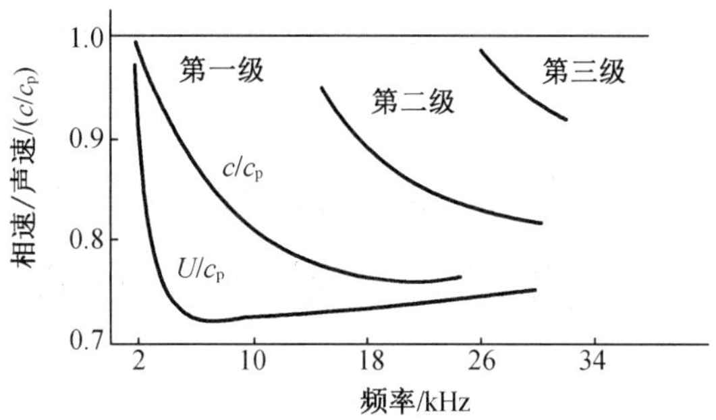

图 13.13 色散曲线

表 13.1 极点的数值计算

f/Hz	k_z'	k_z	k_p	k_f
12	32.739	3.165 4	37.68	50.20
14	44.790 4	0.455 95	43.96	58.6
15	51.153 63	0.078 01	47.10	62.8

另外,对频率从 0～ 30 kHz 范围进行了实极点计算,所得结果绘于图 13.14。由图 13.14 可以看出,在频率为 2～10 kHz,间隔为 1 kHz 范围内扫描仍未发现复极点。图 13.15 给出了复极点随频率变化曲线。由图 13.15 可以看出,实极点将线性增加(近似),Δf= 1 kHz,$\Delta k_z'\approx 6.2$。随频率增加极点的实部将趋向 k_f,虚部将趋向实轴并不会越过 k_f,这与前面的结论一致。可见,对于本书模型漏模式是存在的,其大小可由 e^{ik_zz} 考察,对于在远场时是可以忽略的。如本书在 z=2.5 m,f=12 kHz 时,e^{ik_zz}(指 $e^{-ik_z^nz}$)是很小的,可以忽略;而在 f= 14,15 kHz 时,是不可忽视的。因为复极点的实部值总不会越过 k_f,所以,漏型的斯通利波不存在。从上面计算分析,采用本书模型,井内全波是由滑行 p 波、简正波和漏模式波组成的。

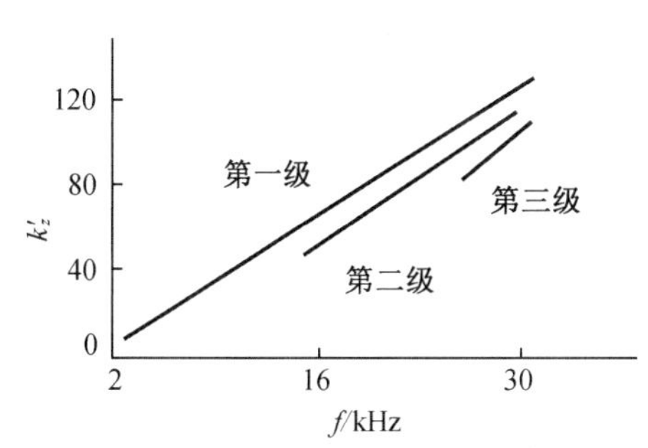

图 13.14 正波频散曲线

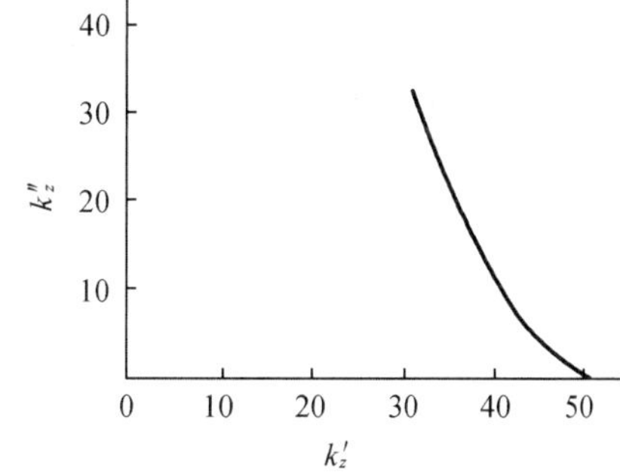

图 13.15 与频率相关的复极曲线

在相关文献中,关于流-固模型慢地层情况不存在简正波,而本书对流-流模型的研究表明,在流-流模型下存在简正波,而且还有漏模式存在。这似乎很不合乎逻辑,因此,在流-流模型下也应无简正波。事实上,相关文献慢地层情况是狭义的结论,慢地层应分为有横波和无横波两种类型，本书属无横波的慢地层(包括井外无介质的情况)类型。

13.6 在柱状多层介质体系下直接场被抵消的证明

13.6.1 引言

人们对点声源在柱状井眼中的全波分析，最关心的是声波通过井外介质而到达接收器的声波，如果点声源在柱状井眼情况下，使得点声源直接辐射到接收器的声场被井内介质割线积分的贡献抵消这一结论成立，那将会大大减少对全波计算的工作量。虽有相关文献对充流体(泥浆)的裸眼井(井为柱状，轴向充分长，井外为均匀单一介质)中的置于井内轴上的点声波源，在井轴线上激发的直接场被井内流体割线积分抵消的说明，并未能加以证明。对于在井外为任意多层柱状与井轴共轴的介质体系下这一结论是否也成立，为此，本书试图从弹性波理论给予证明。

13.6.2 理论

1. 建立模型

本书先考虑不计介质的吸收、黏性和井内介质刚度($\mu=0$ 流体)，井外围着$(n+l)$层与井轴共轴的柱状多层介质体系，每层均为各向同性的介质。将接收器 $\overline{R}$ 及各向同性脉冲且线度足够小的声源(即点声源)置于井轴线上，建立如图 13.16 所示的柱坐标系(r,Φ,z)，z 轴与井轴线重合，原点 O 与点声源位置重合，r 为重直于介质界面并由轴线外指的坐标。a_0，$a_1,a_2,\cdots,a_i,\cdots,a_n$ 为介质界面到井轴线依次排列的距离(柱层半径)；$0,1,2,\cdots,i,\cdots,n+1$ 为从井内向井外介质的编号。

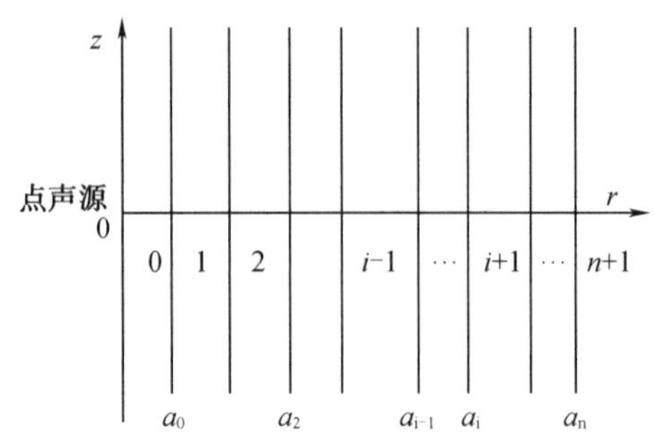

图 13.16 多层介质、界面剖

速度(简称 P 波) $C_{pi}=\sqrt{(\lambda_i+\mu_i)/\rho_i}$; C_{si} 为第 i 层介质中横波速度(简称 S 波), $C_{si}=\sqrt{\mu_i/\rho_i}$; ρ_i 为介质的质量密度; $x(\omega)$ 为距离声源单位距离上频率域(波数域)的声压波形函数; $x(i)$ 为距离声源单位距离时间域的声压波形函数; $\overline{x}(\omega)=\int_{-\infty}^{\infty}x(t)e^{i\omega t}dt$; $H_0^{(1)}(x)$ 、 $H_0^{(2)}(x)$ 零阶第一类、第二类汉克尔函数; $J_0(x)$ 、 $J_1(x)$ 零阶、一阶贝塞尔函; $\overline{R}$ 为接收器; $\overline{R}$ 到声源距离大于一个波长。

λ_i 、 μ_i 均为第 i 层介质的拉迈(Lame)系数; C_{pi} 为第 i 层介质中纵波。

2. 各介层中的声势

引入质点位移 $u(r,t)$ 的标势 $\boldsymbol{\Phi}(r,t)$,矢势 $\boldsymbol{\Psi}(\mathrm{r,t})=-\partial\boldsymbol{\Psi}(\mathrm{r,t})/\partial\mathrm{r}\varphi_0$ (φ_0 为柱坐标中 φ 增加的方向矢)

$$u(r,t)=\nabla\boldsymbol{\Phi}(r,t)+\nabla\times\boldsymbol{\Psi}(r,t) \tag{13.28}$$

在井内, $\mu_0=0$,即 $\overline{\boldsymbol{\Psi}}_0=0$,只有纵波存在

$$\overline{\boldsymbol{\Phi}}_0=(r,k_z,\omega)=\mathrm{i}\pi\frac{\overline{x}(\omega)}{\rho_0\omega^2}\left[\mathrm{H}_0^{(1)}(k_\mathrm{r}^{(f)}r)+\frac{A(k_z,\omega)}{\mathrm{i}\pi}\mathrm{J}_0(k_\mathrm{r}^{(f)}r)\right] \tag{13.29}$$

其中, $k_\mathrm{r}^{(f)2}=\dfrac{\omega^2}{c_{\mathrm{p}0}^2}-k_z^2$, $k_\mathrm{f}=\dfrac{\omega}{c_{\mathrm{p}0}}$ 。

在井外第 i 层介质层中($0<i\leqslant n$)

$$\overline{\boldsymbol{\Phi}}_i=\mathrm{i}\pi\frac{\overline{x}(\omega)}{\rho_0\omega^2}\left[B_i(k_z,\omega)\mathrm{H}_0^{(1)}(k_\mathrm{r}^{(\mathrm{p}i)}r)+\frac{B_i'(k_z,\omega)}{\mathrm{i}\pi}\mathrm{H}_0^2(k_\mathrm{r}^{(\mathrm{p}i)}r)\right] \tag{13.30}$$

$$\overline{\boldsymbol{\Psi}}_i=\mathrm{i}\pi\frac{\overline{x}(\omega)}{\rho_0\omega^2}\left[E_i(k_z,\omega)H_0^{(1)}(k_\mathrm{r}^{(si)}r)+\frac{E_i'(k_z,\omega)}{\mathrm{i}\pi}H_0^{(2)}(k_\mathrm{r}^{(si)}r)\right] \tag{13.31}$$

最外层应无反射项 $H_0^{(2)}$,所以,第 $n+1$ 层声势为

$$\overline{\boldsymbol{\Phi}}_{n+1}=\mathrm{i}\pi\frac{\overline{x}(\omega)}{\rho_0\omega^2}\left[B_{n+1}(k_z,\omega)H_0^{(1)}(k_\mathrm{r}^{(p(n+1))}r)\right] \tag{13.32}$$

$$\overline{\boldsymbol{\Psi}}_{n+1}=\mathrm{i}\pi\frac{\overline{x}(\omega)}{\rho_0\omega^2}\left[E_{n+1}(k_z,\omega)H_0^{(1)}(k_\mathrm{r}^{(s(n+1))}r)\right] \tag{13.33}$$

其中, $B_i(k_z,\omega)$ 、 $B_i'(k_z,\omega)$ 分别为第 i 层介质纵波声势的辐射、反射项系数,以下记 $B_i'=B_i'(k_z,\omega)$), $B_i=B_i(k_z,\omega)$,同理, $E_i(k_z,\omega)$, $E_i'(k_z,\omega)$ 为第 i 层介质横波声势的辐射、反射项系数,分别记为 E_i 、 E_i' 。

介质若为流体,则无横波 $\overline{\boldsymbol{\Psi}}$ 项。由式(13.29)至式(13.33)知共有 $4n+3$ 待定系数 A 、 B_i 、 B_i' 、 E_i 、 E_i' ($i=1,2,\cdots,n$)、 B_{n+1} 、 E_{n+1} ,这些系数由边界条件得出的 $4n+3$ 个独立方程确定。

3. 井内流体割线积分及直接场的引出

我们把 $\overline{R}$ 接收的总声压 P_t 分成两部分:一部分是直接场的声压 P_d ;另一部分是反射的声压 P_r 。

$$P_\mathrm{t}(z,t)=P_\mathrm{d}(z,t)+P_\mathrm{r}(z,t) \tag{13.34}$$

由声源函数 $X(t)$ 得井轴上 z 处的直接辐射场声压

$$P_{\mathrm{d}}=X\left(t-\frac{z}{c_{\mathrm{p0}}}\right)/z \tag{13.35}$$

用双重傅里叶积分表示反射场声压 P_{r}，即

$$P_{\mathrm{r}}(z,t)=\frac{1}{2\pi}\int_{-\infty}^{\infty}\bar{x}(\omega)a(z,\omega)\mathrm{e}^{-\mathrm{i}\omega t}\mathrm{d}\omega \tag{13.36}$$

记

$$a(z,\omega)=\frac{1}{2\pi}\int_{-\infty}^{\infty}A(k_z,\omega)\mathrm{e}^{-\mathrm{i}k_z z}\mathrm{d}k_z \tag{13.37}$$

对式(13.36)采用拉斯围道(图13.17)，引入重直割线。井内流体支点 $k_{\mathrm{f}}=\dfrac{\omega}{c_{p0}}$，井外第 i 层介质支点 $k_{\mathrm{p}i}=\dfrac{\omega}{c_{\mathrm{p}i}}$，$k_{\mathrm{s}i}=\dfrac{\omega}{c_{\mathrm{s}i}}$都在 k_z 的实轴上(k_z')，k_z''为 k_z 的虚部，由留数定理有

$$2\mathrm{i}\pi\sum\mathrm{Re}\ s=0=\left[\int_{-\infty}^{\infty}+\sum_{i=1}^{n}\left(\int_{\mathrm{cut}(\mathrm{p}i)}+\int_{\mathrm{cut}(\mathrm{s}i)}\right)+\int_{\mathrm{cut}(f)}\right]A(k_z,\omega)\mathrm{e}^{\mathrm{i}k_z z}\mathrm{d}k_z \tag{13.38}$$

$$a(z,\omega)=\frac{1}{2\pi}\left[2\pi i\sum\mathrm{Re}\ s+\int_{\mathrm{cut}(\text{井内外}k_z,k_n,k_{\mathrm{p}i},\cdots)}[A_+(k_z,\omega)-A_-(k_z,\omega)]\mathrm{e}^{\mathrm{i}k_z z}\mathrm{d}k_z\right] \tag{13.39}$$

因此，反射场 $P_{\mathrm{r}}(z,t)$ 为留数和割线积分的贡献，而井内流体割线积分的贡献为

$$P_{\mathrm{cut}(k_{\mathrm{f}})}(z,t)=\frac{1}{2\pi}\int_{-\infty}^{\infty}\bar{x}(\omega)I^f(z,\omega)\mathrm{e}^{-\mathrm{i}\omega t}\mathrm{d}\omega \tag{13.40}$$

记作 $I^f(z,\omega)=\dfrac{1}{2\pi}\displaystyle\int_{\mathrm{cut}(k_{\mathrm{f}})}(A_+-A_-)\mathrm{e}^{\mathrm{i}k_z t}\mathrm{d}k_z$，其中

$$k_z=k_{\mathrm{f}}+\mathrm{i}k_z'' \tag{13.41}$$

式中，A_+、A_-由 $A(k_z,\omega)$在支割线右侧、左侧的取值来确定。

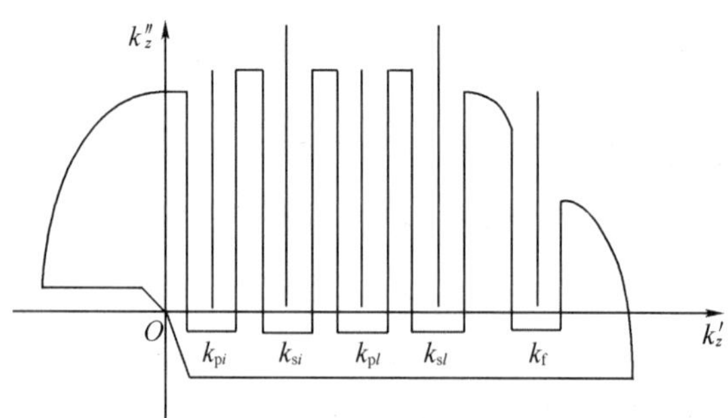

图 13.17　拉斯围道

4. 由介质的边界条件确定系数 $A(k_z,\omega)$

把声势式(13.29)至式(13.33)分别代入在波数域中质点位移、应力的表示式，并由相邻介质的边界条件

$$\left.\begin{aligned}\bar{u}_{ri}&=\bar{u}_{ri+1}(\text{径向位移})\\\bar{u}_{zi}&=\bar{u}_{zi+1}(\text{轴向位移})\\\bar{T}_{rri}&=\bar{T}_{rr,i+1}(\text{径向法应力})\\\bar{T}_{rzi}&=\bar{T}_{rz,i+1}(\text{径向切应力})\end{aligned}\right\}$$

$$r=a_i \tag{13.42}$$

得到的独立方程个数 $4n+3$ 与待定系数的个数相等,由系数行列式求 A 的值。

$$A=\frac{DA}{D}=-\mathrm{i}\pi\frac{k_r^f\mathrm{H}_1^{(1)}(k_r^fa_0)M_1-\mathrm{H}_0^{(1)}(k_r^fa_0)\dfrac{\lambda_0\omega^2}{c_{p0}^2}M_2}{k_r^f\mathrm{J}_1(k_r^fa_0)M_1-\mathrm{J}_0(k_r^fa_0)\dfrac{\lambda_0\omega^2}{c_{p0}^2}M_2} \tag{13.43}$$

其中 M_1、M_2 分别为$-\frac{1}{\mathrm{i}\pi}-k_r^f\mathrm{J}(k_r^fa_0)$,$-\frac{1}{\mathrm{i}\pi}\mathrm{J}_0(k_r^fa_0)\frac{\lambda_0\omega^2}{c_{p0}^2}$的代数余子式,与 k_f 或 k_r^f 无关。

5. 由系数 A 对支点计算 $A+$、$A-$的值

为方便起见,把上式 A 写为

$$A=-\mathrm{i}\pi\frac{x\mathrm{H}_1^{(1)}(x)M_1-\mathrm{H}_0^{(1)}(x)M_{21}}{x\mathrm{J}_1(x)M_1-\mathrm{J}_0(x)M_{21}}\left(\text{其中 } x=a_0k_r^f,M_{21}=\frac{\lambda_0\omega^2a_0}{c_{p0}^2}M_2\right) \tag{13.44}$$

引用垂直割线,令 $k_z=k_f+\mathrm{i}k_z''$,$k_z''>0$ 取

$$k_r^f=\sqrt{k_f^2-k_z^2}=\sqrt{2k_f+\mathrm{i}k_z''}\sqrt{k_z''}\,\mathrm{e}^{\mathrm{i}\frac{\pi}{4}} \tag{13.45}$$

则在割线的上黎曼叶(即通过 k_f 支点的割线的右侧)要求 k_r^f 的虚部 $I_m(k_r^f)>0$;在割线的下黎曼叶(即通过 k_f 支点的割线的左侧)要求 k_r^f 的虚部 $I_m(k_r^f)<0$;而式(13.45)中 k_r^f 的虚部为负(取第一象限),则通过割线右侧 A 的值为 $A+$,通过割线左侧 A 的值为 $A-$,即

$$A_+=-\mathrm{i}\pi\frac{-x\mathrm{H}_1^{(1)}(-x)M_1-\mathrm{H}_0^{(1)}(-x)M_{21}}{-x\mathrm{J}_1(-x)M_1-\mathrm{J}_0(-x)M_{21}} \tag{13.46}$$

$$A_-=-\mathrm{i}\pi\frac{x\mathrm{H}_1^{(1)}(x)M_1-\mathrm{H}_0^{(1)}(x)M_{21}}{x\mathrm{J}_1(x)M_1-\mathrm{J}_0(x)M_{21}} \tag{13.47}$$

由 $\mathrm{H}_0^{(1)}(x)=\mathrm{J}_0(x)+\mathrm{i}y_0(x)$,$\mathrm{H}_1^{(1)}(x)=\mathrm{J}_1(x)+\mathrm{i}y_1(x)$得

$$A_-=-\mathrm{i}\pi\left(1+\mathrm{i}\frac{xy_1(x)M_1-M_{21}y_0(x)}{x\mathrm{J}_1(x)M_1-M_{21}y_0(x)}\right) \tag{13.48}$$

$$A_+=-\mathrm{i}\pi\left(1+\mathrm{i}\frac{-xy_1(-x)M_1-M_{21}y_0(-x)}{-x\mathrm{J}_1(-x)M_1-M_{21}y_0(-x)}\right) \tag{13.49}$$

又由 $\mathrm{J}_0(-x)=\mathrm{J}_0(x)$,$y_1(-x)=-y_1(x)-2\mathrm{i}\mathrm{J}_1(x)$,代入式(13.49),整得

$$A_+=-\mathrm{i}\pi\left(-1+\mathrm{i}\frac{xy_1(x)M_1-M_{21}y_0(x)}{x\mathrm{J}_1(x)M_1-M_{21}\mathrm{J}_0(x)}\right) \tag{13.50}$$

由式(13.49)、式(13.50),得

$$A_+-A_-=2\mathrm{i}\pi \tag{13.51}$$

6. 井内流体割线积分贡献的声压抵消了直接场的声压

把式(13.51)代入式(13.41)并积分得

$$I^f(z,\omega)=\frac{1}{2\pi}\int_0^{\infty}2\mathrm{i}\pi \mathrm{e}^{\mathrm{i}k_f z}\mathrm{e}^{-k''_z z}\mathrm{i}\mathrm{d}k''_z=-\frac{\mathrm{e}^{\mathrm{i}k_f z}}{z} \tag{13.52}$$

把式(13.52)代入式(13.40),积分得

$$P_{\mathrm{cut}(k_f)}(z,t)=\frac{1}{2\pi}\int_{-\infty}^{\infty}\bar{x}(\omega)\left(-\frac{\mathrm{e}^{\mathrm{i}k_f z}}{z}\right)\mathrm{e}^{-\mathrm{i}\omega t}\mathrm{d}\omega=\frac{1}{2\pi}\int_{-\infty}^{\infty}-\frac{\bar{x}(\omega)}{z}\mathrm{e}^{-\mathrm{i}(\omega t-zk_f)}\mathrm{d}\omega=-\frac{x\left(t-\dfrac{z}{c_{p0}}\right)}{z} \tag{13.53}$$

由式(13.35)与式(13.53)得

$$P_d+P_{\mathrm{cut}(k_f)}=0 \tag{13.54}$$

即点声源在轴线上激发的直接场(纵波)被井内流体割线积分抵消了。

13.6.3 井内为任意内层介质的支割线(纵、横)积分贡献都是零

在井内介质的刚度 $\mu\neq0$ 时,井内除了有式(13.29)纵波外,还应有横波形式

$$\overline{\Psi}_0(r,k_z,\omega)=\mathrm{i}\pi\frac{\bar{x}(\omega)}{\rho_0\omega^2}\left[\mathrm{H}_0^{(1)}(k_r^{(s)}r)+\frac{E(k_z,\omega)}{\mathrm{i}\pi}\mathrm{J}_0(k_r^{(s)}r)\right] \tag{13.55}$$

我们重复上面推导过程仍有式(13.44)形式的纵波系数 A 和横波系数 E(证明从略)。

$$A=-\mathrm{i}\pi\left\{\frac{x\mathrm{H}_1^{(1)}(x)M_a-\mathrm{H}_0^{(1)}(x)M_b}{x\mathrm{J}_1(x)M_a-\mathrm{J}_0(x)M_b}+\frac{y\mathrm{H}_1^{(1)}(y)M_c-\mathrm{H}_0^{(1)}(y)M_d}{x\mathrm{J}_1(x)M_a-\mathrm{J}_0(x)M_b}\right\} \tag{13.56}$$

其中,$y=k_r^s a_0$,$x=k_r^f a_0$ 且 m_{11}、m_{12}、m_{13}、m_{14} 是系数行列式的代数余子式,是 k_f 或 k_r^f 的偶函数,$M_a=a_0m_{11}-2\mu m_{13}+2a_0\mu k_z\mathrm{i}m_{14}$;$M_b=-\left[\mathrm{i}k_zm_{12}-\left(\dfrac{\lambda\omega^2}{c_p^2}+2\mu k_r^{f2}\right)m_{13}\right]a_0$;$M_c=\mathrm{i}k_za_0m_{11}-2\mu\mathrm{i}k_zm_{13}-a_0(k_r^{s^2}-k_z^2)m_{14}$;$M_d=-k_r^{s^2}a_0(m_{12}+2\mu\mathrm{i}k_zm_{13})$。

$$E=-\mathrm{i}\pi\left\{\frac{x\mathrm{H}_1^{(1)}(x)M'_a-\mathrm{H}_0^{(1)}(x)M'_b}{y\mathrm{J}_1(y)M'_c-\mathrm{J}_0(y)M'_d}+\frac{y\mathrm{H}_1^{(1)}(y)M'_c-\mathrm{H}_0^{(1)}(y)M'_d}{y\mathrm{J}_1(y)M'_c-\mathrm{J}_0(y)M'_d}\right\} \tag{13.57}$$

M' 的各项为 M 对应各式中把 $m_{1n}(n=1,2,3,4)$ 换成 m_{2n},且 m_{2n} 是 k_r^s 或 k_s 的偶函数(无关)。类同上述 5 推导过程,在支割线(纵波 k_p 或说 k_f)右、左侧仍有式(13.49)及式(13.52)结论。在支割线 k_s 右、左侧也仍有

$$E_+-E_-=2\pi\mathrm{i} \tag{13.58}$$

$$p_{\mathrm{cut}(k_s)}=-x\left(t-\frac{z}{c_{s0}}\right)/z \tag{13.59}$$

也就是说,点声源在轴线上激发的直接场(纵、横波)被井内支割线(k_f、k_s)积分抵消了,也就是在全波计算时就可不计算直接场及井内支割线积分的贡献了,因而大大减少了计算量。

13.7 在流体–流体模型下直接场被抵消的证明

13.7.1 引言

在全波测量时人们往往在井内接收不到由点声源直接辐射到接收器上的波(直接场)。在计算上发现直接场与井内流体割线积分抵消,为此需要理论上的证明,而相关文献只是做了一点说明,为了从理论上能证明这一点,这就是本书给出的在流体——流体模型下直接场被抵消的证明。

13.7.2 模型

如图13.18所示,井内为无限长圆柱中充满均匀的流体(ρ,λ);井外为无限延伸的μ可视为零的弹性介质$\bar{\rho}$、$\bar{\lambda}$。将各向同性脉冲点源$x(t)$和接收器$\bar{R}$置于井的轴线上,相距为z(大于一个波长)。$c_f<c_p$(井内外声速),井内半径为a。

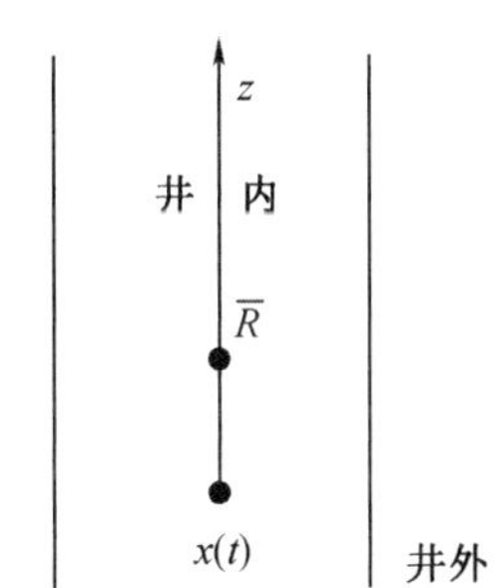

图 13.18 井内和井外示意图

13.7.3 方法

(1)首先,建立以点源为原点,沿井轴向上为z轴正向,有z处的直接场

$$P_d=\frac{1}{z}x\left(t-\frac{z}{c_f}\right),c_f=\frac{\omega}{k_f} \tag{13.60}$$

在物理上,我们采用直接场与反射场P_r叠加为总场P_t,即

$$P_t=P_d+P_r \tag{13.61}$$

本书采用双重傅里叶正变换,形式为

$$P(r,z,t)=\frac{1}{(2\pi)^2}\int_{-\infty}^{\infty}\int_{-\infty}^{\infty}\overline{P}(r,k_z,\omega)\mathrm{e}^{\mathrm{i}k_z z}\mathrm{e}^{-\mathrm{i}\omega t}\mathrm{d}k_z\mathrm{d}\omega \tag{13.62}$$

其中，$\mathrm{e}^{\mathrm{i}k_z z}$ 表示沿 z 的正方向传播的简谐平面波，则在频率—波数域中无限大流体中点声源产生的

$$\overline{\Phi}(y,k_z,\omega)=\mathrm{i}\pi\frac{\overline{x}(\omega)}{\rho\omega^2}\mathrm{H}_0^{(1)}(k_r^f r) \tag{13.63}$$

其中势 $\overline{x}(\omega)=\int_{-\infty}^{\infty}x(\tau)\mathrm{e}^{\mathrm{i}\omega t}\mathrm{d}\tau$，$\tau=t-\frac{z}{c_\mathrm{f}}$，则 $\mathrm{H}_0^{(1)}(k_r^f r)$ 表示出射波的行为，并在 $r=0$ 处无穷大。

由位移场方程得出井内流体中场方程

$$\nabla^2\Phi_\mathrm{f}=\frac{1}{c_\mathrm{f}^2}\frac{\partial^2\Phi_\mathrm{f}}{\partial t^2}(\text{时-空域})\Rightarrow\nabla^2\overline{\Phi}_\mathrm{f}(r,k_z,\omega)=-\frac{\omega^2}{c_\mathrm{f}^2}\overline{\Phi}_\mathrm{f}(r,k_z,\omega)(\text{频率域})$$

$$\Rightarrow\overline{\Phi}_\mathrm{f}(r,k_z,\omega)=\mathrm{i}\pi\frac{\overline{x}(\omega)}{\rho\omega^2}\left[\mathrm{H}_0^{(1)}(k_r^f r)+\frac{A(k_z,\omega)}{\mathrm{i}\pi}\mathrm{J}_0(k_r^f r)\right] \tag{13.64}$$

可见，(13.64)式既包括直接场，又包括反射场。同理，由井外满足辐射条件得出井外场

$$\overline{\Phi}_\mathrm{f}(r,k_z,\omega)=\frac{\mathrm{i}\pi\overline{x}(\omega)}{\rho\omega^2}B(k_z,\omega)\mathrm{H}_0^{(1)}(k_r^f r) \tag{13.65}$$

我们由式(13.61)、式(13.62)、式(13.64)得出反射声压为

$$P(z,t)=\frac{1}{(2\pi)^2}\int_{-\infty}^{\infty}\int_{-\infty}^{\infty}\overline{x}(\omega)A(k_z,\omega)\mathrm{e}^{\mathrm{i}k_z z}\mathrm{e}^{-\mathrm{i}\omega t}\mathrm{d}k_z\mathrm{d}\omega \tag{13.66}$$

(2)由边界条件确定 $A(k_z,\omega)$。在波数域中位移，应力为

$$\begin{cases}\overline{u}_\mathrm{r}=\dfrac{\partial\overline{\Phi}}{\partial r}+\mathrm{i}k_z\dfrac{\partial\overline{\Psi}}{\partial r}\\ \overline{u}_z=\mathrm{i}k_z\overline{\Phi}+k_\mathrm{r}^{s^2}\overline{\Psi}\\ \overline{T}_\mathrm{rr}=-\dfrac{\lambda\omega^2}{c_P^2}\overline{\Phi}+2\mu\left(\dfrac{\partial^2\overline{\Phi}}{\partial r^2}+\mathrm{i}k_z\dfrac{\partial^2\overline{\Psi}}{\partial r^2}\right)\\ \overline{T}_{rz}=\mu\left[i2k_z\dfrac{\partial\Phi}{\partial r}+(k_\mathrm{r}^{s^2}-k_z^2)\dfrac{\partial\overline{\Psi}}{\partial r}\right]\end{cases} \tag{13.67}$$

由边界条件

$$\begin{cases}\overline{u}_\mathrm{r}=u_\mathrm{r}\\ \overline{T}_\mathrm{rr}=T_\mathrm{rr}\\ r=a\end{cases}\Rightarrow\begin{cases}-\dfrac{1}{\mathrm{i}\pi}k_\mathrm{r}^f\mathrm{J}_1(k_\mathrm{r}^f a)A+k_\mathrm{r}^P\mathrm{H}_1^{(1)}(k_\mathrm{r}^P a)B=k_\mathrm{r}^f H_1^{(1)}(k_\mathrm{r}^f a)\\ -\dfrac{1}{\mathrm{i}\pi}\mathrm{J}_0(k_\mathrm{r}^f a)A+b\mathrm{H}_0^{(1)}(k_\mathrm{r}^P a)B=\mathrm{H}_0^{(1)}(k_\mathrm{r}^f a)\end{cases} \tag{13.68}$$

得系数行列式

$$D=\frac{1}{a}\begin{vmatrix}-\frac{1}{\mathrm{i}\pi}k_{\mathrm{r}}^{f}a\mathrm{J}_1(k_{\mathrm{r}}^{f}a) & M_2\\ -\frac{1}{\mathrm{i}\pi}\mathrm{J}_0(k_{\mathrm{r}}^{f}a) & M_1\end{vmatrix} \tag{13.69}$$

$$D_A=\frac{1}{a}\begin{vmatrix}k_{\mathrm{r}}^{f}a\mathrm{H}_1^{(1)}(k_{\mathrm{r}}^{f}a) & M_2\\ \mathrm{H}_0^{(1)}(k_{\mathrm{r}}^{f}a) & M_1\end{vmatrix} \tag{13.70}$$

$$A(k_z,\omega)=\frac{D_A}{D}=-\mathrm{i}\pi\frac{k_{\mathrm{r}}^{f}a\mathrm{H}_1^{(1)}(k_{\mathrm{r}}^{f}a)M_1-\mathrm{H}_0^{(1)}(k_{\mathrm{r}}^{f}a)M_2}{k_{\mathrm{r}}^{f}a\mathrm{J}_1(k_{\mathrm{r}}^{f}a)M_1-\mathrm{J}_0(k_{\mathrm{r}}^{f}a)M_2} \tag{13.71}$$

其中，$M_2=k_{\mathrm{r}}^{P}a\mathrm{H}_1^{(1)}(k_{\mathrm{r}}^{P}a)$，$M_1=b\mathrm{H}_0^{(1)}(k_{\mathrm{r}}^{P}a)$，$b=\frac{\bar{\rho}}{\rho}$即 M_1，M_2 都是不包含 k_{r}^{f} 的代数余子式。

13.7.4 采用拉普拉斯围道

如图 13.19 所示，这里采用了垂直割线积分（符合最速下降原理），将割线选取在第一象限，k_{p}、k_{f} 分别是井外、井内流体的支点，都处于 k_z 的实轴上，k_z''是 k_z 的虚部。我们对 k_z 平面上半平面积分，并且 ω 取实，$k_{\mathrm{r}}^{P^2}=k_{\mathrm{p}}^2-k_z^2$，$k_{\mathrm{p}}=\frac{\omega}{c_{\mathrm{p}}}$，$c_{\mathrm{p}}>c_{\mathrm{f}}$ 属于慢地层的极限情况，半平面的半径为无穷大，令

$$a(z,\omega)=\frac{1}{2\pi}\int_{-\infty}^{\infty}A(k_z,\omega)\mathrm{e}^{\mathrm{i}k_z z}\mathrm{d}k_z \tag{13.72}$$

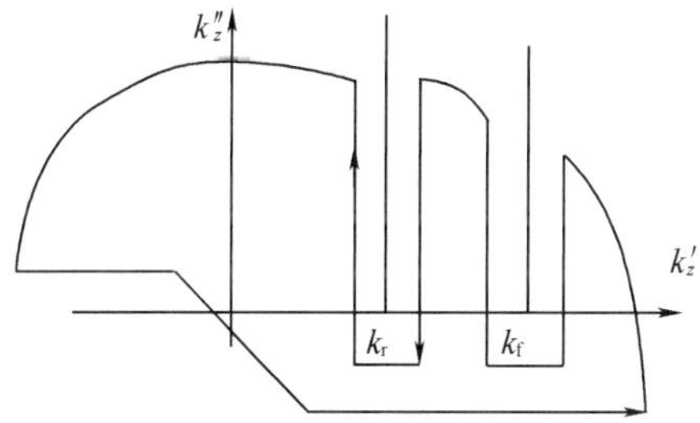

图 13.19 拉普拉斯围道

因 $\mathrm{e}^{\mathrm{i}zk_z}=\mathrm{e}^{\mathrm{i}zk_z'}\mathrm{e}^{-zk_z''}\to 0(k_z\to\infty)$，故半圆路径上的积分为零，由留数定理，有

$$2\mathrm{i}\pi\sum\mathrm{Re}\ s=\oint=\left[\int_{-\infty}^{\infty}+\int_{\infty}^{0}+\int_{0}^{\infty}\right]A(k_z,\omega)\mathrm{e}^{\mathrm{i}zk_z}\mathrm{d}k_z \tag{13.73}$$

于是

$$2\pi a(z,\omega)=2\mathrm{i}\pi\sum\mathrm{Re}\ s+\int_{0\mathrm{cut}(p,f)}^{\infty}(A_+-A_-)\mathrm{e}^{\mathrm{i}zk_z}\mathrm{d}k \tag{13.74}$$

可见，总场应是直接场、极点和支点贡献的总和了。

13.7.5 井内流体支点的割线积分贡献

如图 13.20 所示，我们引用垂直割线，令 $k_z=k_f+k''_z, k''_z>0, x=k_r^f a, k_r^f=\sqrt{k_f^2-k_z^2}$，则在割线的上黎曼叶（即支点的右侧）要求 $I_m(k_r^f)>0$；在支点的左侧要求 $I_m(k_r^f)<0$。于是，$k_r^f=\sqrt{2k_f+\mathrm{i}k''_z}\sqrt{-\mathrm{i}k''_z}=\sqrt{2k_f+\mathrm{i}k''_z}\sqrt{k''_z}\mathrm{e}^{-\mathrm{i}\frac{\pi}{4}}$，由此可以看出 $I_m(k_r^f)<0$。因此通过割线右侧 A_+ 为式（13.71）中当 $x=-x$ 时的值；通过割线左侧 A_- 为式（13.71）中当 $x=x$ 时的值。由 $\mathrm{H}_0^{(1)}(x)=\mathrm{J}_0(x)+\mathrm{i}y_0(x), \mathrm{H}_1^{(1)}(x)=\mathrm{J}_1(x)+\mathrm{i}y_1(x), \mathrm{J}_0(x)=\mathrm{J}_0(-x), \mathrm{J}_1(-x)=-\mathrm{J}_1(x), y_0(x)+2\mathrm{i}\mathrm{J}_0(x)y_1(-x)=-y_1(x)-2\mathrm{i}\mathrm{J}_1(x)$，得

$$A_+-A_-=2\mathrm{i}\pi \tag{13.75}$$

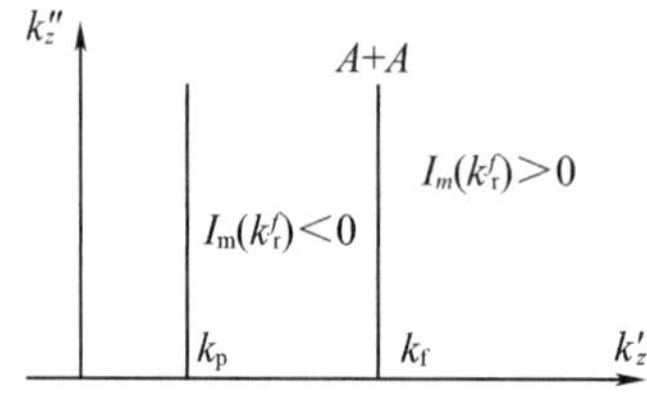

图 13.20 割线积分示意图

由井内流体的割线积

$$I^f(z,\omega)=\frac{1}{2\pi}\int_{-\infty}^{\infty}(A_+-A_-)\mathrm{e}^{\mathrm{i}k_z z}\mathrm{d}k_z=-\frac{\mathrm{e}^{\mathrm{i}k_z z}}{z} \tag{13.76}$$

得

$$P_{\mathrm{cut}(f)}(z,r=0,t)=\frac{1}{2\pi}\int_{-\infty}^{\infty}\int_{-\infty}^{\infty}\bar{x}(\omega)\frac{-\mathrm{e}^{\mathrm{i}k_f z}}{z}\mathrm{e}^{-\mathrm{i}\omega t}\mathrm{d}\omega=-\frac{x\left(t-\dfrac{z}{c_f}\right)}{z} \tag{13.77}$$

由式（13.60）和式（13.77）得，在轴线上的直接场与井内流体割线积分贡献抵消，即

$$P_{\mathrm{cut}(f)}(0,z,t)+P_d(0,z,t)=0 \tag{13.78}$$

对于在井外为多层与井轴共轴的弹性介质模型下也应有此结论，证明方法同本书，篇幅所限，这里不再赘述了。

第 14 章　周期性泄流研究

14.1　两种无色液体间周期性有色扩散实验的现象与分析

众所周知,两种物质固、液、气体相互接触,会发生物质分子间的扩散现象如果把两种液体按某种方式相互接触,那么它们之间的扩散是否有某种特殊的规律呢下面就来讨论,研究一类两种无色液体间周期性有色的振荡扩散现象。

14.1.1　装置及现象

取一大试管,里面装满稀 NaOH 水溶液然后另外制成一定浓度的蔗糖水溶液(或用绵白糖),将糖溶液装入注射器中并加入酸碱指示剂(注射器要去掉活塞),注射器下面的针头要将其截断,只留一小部分(以减小阻力)然后将装满糖溶液的注射器装大试管中(选择的注射器的外径要比大试管的内径小些,使接触处留有一定的空隙),如图 14.1 所示。

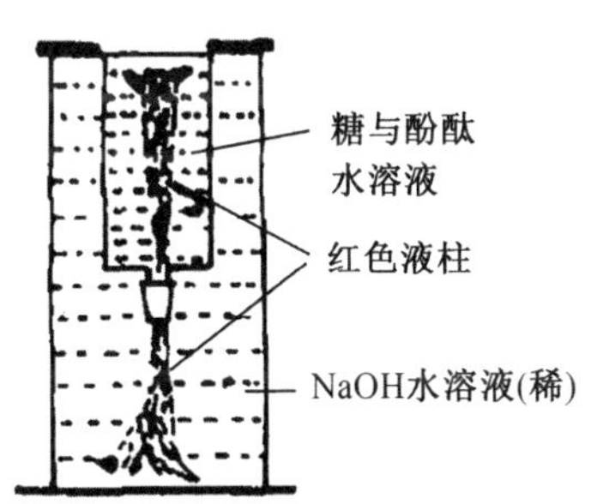

图 14.1　天色液体周期性有色扩散示意图

这时会看到从注射器流入大试管中的糖溶液形成一个红色液柱,液柱不断伸长,下降过一段时间后液柱达到平衡,然后又会发现有 NaOH 水溶液的液柱向上流入注射器中,形成红色上升液柱液柱上升到一定高度后,糖溶液又开始下降进入到大试管中,并逐渐扩散到水中过一段时间后水溶液的液柱再上升并扩散到糖溶液中,这样往复下去就形成了一种周期性的扩散现象。当注射器的下端针头处改用其他大口径的通道时,将会发现既有在注射器中向上移动的红色 NaOH 水溶液的液柱,又有在大试管中间向下移动的红色糖溶液的液柱,并同时向两个方向进行扩散,而且能持续一段较长时间由于糖溶液和 NaOH 水溶液的光学性质不同,所以两个液柱很容易被观察到,现象很明显。

14.1.2 现象解释

这种扩散现象为什么会发生呢？现进行一下理论上的分析开始时把注射器插入大试管中,在注射器针头处糖溶液和 NaOH 水溶液相接触,当针头管径较细时,接触面处存在着一定的液体表面张力初始针头处糖溶液比试管中水溶液的液柱压强高,又因糖溶液的密度比水溶液的密度大,所以针头处注射器中的压强比注射器外面的压强大注射器中的糖溶液在压强的作用下冲破针头管径处流体表面张力的束缚流入大试管中,进行扩散又由于糖溶液比水溶液的密度大,糖溶液会在重力的作用下下沉,下沉速度较扩散明显,又因糖溶液中混有酸碱指示剂,使 NaOH 水溶液变红,这样就形成了一个向下移动的红色液柱,并看到糖溶液液柱下移过程逐渐向水中扩散,当针头管径内外压强相等时达到平衡状态在惯性的作用下,平衡瞬间又会有部分糖溶液流入大试管中,这样试管中针头处的压强比针头内变得较大,试管中的水溶液在压强的作用下,冲破针头管径处液体表面张力的束缚进入注射器中,进行扩散又由于水溶液比糖溶液的密度小,水微团在浮力的作用下上升,这样就形成了一个向上移动的红色液柱当针头管径内外压强相等时,液柱达到稳定由于具有惯性,平衡瞬间又有部分水溶液流入注射器中,这样注射器中的压强又变得较大,结果糖溶液又会在压强的作用下流入大试管中进行扩散,这样往复下去,就形成了无色液体间有色周期性的扩散现象(若忽略黏滞力做功,可视为整个液体系统是机械能守恒的振荡系统),当注射器的针头处换用其他大口径的通道时,会观察到既有在注射器中向上移动的红色液柱,又有在大试管中向下移动的红色液柱,而且同时进行移动,亦即同时向两个方向扩散因为连通处管径较大时,液体表面张力的作用不明显这就好像一块较大的塑料布中心很容易被物体穿破,而较小的塑料布中心不容易被穿破一样这样在交界面处,同时既有扩散进大试管中的糖溶液,又有扩散进注射器中的水溶液因为糖溶液比水溶液密度大,所以糖溶液在重力作用下下沉,形成一个向下移动的液柱,同时试管中水溶液受压强作用进入注射器中,而进入注射器中的水溶液会在浮力的作用下上升,形成一个向上下移动的液柱,由于接触处的两种溶液不断进行上下移动扩散,这样就形成两个上下同时移动的连续的红色液柱了(并渐渐进行扩散)。

14.1.3 总结

以上实验不仅制作和演示简单易行,而且现象也非常明显,便于观察,并由此可准确、生动的反映液体间的扩散现象激发学生利用普通物理知识全面分析现象的本质从而达到理论与实际相结合的目的特别对理科综合实验的改革也是一次有意义的尝试。

14.2 小孔周期性泄流的实验与分析

小孔周期性振荡多年来一直受到演示实验同行们的关注,其中有些现象虽已观察并做了解释。但有些现象,如小孔振荡到底能持续多长时间,随着时间增加周期性又将如何,这里将对此进行报道。

14.2.1 装置

如图 14.2(a)所示,将内槽固定在外槽中,内槽槽高 25 cm,宽 15 cm,底部的小孔直径为 1 mm;外槽高 40 cm,宽 28 cm。外槽盛水(或去离子水),内槽中盛糖水(食用白糖)。把装置按图 14.2(a)放好,内槽液体密度比外槽液体密度大,因此,最初应使内液面比外液面低(避免单向流动的时间过长才能形成周期性振荡)。图 14.2(b)为另一装置的示意图,在大有机圆桶(高 45 cm,内 ϕ143 mm)内放置底部带小孔(ϕ0.5,1.5,1.6,2.0,3.0 mm)的有机圆桶(高 25 cm 内 ϕ90 mm),两桶相对位置保持不变。

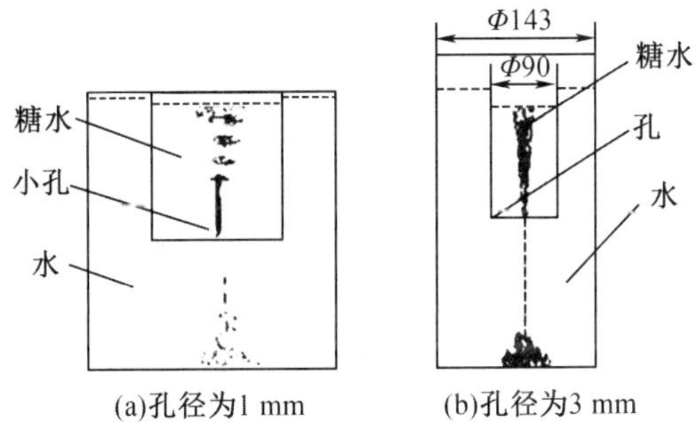

(a)孔径为1 mm (b)孔径为3 mm

图 14.2 小孔泄流装置示意图

14.2.2 实验现象

(1)图 14.2(b)[小孔直径大于图 14.2(a)中小孔直径],当最初两桶液面等高时,将会看到内槽的糖水自小孔以流束稳定下流渐渐地变为湍流,并以锥形轮廓向水底扩散。过一段时间糖水停止下流,紧接着水自小孔以流束稳定上流且较快地变为湍流,并以锥形轮廓向糖水面扩散,过一段时间水停止上流,糖水自孔又以流束稳定下流渐渐地变为湍流,并以锥形轮廓向水底扩散……这样内外两槽液体开始了周期性交换,交换周期随着孔径的增大而变小。

(2)图 14.2(a)小孔直径为 1 mm,实验现象除了有图 14.2(b)的周期性外,最初流体通过小孔向上(或向下)形成较粗流束,并由层流变为湍流,随着时间增大流体从小孔向上渐渐由蘑菇状细流束(线)上升(或下降)形成环流并扩散开,形成的每一环都能追上前面的环,并突破前面的环。

(3)随着时间的增加,振荡周期增大,液面高度差变小,从小孔流出的流束运动缓慢,流束不易形成湍流。

(4)当孔径太小时(如直径为0.5 mm)或内外装置中两液体不相溶,不能形成周期性的交换。

(5)当孔径较大时周期性的交换很快地被破坏,形成同时上下窜流,并且得到湍流轨迹不同的混沌现象。

14.2.3 有关数据记录

取向上流动时间为 t_1,向下流动时间为 t_2,图 14.3 为小孔直径 1 mm,从 2002 年 6 月 14 日开始一直观测到 6 月 24 日,即周期泄流振荡约 10 天才停止,周期时间随着天数趋于增大。如 14 日小孔向下流动时间平均为 42 s,20 日为 48.2 s,22 日为 55.2 s,24 日液面差趋于零,t_1 和 t_2 均变大,通过小孔的流线缓慢上升(或下降),湍流和环流现象已不明显。图 14.3 为 20 日(第 6 天)和 22 日(第 8 天)观测的小孔泄流的周期时间与小孔泄流振荡周期次序连续增加的数据曲线(糖水用糖 33 g 和水 750 mL 配制)。表 14.1 为笔者用图 14.2(b)装置在 2002 年 1 月测得不同孔径小孔泄流时周期性的变化规律,其中 $t=t_1+t_2$,T 为周期性交换被破坏时间。

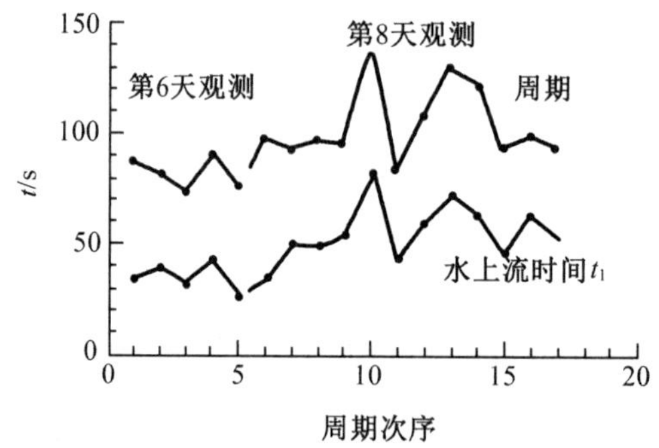

图 14.3 数据曲线

表 14.1 不同孔径小孔泄流周期性的变化部分观察结果

ϕ/mm	t_1/s	t_2/s	t/s	T/h
0.5	无	无	无	
1.5	65	70	135	>24
1.6	44	61	105	>24
2.0	17	21	38	>3
3.0	7	8	15	<3

14.2.4 理论分析

1. 理论模型

在考虑上升和下降流束的流动过程中运动速率较扩散速率明显大，近似认为水的密度 ρ_1、糖水的密度 ρ_2 在短时间内（几个周期时间内）没有变化，水或糖水微团在上升或下降运动过程没有明显的体积变化，容器内外液体在小孔处开始转变流动方向时，内外液体在小孔处以边界层形式为主要（扩散为次要）形式，边界层形成了界面张力（与液体与气体界面形成的表面张力相同，下文统称为界面张力）。η 为水微团与糖水液体间（或糖水微团与水液体之间）的黏度，可以用每次穿过小孔的液体流束前端微团的极限速度方法得到；h_1 和 h_2 分别为水面和糖水面距离孔的高度。实验取 h_1 与 h_2 差为 0.5~1.0 cm。在同一温度下（实验温度在 20 附近）水的黏度 η_1 较糖水的黏度 η_2 小，即对同一小物体在液体中以相同状态相对液体运动，受到水的黏滞阻力较糖水的黏滞阻力小。通过小孔的流束的直径近似为小孔的孔径。实验时，要求内槽装的液体密度大于外槽液体密度，且内外液体的液面高度差不宜太大，周围环境和实验装置不能发生振动。

2. 分析

若忽略在短时间（几个周期内）系统的黏滞性和界面张力对系统的能量的影响，内外槽的液面高度差没有大的变化，系统的整个运动过程可看作机械能守恒。若考虑最初开始泄流时系统的势能处于最大，且在内槽底部孔处内槽液体产生的压力小于外槽液体产生的压力（压力差），在小孔处因界面张力两液体间就像弹性薄膜，这样，使液体开始从压力大向压力小方向流动，系统的势能开始变为液体的动能，通过孔形成向上运动的流束，液体在通过孔的瞬间速度由孔内外压力差决定，遵循伯努利方程，随着外槽的液体以流束形式进入内槽并且上升，内槽的液面也随之升高，小孔处的外压力减小，内压力增大，当小孔处的压力差趋于零，由于惯性作用外槽液体继续流入内槽，使得内压力大于外槽压力，直到把进入内槽的液体动能在内槽中变为势能，并且系统达到最大势能时，外槽液体停止进入内槽，系统宏观上处于短暂的静止。紧接着由于在孔处内槽液体压力大于外槽液体的压力，液体又开始从内槽通过孔以流束向下流动，即把系统的势能又变为动能，把流入外槽的液体动能转变为系统的势能，外槽液面升高，在小孔处外槽液体压力渐渐大于内槽液体的压力，直到流入外槽液体动能全部变为系统势能，并且系统又达到最大势能时，停止内槽液体进入外槽，系统宏观上又处于短暂的静止。紧接着由于在孔处外槽液体压力大于内槽液体的压力，外槽液体又开始通过内槽孔以流束向上流动……这样小孔的周期性泄流就形成了。当小孔过大时因两液体间在小孔处界面过大，上下液体较易突破界面张力形成的弹性薄膜，形成了上下窜流现象。也正因为系统液体的黏性和界面张力的存在，才出现有趣的一些现象。下面加以研究。

在水最初开始通过孔向上运动时速度大，再加上糖水的浮力和阻力作用，使水柱前端形成蘑菇状上升，此时水微团质量可视为 $m=\frac{4}{3}\pi\rho_1 r^3=V\rho_1$，阻力 $\int = 6\pi\eta_{vr}$，由此可得

$$(\rho_2-\rho_1)Vg-6\pi\eta_{vr}=\frac{\mathrm{d}v}{\mathrm{d}t}m \tag{14.1}$$

解得

$$v=b+(v_0-b)\mathrm{e}^{-\frac{c}{x}t} \tag{14.2}$$

其中,$x=1$ 和 2 分别为水流上升和糖水流下降;水向上喷时的水流密度取 ρ_1,糖水向下流时糖水的密度取为 ρ_2,则

$$b=\frac{2r^2(\rho_2-\rho_1)}{9\eta}g$$

$$c=\frac{9\eta}{2r^2} \tag{14.3}$$

设 v_0 为由孔开始向上(或向下)喷水的初速度,由两液体压力决定,依据伯努利方程得出

$$v_0=\sqrt{\frac{2g(\rho_1h_1-\rho_2h_2)}{\rho_x}} \tag{14.4}$$

当 $v_0<b$ 时,流速随时间 t 增加而增大,并趋向 b。估算:取 $r=1$ mm,$\rho_2=1.2\rho_1$,$\rho_1=1\times10^3$ kg/m^3,$\eta=1\times10^{-3}\sim2\times10^{-3}$ Pa · s,代入式(14.3),得 $b=0.4\sim0.2$ ms 实验时也观察到在小孔振荡的整个过程中,h_1 和 h_2 均未发生明显的变化,即 $\rho_1h_1-\rho_2h_2$ 是很小的,由式(14.4)得出 v_0 是很小的,满足 $v_0<b$,水通过孔时,水受到浮力和阻力作用是加速上升的并趋于 b,由于图 14.2(a)的孔径小,所以 v 的终极速度 b 小,在水加速上升的过程中水流将由稳流向环流过渡,一环跟一环向上运动,并扩散于糖水中。同样,图 14.2(b)所示装置中的小孔孔径在较大时(如孔径为 2 mm),v 的终极速度 b 较大,在水加速上升的过程中水流将由稳流向湍流过渡运动,并扩散于糖水中。与实验观测结果一致。糖水的运动速度与水流的运动速度方向相反,分析方法同上。密度差大水上升的极限速度也大,又因为水的黏度 η_1 较糖水的黏度 η_2 小,这样水流越易由稳流形成湍流。这就是说,由于最初槽内外流体密度差大,流束越易由稳定流动向湍流过渡,随着时间的增大 ρ_1 与 ρ_2 差值变小,终极速度变小,通过孔的流体趋于稳定流动,由流体的连续性,每次通过小孔的流束将越来越稳和越长,周期也越来越大。渐渐地内外槽流体密度差趋于零,流体上升(或下降)的速度变得很慢,通过孔的阻力趋于相等,有趣的是实验观测到上下流动的平均时间趋于相等(见表 14.2,开始演示时间为 6 月 14 日,也就是 7 天后的实验测量)。

表 14.2　6 月 22 日图 14.2(a)小孔情况的观测数据(内外液面的面积约相等)

周期数	t_1/s	t_2/s	周期数	t_1/s	t_2/s
1	35	62	8	72	58
2	49	44	9	62	60
3	49	49	10	46	48
4	53	43	11	61	38

表 14.2(续)

周期数	t_1/s	t_2/s	周期数	t_1/s	t_2/s
5	81	57	12	53	41
6	43	41			
7	59	50	平均	55.2	55.2

由于流体的黏滞性通过孔产生环流现象,且随着环的上升而趋于终极速度,并扩散开,这就是说形成了后面的环追赶上前一个环的现象。对于图 14.2(b)的小孔径为 0.5 mm 时,小孔处的阻力起主要作用,不能形成周期性泄流;当小孔处为大孔径时使得 b 增大,流量增大,小孔泄流周期变小,随着时间的推进,将有小孔处的(两种液体界面模糊,浓度趋于相同)水与糖水间的界面张力很快变小(趋于零),周期性被破坏,出现上下窜流的现象。这一实验要求:内槽液体密度大于外槽液体密度,且内外两液体具有相溶性。在实验中曾利用煤油代替水,结果发现,在孔径达 6 mm 时都未形成周期性振荡(当然,也无上下同时通过小孔流动的现象),主要是两液体界面的界面张力在小孔处形成较大的附加压和煤油的黏滞阻力(两液体在小孔处的压力差与之相比较小)造成的。

感兴趣的读者不妨试想:如果在图 14.2(a)的内槽底部做成两个小孔,实验结果将会如何,为什么?

14.3 小孔持续周期性泄流的实验与观测

近些年,小孔周期性泄流实验受到人们的关注,部分文献分别给出理论研究和实验观测。有的研究了小孔的渗透压和小孔处的压力差,得出了小孔泄流周期表达式,有的发现周期性泄流维持时间的上限、内外槽中装有不同密度(浓度)不相容性液体时周期性泄流不能进行等结论。而有些问题,如小孔的持续周期性泄流的动力来源,周期性与内外槽的大小等因素是否有关,需要通过实验进一步的研究探讨,以下将对此进行介绍。

14.3.1 实验装置及现象

图 14.4 是小孔周期性泄流的实验装置。它由一个内筒(槽)和与它同轴固定的外筒组成,且与外界大气相通,内筒(槽)底部开了一个小孔。

在实验时内筒和外筒分别盛有不同浓度的相容溶液,内筒放入浓溶液,外筒放入稀溶液,整个装置放在水平稳定的位置,并使内筒浓溶液的液面比外筒稀溶液的液面略低,以防止单向流动的时间过长,这样才能出现小孔泄流的周期性。

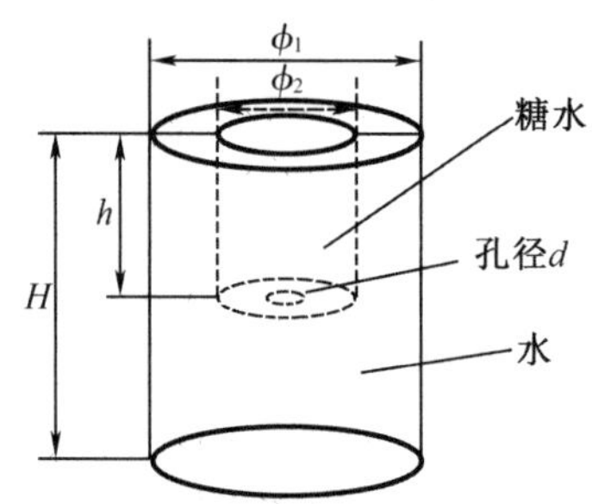

图 14.4 小孔周期性泄流的实验装置示意图

实验开始时内筒液体通过小孔向下以流束液柱轮廓向外筒底部泄流并扩散，经过一段时间停止向外筒泄流，紧接着外筒液体通过小孔以流束液柱轮廓向内筒上表面泄流并扩散，一段时间后停止向上泄流，接着内筒液体又开始向下泄流，这样液体就开始了持续上下周期性的泄流。实验在同一温度下（实验温度在 20 附近）进行，实验时周围环境和装置不能振动，以免影响周期时间观测的结果。

14.3.2 影响因素及定性观测

（1）用内径为 12 mm 的内筒，底部小孔长度 6 mm，直径为 0.7 mm。外筒的内径比内筒大 0.5 cm，且内筒装有糖水，外筒装清水，试验时无周期性现象；当外筒改用比内筒外径大 1.5 cm 的筒时就有周期性现象；若小孔直径不变而孔的长度变为 25 mm 时，则无周期性现象；当用透明胶带封上内槽口时也无周期性泄流现象。

（2）内筒浓度不变，同一装置孔径变化时，泄流周期也变化。当小孔周期性泄流自然停止（且无同时上下窜流）后，让液体微微振动（轻轻敲击槽的侧壁），周期性泄流仍能产生，并能持续一段时间。

（3）内筒直径为 2.9 cm，外筒直径分别为 6.1 cm、6.8 cm 和 8.4 cm，孔径分别为 1.0 mm、1.2 mm、2.0 mm、2.5 mm，内筒液体浓度达到66%时，不发生周期性泄流现象；外筒直径为 6.8 cm，孔径为 2.0 mm，液体温度为 22 时，不发生周期性泄流（产生窜流），而液体温度在 18 时，就能产生周期性泄流，并且较快过渡到上下窜流。

（4）内筒中不论高浓度还是低浓度糖水，周期性泄流开始时向下泄流周期总大于向上泄流周期。

（5）在糖水情况下能出现周期性泄流时，用完达山牌纯牛奶代替糖水溶液不出现周期性泄流。

（6）调节初始条件，使内筒糖水液面比外筒清水面高，在周期性泄流开始时也不会使内筒糖水液面接近初始位置，而是维持在内筒液体的液面比外筒液体的液面低的状态。

14.3.3 实验数据的记录与图像

取向下流动（泄流）的时间为 t_1，向上流动时间为 t_2，总的周期为 $T=t_1+t_2$（下文小孔长

(深)均为 6 mm)。记录在不同条件下随着泄流次数变化小孔泄流的周期。

(1)糖水浓度、内外筒尺寸和两种液体量不变,不同孔径的小孔泄流时间和周期糖水的固定浓度为50%溶液,取 $\phi_1=8.40$ cm,$\phi_2=2.90$ cm,$h=11.90$ cm,$H=22$ cm,外筒装 900 mL 清水,内筒装 30 mL 糖水。观测孔径 d 分别为 10 mm、1.2 mm、2.0 mm、2.5 mm 时观测小孔泄流周期。实验数据见表 14.3、表 14.4、表 14.5、表 14.6。

表 14.3 $d=1.0$ mm 的小孔泄流时间记录

序号	第一组			第二组		
	t_1/s	t_2/s	T/s	t_1/s	t_2/s	T/s
1	110	26	136	136	29	164
2	103	24	127	121	27	148
3	107	24	131	121	28	149
4	112	26	138	121	28	149
5	112	28	140	122	26	148
6	108	24	132	119	29	148
7	119	25	144	114	28	142
8	115	25	140	109	30	139
9	115	24	139	106	28	134
10	114	26	140	101	32	133
平均值	111.5	25.2	136.7	116.9	28.5	145.4

表 14.4 $d=1.2$ mm 的小孔泄流时间记录

序号	第一组			第二组		
	t_1/s	t_2/s	T/s	t_1/s	t_2/s	T/s
1	39.53	15.73	55.26	35.32	16.72	52.04
2	39.21	15.95	55.16	34.28	18.23	52.51
3	36.79	16.14	52.93	35.03	17.96	52.99
4	35.57	16.02	51.59	36.29	18.80	55.09
5	36.91	15.38	52.29	37.11	18.88	55.99
6	37.13	15.24	52.37	33.75	18.29	52.04
7	36.26	16.20	52.46	35.00	18.82	53.82
8	36.22	16.85	53.07	35.63	18.44	54.07
9	37.39	17.67	55.06	34.60	17.81	52.50
10	35.80	16.34	52.14	34.64	19.32	53.96
平均值	37.08	16.15	53.23	35.17	18.33	53.50

表 14.5 $d=2.0$ mm 的小孔泄流时间记录

序号	第一组			第二组		
	t_1/s	t_2/s	T/s	t_1/s	t_2/s	T/s
1	9	6	15	9	6	15
2	9	5	14	8	6	14
3	9	6	15	7	6	13
4	8	6	14	8	6	14
5	9	6	15	9	3	12
6	9	5	14	8	5	13
7	9	5	14	9	7	16
8	10	6	16	7	6	13
9	8	6	14	6	5	11
10	8	6	14	7	5	12
平均值	8.8	5.7	14.5	7.8	5.5	13.3

表 14.6 $d=2.5$ mm 的小孔泄流时间记录

序号	第一组			第二组		
	t_1/s	t_2/s	T/s	t_1/s	t_2/s	T/s
1	5.28	4.63	9.91	4.90	3.97	8.87
2	5.70	4.50	10.20	4.50	4.17	8.76
3	5.71	4.34	10.05	4.62	4.33	8.95
4	5.57	4.38	9.95	4.91	4.43	9.34
5	5.75	4.38	10.13	4.69	4.27	8.96
6	5.73	4.37	10.10	4.67	4.42	9.09
7	5.43	4.98	10.41	4.34	4.78	9.12
8	5.02	6.48	11.50	4.43	4.65	9.08
9	3.72	4.44	8.16	4.65	4.42	9.07
10	5.47	4.88	10.35	4.43	4.63	9.06
平均值	5.34	4.74	10.08	4.62	4.41	9.03

(2)糖水浓度、内筒尺寸和溶液量不变,改变外筒高度,不同孔径的泄流时间和周期外筒装 400 mL 水,内筒装浓度为 50%的 20 mL 糖水 $\phi_1=6.10$ cm,$\phi_2=2.90$ cm,$h=11.90$ cm,在孔径分别为 1.0 mm、1.2 mm 两种孔径,改变外筒高度 H($H=19.40$ cm、$H=16.30$ cm),测量泄流时间及周期。

①$H=19.40$ cm、$d=1.0$ mm、1.2 mm 时的泄流时间及周期数据记录见表 14.7 和表 14.8。

表 14.7 $H=19.40$ cm、$d=1.0$ mm 时小孔泄流时间记录

序号	第一组			第二组		
	t_1/s	t_2/s	T/s	t_1/s	t_2/s	T/s
1	122	27	149	121	29	150
2	124	28	152	123	29	152
3	124	29	153	127	30	157
4	124	27	151	127	31	158
5	124	29	153	120	27	147
6	124	29	153	115	30	145
7	125	29	154	113	30	143
8	124	29	153	106	29	135
9	125	29	154	106	28	134
10	123	30	153	98	29	127
平均值	123.9	28.6	152.5	115.6	29.2	144.8

表 14.8 $H=19.40$ cm、$d=1.2$ mm 时小孔泄流时间记录

序号	第一组			第二组		
	t_1/s	t_2/s	T/s	t_1/s	t_2/s	T/s
1	35	15	50	33	18	51
2	34	16	50	34	17	51
3	34	18	52	33	18	51
4	34	14	48	34	17	51
5	34	15	49	34	17	51
6	39	18	57	35	18	53
7	32	18	50	34	18	52
8	34	16	50	35	18	53
9	36	16	52	34	19	53
10	37	16	53	34	23	57
平均值	34.9	16.2	51.1	34.0	18.3	52.3

②$H=16.30$ cm，$d=1.0$ mm、1.2 mm 时的泄流时间及周期数据记录见表 14.9 和表 14.10。

表 14.9　$H=16.30\ \mathrm{cm}$、$d=1.0\ \mathrm{mm}$ 时小孔泄流时间记录

序号	第一组			第二组		
	t_1/s	t_2/s	T/s	t_1/s	t_2/s	T/s
1	130	24	154	138	21	159
2	152	22	174	134	18	152
3	163	23	186	133	21	154
4	157	22	179	136	23	159
5	141	25	166	133	23	156
6	149	22	171	140	23	163
7	146	22	168	125	24	149
8	148	22	170	142	24	166
9	159	23	182	123	21	144
10	147	21	168	107	24	131
平均值	149.2	22.6	171.8	131.1	22.2	153.3

表 14.10　$H=16.30\ \mathrm{cm}$、$d=1.2\ \mathrm{mm}$ 时小孔泄流时间记录

序号	第一组			第二组		
	t_1/s	t_2/s	T/s	t_1/s	t_2/s	T/s
1	35	16	51	44	17	61
2	36	16	52	43	16	59
3	35	18	53	43	16	59
4	36	16	52	38	16	54
5	36	19	55	40	18	58
6	34	20	54	38	15	53
7	33	19	52	36	16	52
8	35	19	54	36	18	54
9	34	19	53	33	18	51
10	33	20	53	32	18	50
平均值	34.7	18.2	52.9	38.3	16.8	55.1

(3)在同一装置且相同孔径下不同浓度的糖水溶液的小孔泄流的周期性。取 $\phi_1=8.40\ \mathrm{cm}$,$\phi_2=2.90\ \mathrm{cm}$,$h=11.90\ \mathrm{cm}$,$H=22\ \mathrm{cm}$ 的实验装置(相同体积的水和糖水)并在孔径为 1.2 mm 的条件下,外筒装 900 mL 水,内筒装 30 mL 糖水,用不同浓度的糖水溶液来进行实验观测,数据见表 14.11、表 14.12、表 14.13。

表 14.11 糖水浓度 40%，$d=1.2$ mm 时小孔泄流时间记录

序号	第一组			第二组		
	t_1/s	t_2/s	T/s	t_1/s	t_2/s	T/s
1	32	18	50	35	17	52
2	33	22	55	35	17	52
3	35	18	53	34	17	51
4	39	19	58	35	16	51
5	33	21	54	36	17	53
6	36	20	56	36	19	55
7	36	21	57	37	21	58
8	37	21	58	34	20	54
9	39	25	64	36	20	56
10	39	21	60	39	21	60
平均值	35.9	20.6	56.5	35.7	18.5	54.2

表 14.12 糖水浓度 30%，$d=1.2$ mm 时小孔泄流时间记录

序号	第一组			第二组		
	t_1/s	t_2/s	T/s	t_1/s	t_2/s	T/s
1	26	18	44	27	19	46
2	26	20	46	26	19	45
3	27	20	47	26	20	46
4	26	20	46	27	19	46
5	26	20	46	26	19	45
6	26	20	46	25	20	45
7	26	20	46	25	22	47
8	26	20	46	25	20	45
9	24	22	46	25	20	45
10	27	19	46	26	20	46
平均值	26	19.9	45.9	25.8	19.8	45.6

此外，在实验中还对外筒装 400 mL 清水，内筒装 20 mL 糖水，糖水浓度 50%，$\phi_1=6.80$ cm，$\phi_2=2.90$，$h=11.90$ cm，$H=16.30$ cm，$d=2$ mm 的泄流时间做了观测，发现液体在 22 s 不产生周期性泄流，在 18 s 时液体泄流到第 19 个周期后就出现上下窜流，数据见表 14.14。

表 14.13　糖水浓度 20%，$d=1.2$ mm 时小孔泄流时间记录

序号	第一组			第二组		
	t_1/s	t_2/s	T/s	t_1/s	t_2/s	T/s
1	25	18	43	28	19	47
2	25	19	44	27	19	46
3	27	17	44	28	18	46
4	27	17	44	30	17	47
5	26	18	44	28	18	46
6	26	18	44	27	19	46
7	26	18	44	27	21	48
8	28	18	46	25	20	45
9	27	19	46	26	21	47
10	28	18	46	26	20	46
平均值	26.5	18.0	44.5	27.2	19.2	46.4

表 14.14　$d=2$ mm，液体温度为 18 ℃，小孔由泄流到窜流时间记录

序号	第一组			序号	第二组		
	t_1/s	t_2/s	T/s		t_1/s	t_2/s	T/s
1	9	4	13	12	7	5	12
2	7	3	10	13	8	5	13
3	9	5	14	14	7	4	11
4	8	4	12	15	8	5	13
5	8	4	12	16	7	5	12
6	8	5	13	17	8	4	12
7	7	4	11	18	8	4	12
8	8	5	13	19	7	5	12
9	7	4	11	20		窜流	
10	8	4	12	21		窜流	
11	8	5	13	平均值	7.74	4.42	12.15

虽然在文献和本文中得出了一些有意义的内容，对小孔周期性泄流这一现象的研究还只是刚刚开始。有些内容，如同一装置同浓度不同液体量和不同温度等因素对泄流周期的影响，小孔持续泄流的机理等，还有待于感兴趣的读者进一步研究。

14.4　对葡萄糖水-水小孔周期性泄流的实验与分析

小孔周期性泄流实验持续受到人们的关注，许多文献分别给出理论研究和实验观测，部分文献中研究了小孔的渗透压和小孔处的压力差，得出了小孔泄流周期表达式。有的做了大量的实验，发现周期性泄流维持时间的上限、内外槽中装有不同密度（浓度）不相溶性液体时，周期性泄流不能进行，不同浓度泄流周期也不同等结论。有的文献做了理论模拟和实验两方面研究，给出一些有意义的探索，而有的文献则给出实验测得周期 24 s 和理论计算周期数值 41 s，量级上相当。以往文献多以盐水（或白糖冰糖水）水做实验研究，以下将对葡萄糖水-水小孔泄流周期进行实验研究，得到一些有意义的结论。

14.4.1　实验装置和实验现象

图 14.5 是小孔周期性泄流的实验装置，它由内筒（槽）和与它同轴固定的外筒组成，且与外界大气相通，内筒（槽）底部开了 1 个小孔（流管），将内槽固定在外槽中相对位置保持不变，底部的小孔长度为 L，内槽盛 50%葡萄糖水，外槽中盛蒸馏水（或煮开过的水）。实验开始时装置放在水平稳定的位置，使内筒浓溶液的液面比外筒溶液的液面高（或略低）。实验开始时内筒液体通过小孔向下以流束液柱轮廓向外筒底部泄流并扩散，经过一段时间停止向外筒泄流，紧接着外筒液体通过小孔以流束液柱轮廓向内筒上表面泄流并扩散，过一段时间停止向上泄流，接着内筒液体又开始向下泄流，这样液体就开始了持续上下周期性的泄流。实验中用移测显微镜测量注射器针头的内孔径，3 次测量取平均得 $d = 1.30$ mm。外筒为高约 20.7 cm 的玻璃容器，容器壁上贴有容积的刻度和测量液面高度的刻度尺。内筒为 50 mL 的注射器。为使测量时更准确，对实验装置进行改进，改进后的实验装置。如图 14.6 所示，注射器的活塞被细长管贯穿，是带有塞子的长管，打开塞子时使管内与外界相连，即内筒液面与外界相通。本实验的内筒盛有葡萄糖水，用赤峰蒙欣药业生产的 500 g 袋装葡萄糖配制（在照相时，浓溶液被染色）。外筒盛有室温下的蒸馏水或凉开水。两容器之间由可更换的细管（内筒底部小孔泄流管）相连接，根据实验要求不同使用相应细管（泄流管）。

实验时要求液体温度稳定、周围环境和装置不能振动，以免影响周期时间观测的结果。此外，除了注意实验器材的因素，还有注意实验者在读取每次下流或上流的时间要准确。

泄流管如图 14.7 所示，把细管一部分用透明胶带缠住，可以防止细管与管口处有溶液流出。不但解决了确定细管的长度 L 的问题，而且可以用针管（安针头的柱管）换取不同的细管。

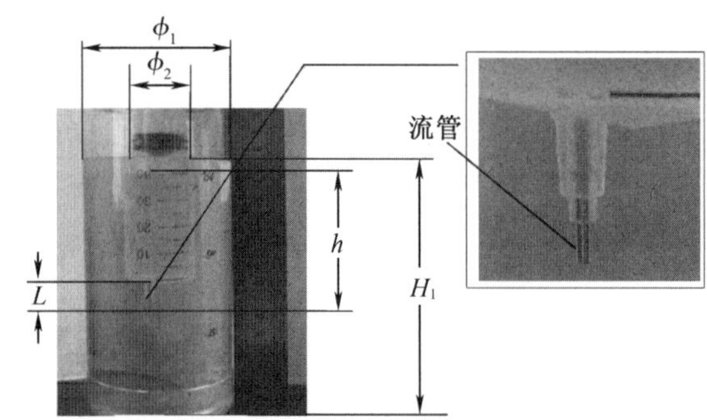

图 14.5　小孔周期性泄流实验装置示意图

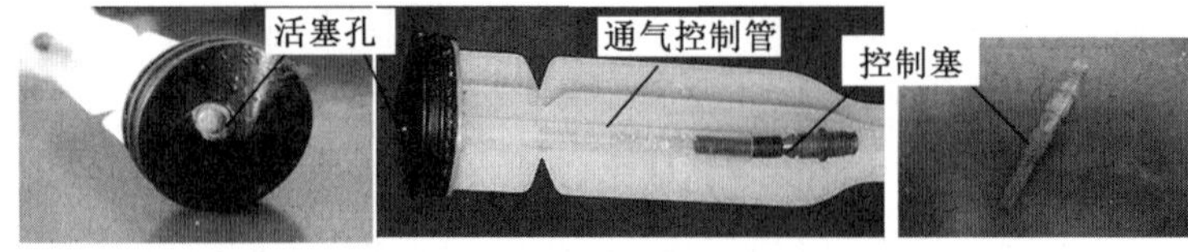

图 14.6　注射器活塞控制液体装置

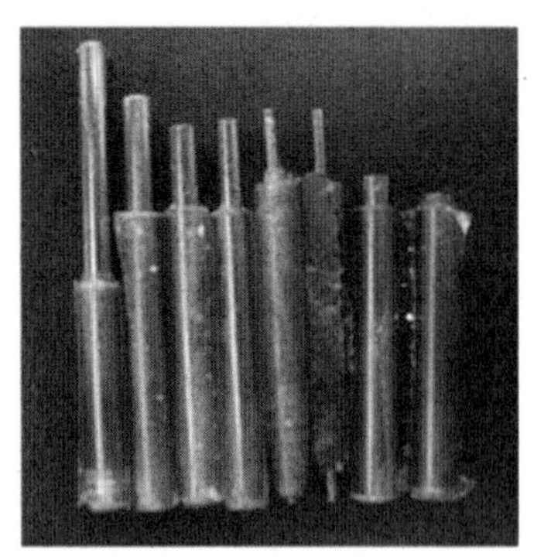

图 14.7　不同型号的细管

14.4.2　实验数据记录及图像

把实验仪器水平稳定放置后,打开长管开始进行实验。浓溶液开始从细管(泄流管)下流出,几十秒后液体流速减小最后停止下流,转为外筒溶液通过细管向内筒流入。实验中取细管中的液体第一次上流开始计时,上流时间为 t_{2n}(n 为自然数),此后的下流时间记做 t_{2n+1} 周期时间 T 满足 $T=t_{2n}+t_{2n+1}$ 在外筒体积为 750 mL 的水,内筒体积为 40 mL,浓度为 50%糖水,孔径相同长度不同的小孔泄流周期性时间的变化见表 14. 15。此次实验使用水为室温($19^{+}_{-}0.5$)℃的凉开水。限于篇幅,表 14. 15 中只列出 1 个孔长度的实验过程数据。由测试结果可以发现 15 组数据曲线均平稳,表 14. 15 中 $L=1.6$ cm 温度为 19 ℃浓度为 50%,外筒内径 $\phi_1=8.6$ cm,$V_{外}=750$ mL,没放内筒时外筒液面高度 $H_0=12.9$ cm,放内筒后外液深度 $H_1=13.7$ cm 内筒内径 $\phi_2=2.9$ cm,$V_{内}=40$ mL,开始振荡形成时内液深度(距孔底)$h_3=7.8$ cm,液面差为 1. 1 cm,$d=0.13$ cm。测量数据见表 14. 16,时间是 2010 年 1 月 4 日

10:54 至 1 月 7 日 20:30。数据处理见表 14.17,由表 14.17 得 $t_{2n+1} \propto L^{1.07\pm0.16}$,$T \propto L^{1.16\pm0.16}$,$T$ 是 13 周 3 组平均值。

表 14.15 小孔振荡时间的记录

序号	第一组测量数据			第二组测量数据			第三组测量数据		
周期数	t_{2n}/s	t_{2n+1}/s	T/s	t_{2n}/s	t_{2n+1}/s	T/s	t_{2n}/s	t_{2n+1}/s	T/s
1	43	75	118	38	72	110	36	69	105
2	44	74	118	36	84	120	35	68	103
3	44	70	114	36	78	114	36	68	104
4	44	75	119	35	71	106	36	68	104
5	42	76	118	38	73	111	36	66	102
6	43	76	119	39	74	113	36	66	102
7	37	76	113	36	73	109	36	69	105
8	33	74	107	37	72	109	35	68	103
9	37	73	110	38	73	111	36	69	105
10	37	73	110	38	72	110	34	68	102
11				38	73	111	37	68	105
12				38	72	110	34	69	103
13							35	68	103
平均值	40.4	74.2	114.6	37.3	73.9	111.2	35.5	68	103.5

表 14.16 数据记录

L/mm	第一组测量数据			第二组测量数据			第三组测量数据			H_1	h_3
	t_{2n}/s	t_{2n+1}/s	T/s	t_{2n}/s	t_{2n+1}/s	T/s	t_{2n}/s	t_{2n+1}/s	T/s	/cm	/cm
16	40.4	74.2	114.6	37.3	73.9	111.2	35.5	68.0	103.5	13.7	7.8
17	43.9	79.1	123.0	44.5	81.5	126.0	39.9	76.8	117.1	13.8	7.8
20	44.5	81.4	125.9	47.2	87.6	135.6	43.8	84.7	128.2	13.7	7.9
21.5	51.6	111.0	162.8	49.1	104.5	153.5	47.9	97.3	145.2	13.8	8.3
25	76.5	114.2	190.6	73.5	115.8	189.3	69.2	119.2	188.4	13.7	8.3

表 14.17 数据处理

$L/(10^{-3}\text{m})$	t_{2n}/s	t_{2n+1}/s	$\lg(t_{2n+1}/\text{s})$	T/s	$\lg T$	$\lg(L/\text{m})$
16.0	37.733	72.033	1.857 532	109.766	2.040 468	−1.795 88
17.0	42.766	79.133	1.898 358	122.033	2.086 477	−1.769 55
20.0	45.167	84.567	1.927 201	129.900	2.113 609	−1.698 97

表 14.17(续)

$L/(10^{-3}\text{m})$	t_{2n}/s	t_{2n+1}/s	$\lg(t_{2n+1}/\text{s})$	T/s	$\lg T$	$\lg(L/\text{m})$
21.5	49.533	104.267	2.018 147	153.833	2.187 050	-1.667 56
25.0	73.067	116.400	2.065 953	189.433	2.277456	-1.602 06

用 Origin 得出周期与孔长的关系如图 14.8 所示,得出 $T^* \propto L^{1.16\pm0.16}$。

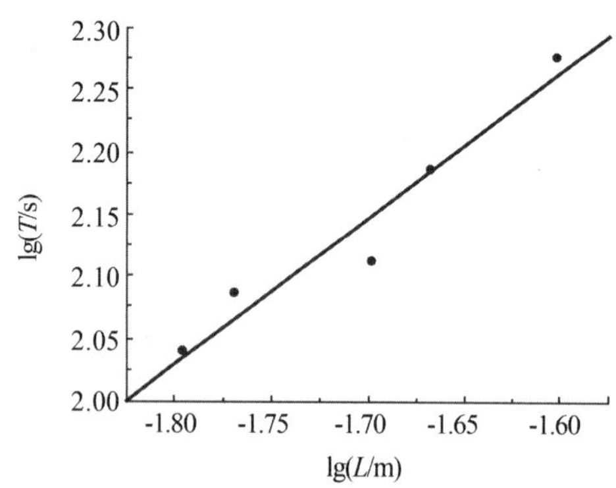

图 14.8　lg T-lg L 拟合曲线

14.4.3　总结

综上所述,实验中观察到高浓度的液体与水形成的泄流周期稳定,经过连续对 5 个管长的 15 组数据测量,发现其他条件不变泄流周期时间随着孔长增加而增加,并且 $T\propto L^{1.16}$。

14.5　盐水-水的小孔周期性泄流实验与分析

小孔泄漏周期性振荡现象是一种既有趣又具有实际应用价值的现象。小孔泄漏周期性振荡现象蕴含着多学科的知识,自 1970 年,地球物理学家 Martin(马丁)发现了盐水振荡器并对其进行了定性研究后,如今科学界开始从物理学、化学、生物学以及技术学科等广泛地对这种现象进行了深入研究,但是,其研究的理论体系尚未成形,在世界范围内未有公认结果。国外学者 O. Steinbock、A. Lange 等给出了泄流逆转临界分析等并作了一定的实验观测验证,K. Yoshikawa 等在此基础上提出此种现象的主要原因是瑞利-泰勒不稳定性,得出了一个方程即 Rayleigh 方程,对这种由于密度差引起的周期性振荡现象进行了解释,此后, M. Okamura 等利用数值模拟和实验两种方法对 K. Yoshikawa 所提出的方程的正确性进行了验证。T. Kano 和 S. Kinoshita 等提出了此种周期性振荡与流体的黏滞性密切相关并进行了实验探究,指出瑞利-泰勒不稳定性只适用于两种流体间分界面是静止的情况。笔者首先对此种周期性振荡进行了显色实验观察并做了初步的研究,路峻岭等分析了引起小孔泄漏振荡的原因并尝试从物理势和化学势角度对该现象给出理论上的分析,并得到小孔泄振荡周期与其小孔直径的4次方成反比等结论,笔者在路峻岭教授之后对此现象做了更细致的观察,指出了发生周期性振荡的条件和周期性振荡的时间上限,通过对小孔泄漏的周期性研究,发现了泄漏周期随时间的变化趋于增大,小孔的直径越大泄漏周期越小,不相溶的液体不能形成泄漏,并分析了有关现象。之后笔者又对多个影响因素进行了考察,实验表明溶液浓度、小孔孔径、内外筒高度等对振荡周期有影响,但未得出定量的关系。清华大学学生孙鹏、周璟勇等对糖水-水的周期性振荡进行了实验研究,并得出振荡周期与小孔直径的2。84次方呈反比的定量关系。以下选择盐水与水之间的周期性振荡进行研究,希望对其进行的探索与研究能得到一些有意义的结果。

14.5.1 实验装置及实验现象

1. 实验装置

小孔泄漏振荡实验装置如图14.9所示,主要由2 000 mL的量筒、透明玻璃管铁架台和针孔组成。其中透明玻璃管经过加工,在透明玻璃管的侧壁上贴上有刻度的标尺,在底部封一个50 mL医用针头的顶头;通过更换针孔可以方便的变换不同长度和孔径的细管。

相关参量:外筒内径8.07 cm,内筒内径2.96 cm,内筒外径3.97 cm,盐水浓度:实验中每1 983 mL清水溶解350 g市售食用盐,即盐水的浓度为176.47 g/L(15%浓度的盐水)。

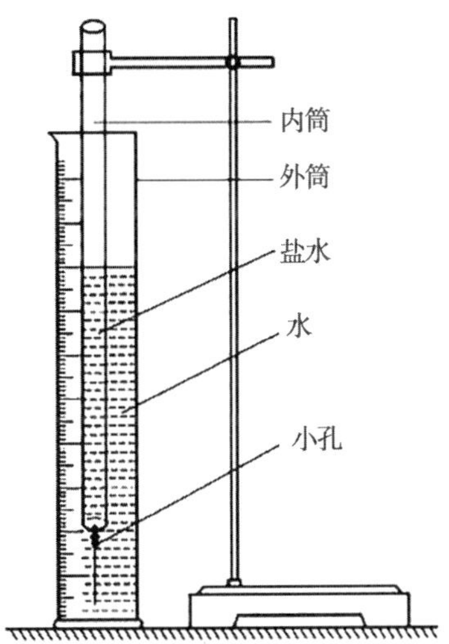

图14.9 小孔泄流实验装置示意图

2. 实验现象

实验时,内外筒都装有液体,外筒中装清水,内筒中装浓度为15%的盐水溶液。实验开始时,先将内筒置于外筒中,然后调节内外筒的液面使之大体等高,拔掉控制装置,内筒中的盐水溶液将通过小孔向外筒的清水泄流,最初流体通过小孔向下形成较粗的流束,随着时间的推移,流束逐渐变细,经过一段时间后停止向下泄流,接着泄流的方向逆向,也就是外筒的稀溶液通过小孔向内筒的盐水溶液中泄流(向上),并观察到流体从小孔向上渐渐有蘑菇状细流束上升形成环流并散开,泄流的流束渐渐变小,然后突然转向向下泄流,此现象往返重复呈周期性,即小孔的周期性泄流。

14.5.2 定性实验与基本假设

此实验首先要确定小孔泄流的稳态。实验时,我们发现由于内筒中溶液浓度高,在整个振荡过程中,液面为内低外高。因此在实验时,将内筒置于外筒中时,要先使内外液面几乎相平稳定几分钟,然后打开小孔经过初期的几个周期,当它进入稳定振荡状态,然后开始进行测量。若孔长在 2 cm 附近,在泄流稳定时,通过内筒壁表面刻度尺可以看到内筒液面的高度差在 1~2 mm 振荡(孔长加长时变化较大),此外,周期时间在测量过程中是稳定的。

由于实验条件的限制,实验时先将外筒放入 1 300 mL 左右清水(凉开水)后放入内筒,内筒中液体每次控制在内筒附着刻度尺刻度 23.00 cm 位置,内筒放入后由于大气压的作用外筒内的液体流入内筒中,每次大约略小于 1.00 cm。由此会对盐水浓度造成约 4%的误差,使 15%的盐水稀释为 14.4%的盐水。在实验过程中,我们发现在每个周期内内筒液面高度的变化在 1~2 mm,可以认定在所测的 15 个周期内,盐水的浓度是稳定的。

14.5.3 实验数据及周期曲线

本实验中取向下流动的时间为 T'_{down},向上流动的时间为 T_{up} 周期为 $T=T_{up}+T_{down}$。表 14.18 是在孔长为 31.20 mm 实验条件下记录的小孔周期性泄流的时间数据。

表 14.18 液体温度为 20.8 ℃,孔径为 1.32 mm,孔长为 31.20 mm 的泄流时间

序号	第一组			第二组		
	T_{up}/s	T_{down}/s	T/s	T_{up}/s	T_{down}/s	T/s
1	70	46	116	54	47	101
2	66	47	113	57	45	102
3	66	49	115	66	49	115
4	66	49	115	68	48	116
5	68	48	116	67	48	115
6	67	48	115	65	48	113
7	65	48	113	66	49	115
8	66	48	114	66	49	115
9	66	49	115	64	49	113

表 14.18(续)

序号	第一组			第二组		
	T_{up}/s	T_{down}/s	T/s	T_{up}/s	T_{down}/s	T/s
10	64	49	113	66	49	115
11	66	49	115	65	50	115
12	65	50	115	67	49	116
13	67	49	116	67	49	116
14	67	49	116	65	49	114
15	65	49	114	67	49	116
平均值	66.26	48.46	114.7	64.67	48.47	113.1

由于篇幅所限,仅列出孔径为 1.32 mm、孔长为 31.2 mm 条件下的两组数据,其他各组数据也均稳定。

我们对内孔径为 1.32 mm 的 8 个孔长分别进行了两次重复测量,并对相同孔径和孔长的周期取平均值,见表 14.19。

表 14.19 孔径为 1.32 mm 不同孔长对应的周期

孔长 l/mm	$\overline{T}_{up}$/s	$\overline{T}_{down}$/s	$\overline{T}$/s	ln l/mm	ln($\overline{T}$/s)
31.20	65.47	48.47	113.93	3.440	4.736
29.20	46.23	44.73	90.97	3.374	4.510
27.10	41.10	41.80	82.90	3.300	4.418
25.10	38.13	37.93	76.07	3.223	4.332
23.00	34.87	35.53	70.40	3.135	4.254
21.20	30.70	35.83	66.53	3.054	4.198
19.30	29.40	30.43	59.83	2.960	4.092
18.00	29.40	29.53	58.93	2.890	4.076

在文献中,路峻岭教授等从物理势和化学势角度对该现象给出理论上的分析,并得到小孔泄漏振荡周期理论公式

$$T=T_{up}+T_{down}=2T_{up}=\frac{256\eta l}{\pi d^4\rho g\left|\frac{1}{s'}+\frac{1}{s}\right|} \tag{14.5}$$

其中,η 为黏度;l 为孔管长;d 为内孔径;ρ 为液体密度;g 为重力加速度;s 为内筒液面面积;s'为外筒液面面积。

假设

$$T=Cl^n \tag{14.6}$$

对式(14.6)取对数

$$\ln T = n\ln l + \ln C \tag{14.7}$$

对表 14.19 中的平均值取对数,并得到图 14.10。

对 $\ln \overline{T}-\ln l$ 作直线拟合,得到斜率 $n=1.1\pm0.1$,即小孔周期性泄漏振荡周期与小孔孔长的一次方呈正比关系,即 $T\propto l^{1.1\pm0.1}$。进而说明实验结果与相关文献理论中小孔泄流周期与孔长 1 次方呈正比的关系比较符合。这可能是内外筒液体的量较多,在实验过程中液体的黏性和密度几乎没有变,也说明了盐水-水实验遵循圆管流量的泊肃叶公式。图 14.10 中两端数据偏离较大的原因是由于实验温度偏低于其他孔长情况 1 ℃左右(在不同的时间段实验液体的温度精确控制较困难)。同时对孔径为 0.95 mm、孔长为 25.10 mm 的情况进行了测量,测量结果为 $T=200.9$ s,结合表 14.19 中孔径为 1.32 mm,孔长为 25.10 mm 时 $T=76.07$ s,得出 $T\propto d^{-2.94}$,接近振荡周期与小孔直径的 2.84 次方成反比的结果。

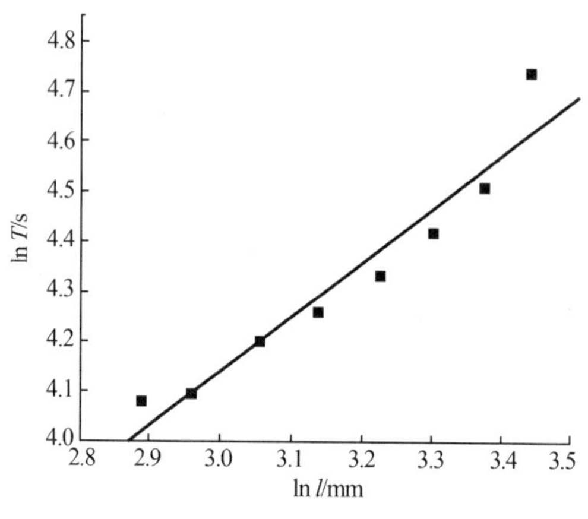

图 14.10　$\ln \overline{T}-\ln l$ 曲线图

14.5.4　小孔泄流振荡时内筒液面随时间的变化

实验时将孔径 1.32 mm 的几个小孔相连,增加孔长 113.00 mm,内筒盐水为在 20 ℃时的饱和盐水,进而增大内筒液面的变化情况,以便观察(采用录象机摄取液面位置后经过电脑放大读取)。图 14.11 中数据是从最低点 a 开始记录的,h 为内筒液面相对内筒底面的高度,a、b 和 c 分别为向上泄流开始、结束(向下泄流开始)和向下泄流结束时内液面的位置,高度分别记为 h_a、h_b 和 h_c,对应时刻分别为 t_a、t_b 和 t_c。实验数据记录 $h_a=17.32$ cm、$h_b=18.09$ cm 和 $h_c=17.40$ cm,对应时刻分别为 $t_a=88$ s、$t_b=342$ s 和 $t_c=732$ s。从图 14.11 中可以看到,该内液面位置 h 与时间的点线图很明显是一个指数形式的曲线。对图 14.11 按指数函数拟合,认为 ab 段具有 $h=y_b+A_b\exp(-t/\tau_{\mathrm{up}})$ 形式,bc 段具有 $h=y_b+A_b\exp(-t/\tau_{\mathrm{down}})$ 形式,τ_{up} 为向上泄流时间常数,τ_{down} 为向下泄流时间常数。拟合 ab 段得图 14.12,$y_a=(18.28\pm0.03)$ cm,$A_a=(-1.77\pm0.03)$ cm,$\tau_{\mathrm{up}}=(152\pm11)$ s;拟合 bc 段得图 14.13,$y_b=(17.22\pm0.03)$ cm,$A_b=(4.1\pm0.4)$ cm,$\tau_{\mathrm{down}}=(225\pm20)$ s。也就是图 14.12 图像中 a 点位置

为 $h_a=y_a+A_a\exp(-88/\tau_{up})$，$b$ 点的位置为 $h_b=y_a+A_a\exp(-342/\tau_{up})$，因 $A_a<0$，图像描绘一个随时间增加液面上升的指数函数。同理，图 14.13 描绘一个下降的指数函数。

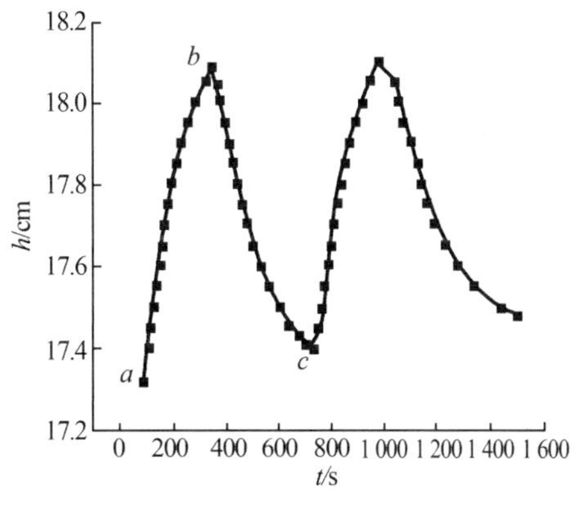

图 14.11　内筒液面随时间的变化曲线

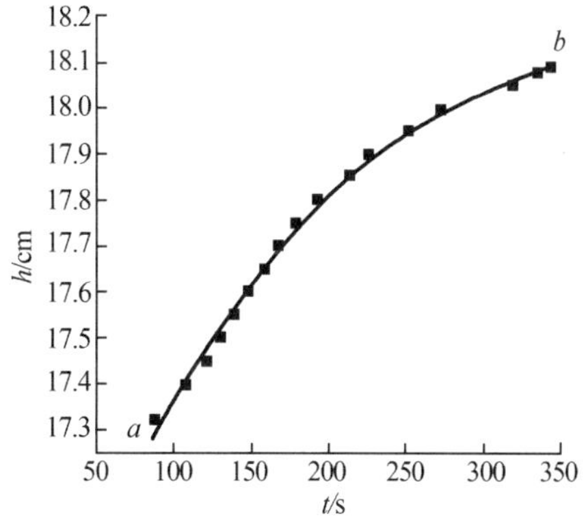

图 14.12　*ab* 段拟合曲线

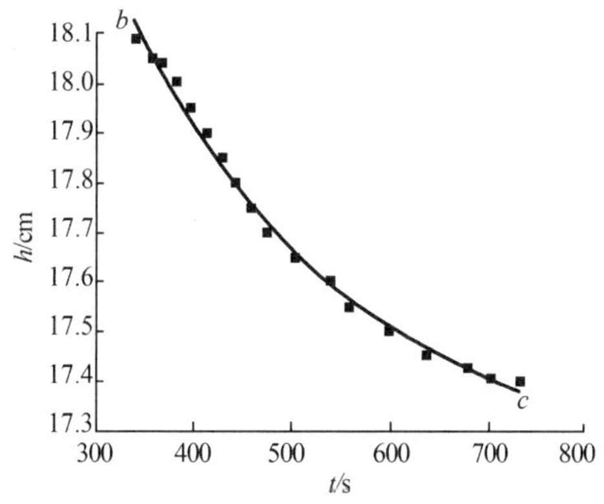

图 14.13　*bc* 段拟合曲线

14.5.5　小孔泄流振荡时内筒液面随时间变化的理论分析

圆管流量的泊肃叶公式为

$$Q=\frac{\pi}{128}\frac{d^4}{\eta}\frac{\Delta p}{l} \tag{14.8}$$

其中，d 为小孔直径；η 为通过管液体的黏度；l 为小孔孔长。在考虑外筒液面面积远大于内筒液面面积，也就是外筒液面位置变化可忽略，同时考虑内外液体密度近似相等，有

$$\Delta p=\rho g[h(t)-h(0)]' \tag{14.9}$$

其中，$h(t)$ 为内筒液面在不同时刻的位置高度；$h(0)$ 为振荡开始时外筒液面位置高度，假设液体开始下流。

将式(14.9)代入式(14.8)得到

$$Q=\frac{\pi}{128}\frac{d^4}{\eta}\frac{\rho g[h(t)-h(0)]}{l} \tag{14.10}$$

流过小孔的溶液体积为

$$dV = Q dt \tag{14.11}$$

$$S dh = -\frac{\pi}{128}\frac{d^4}{\eta}\frac{\rho g[h(t)-h(0)]}{l}dt \tag{14.12}$$

$$h(t) \propto e^{t/\tau_{down}} + c_{down} \tag{14.13}$$

其中,S 为内筒液面面积,考虑 η_1 和 η_2 分别为内外筒液体的黏度,有

$$\frac{1}{\tau_{down}} = \frac{\pi(d/2)^4\rho g}{8S\eta_2 l} \tag{14.14}$$

同理,推出向上泄流时也是指数形式:

$$h(t) \propto e^{t/\tau_{up}} + c_{up} \tag{14.15}$$

$$\frac{1}{\tau_{up}} = \frac{\pi(d/2)^4\rho g}{8S\eta_2 l} \tag{14.16}$$

我们注意到,式(14.14)与式(14.5)(在 $s' \gg s$ 时)是一致的,文献中的泄流时间是以最大泄流量为恒量推导的结果,此泄流周期时间正是本文所指的上下泄流时间常数 τ_{up} 和 τ_{down} 之和。对式(14.15)和式(14.13)可以改写为对图 14.12 和图 14.13 指数函数拟合的形式,即

$$h(t) = A_a e^{t/\tau_{up}} + y_a' h(t) = A_b e^{t/\tau_{down}} + y_b \tag{14.17}$$

也就是内液面与时间的点线图是一个指数形式的曲线与理论分析是一致的。

14.5.6 总结

本书通过实验就一些参数对小孔泄流周期性的影响进行了测量,经过简要分析得到以下结论:

(1)小孔周期性振荡泄流的周期 T 与小孔孔长 l 的 1.1±0.1 次方成正比关系。

(2)小孔周期性振荡泄流中 T_{up} 和 T_{down} 影响其变化的因素较多,但可以肯定的是一般情况下 $T_{up} \neq T_{down}$。文献中对模型的分析较理想化未将内外液体密度,黏度变化考虑进去,泄流时间是以最大泄流量为恒量推导的结果,其表达式(式(14.5))正是本节所指的上下泄流时间常数 T_{up} 与 T_{down} 之和,不是实际过程的泄流周期,泄流周期 T 精确表达式有待进一步研究。

(3)通过实验跟踪记录和数据描绘曲线,我们证实小孔周期性振荡的内液面随时间成指数关系,这与理论分析较符合。小孔周期性泄流实验是一个既有趣又很有发展前景的实验,此实验至今尚未有成型的理论基础,也缺少充足的实验数据,目前受到国内外学者的关注,还有很多新问题需要我们进一步探索研究。

14.6 汽油与酒精自动交换的周期性分层振荡的实验研究

1970年地球物理学家Martin为了模拟海水的流动,把一个盛有接近海水的盐水溶液、底部有小孔的圆柱形容器垂直放入一个盛满蒸馏水的外部大容器中时,观察到喷射状盐水自上而下扩散到外部大容器中和喷射状蒸馏水自下而上扩散到内部容器中的现象,并且发现这种扩散流动的方向会产生周期性的交换,即形成周期性振荡。自此,各国学者竞相对此现象做了探究,虽然至今振荡机理尚处于探索阶段。在国外,首先Martin给出在小孔中的上下流动是遵循泊肃叶流动的。Alfredsson发现盐水振荡的振荡周期与盐水浓度、黏度、孔径大小等相关,有学者提出在交换过程中流体的黏滞性起着非常重要的用。在研究盐水振荡的理论同时,有关实际应用的研究也在不断增多,如盐水振荡器产生电压、解释气候的变化和模拟体内血液循环等。在国内,通过糖水-水实验给出小孔周期性振荡的时间上限,并且对多个影响因素进行了考察,给出了不相溶液体之间不能形成周期性振荡的结果。清华大学路峻岭教授等从物理势和化学势角度对该现象给出分析,并且得到小孔泄流振荡周期公式。在此基础上,清华大学学生从糖水-水实验得到振荡周期T与小孔直径为$T\propto l/d^{2.84}$的定量关系,对葡萄糖水-水实验给出周期与孔长为$T\propto L^{1.16}$定量关系。此外,贺占博教授等学者提出利用盐水振荡设计电池的实用性意见,对盐水振荡的电压进行了测量。以往周期性泄流振荡的实现均为相溶液体,以下试图探讨两种微溶液体酒精与汽油之间是否也能产生振荡现象,并对其规律进行观测和研究。

14.6.1 实验装置的设计制作

利用透明的圆柱状瓶做外筒,内筒是50 mL注射器的外筒,其自身底部带有小孔,可用于插入不同规格的小孔管。由于外筒孔径较内筒大,在外筒口处利用带胶皮的铝线绕成几匝小圈,以便于内筒可以置于外筒中固定。再制作一个长方体形状的有机透明箱,将整个实验装置密闭于此箱中,以减少汽油和酒精的挥发,既可以降低危险程度,还可以一定程度地保持实验环境的稳定性。其次,为了测量内筒酒精液面的高度变化和保证实验初始条件的一致性,在内筒外壁上和外筒外壁上粘贴了刻度尺,实验装置示意图如图14.14所示。

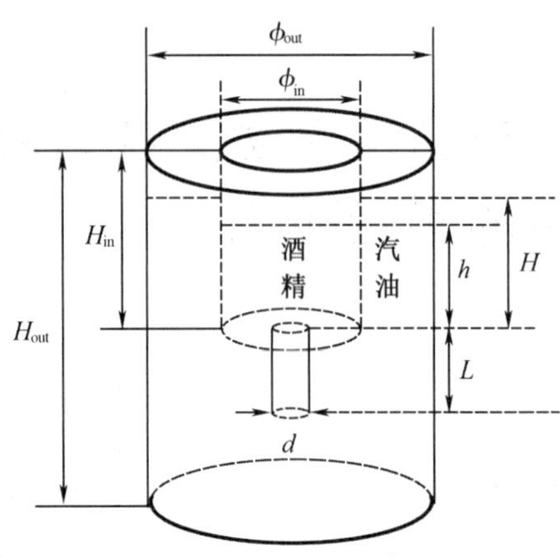

图 14.14　实验装置示意图

14.6.2　实验现象与数据分析

1. 实验装置参数和初始条件

定量的实验装置参数和实验初始条件见表 14.20。内外筒液体表面积分别为 s_1 和 s_2，液体密度分别为 ρ_1 和 ρ_2，孔管内径为 d，孔长为 L。设振荡周期为 T，向上扩散流动时间为 T_{up}，向下扩散流动时间为 T_{down}，h_{in0} 为实验开始之前内筒液面到桶底的高度(不包括孔长 L)。

表 14.20　定量实验装置参数和初始条件　　单位:mm

外筒内径	外筒外径	外筒高度	内筒内径	内筒外径	内筒高度	外筒初始液面高度	内筒初始液面高度
ϕ_{out}	ϕ'_{out}	H_{out}	ϕ_{in}	ϕ'_{in}	h_{in}		h_{in0}
60.00	68.63	142.0	29.05	31.20	118.86	75.0	57.0

实验中使用的汽油为市售防爆 97 号汽油，酒精是 90%~95%的医用消毒酒精溶液(同一批次)，同时保证实验在同一环境下进行，温度在(21.0±0.5)℃。

2. 实验现象

将整个实验装置放于水平防震实验平台之上，根据表 14.20 中的定量实验参数，控制好各参数，发现:

(1)当把内筒置于外筒中时，内筒酒精液面高度较外筒汽油液面高度要高，周期性振荡现象并没有及时出现，而且内筒酒精通过小孔以喷射状流束流动到外筒底部，流束在汽油中清晰可见且集中程度高。

(2)当内筒酒精液面高度与外筒汽油液面高度相平时，周期性振荡现象仍未发生，但此时可以发现流束较之前有所变细、变缓。此外还发现外筒中出现了分层现象，酒精在外筒底层、汽油层居于酒精层之上，此时向下扩散流动的酒精流束便终止于酒精层上表面，而且见到酒精层表面有明显凹陷而未破裂。

(3)再过一段时间后,当内筒酒精液面高度比外筒汽油液面高度稍低时,发现酒精流束变得越来越细,在汽油中穿梭时有一种飘飘然的感觉,酒精流束向下扩散的距离越来越短,当其快靠近小孔下端口时突然停止,几乎与此同时有汽油流束从小孔的上端口突冲而上,汽油流束也未终止于酒精中而是直冲酒精上表面,并形成汽油层,因此内筒中也出现分层现象,上层为汽油、下层为酒精,汽油流束终止于二者界面处。

(4)汽油流束向上扩散流动一段时间后,汽油停止上流,紧接着内筒酒精经小孔又以流束向下扩散流动到外筒中;过一段时间后酒精停止向下扩散流动,外筒汽油又通过小孔向上扩散流动到内筒;再过一段时间外筒汽油停止向上扩散流动……,这样内外筒中的酒精和汽油便开始了周期性振荡交换。

(5)在整个实验过程中,内外筒中都保持着明显的分层状态,内外筒中均上层为汽油、下层为酒精,因此整个实验装置内外筒分层也出现了,随着实验的进行,内筒中汽油层越来越厚,酒精层越来越薄,直至内筒酒精(剩余很少量)几乎全扩散流动到外筒中才停止;但是外筒中汽油层越来越薄,酒精层越来越厚,实验中内外筒的液面高度渐渐趋于相平。

3. 实验数据处理与分析

鉴于各孔长的周期均稳定(限于篇幅数据略),因此可以取前10个周期平均值作为每个孔长的有效 T_{up}、T_{down} 和 T。如表14.21所示,我们可以猜想 T_{up}、T_{down} 和 $T\infty L$ 的指数关系:

$$\ln T_{up}=\alpha_1 \ln L+\ln C_1 \tag{14.18}$$

$$\ln T_{down}=\alpha_2 \ln L+\ln C_2 \tag{14.19}$$

$$\ln T=\alpha \ln L+\ln C \tag{14.20}$$

其中,C_1、C_2、C 和 α_1、α_2、α 是未知常数。

表14.21 不同小孔孔长及对应的振荡时间数据平均值(孔径 d=1.32 mm)

孔号	孔长 L/mm	T_{up}/s	T_{down}/s	T/s
1	25.66	39.67	57.02	96.69
2	23.98	30.68	43.70	74.38
3	22.09	27.96	43.63	71.59
4	20.08	27.00	39.51	66.50
5	16.95	24.61	33.69	58.30
6	15.02	20.73	29.60	50.33
7	12.28	17.88	24.03	41.91
8	10.44	15.84	22.06	37.90
9	8.75	13.91	18.23	32.13
10	6.92	10.43	13.22	23.64

表14.21数据取对数直线拟合后如图14.15所示。拟合后得到 T_{up}、T_{down} 和 T 与 L 存在

如下定量实验关系：

$$T_{up}=1.9027L^{\alpha_1}(\alpha_1=0.9\pm0.1) \tag{14.21}$$

$$T_{down}=1.9830L^{\alpha_2}(\alpha_2=1.0\pm0.1) \tag{14.22}$$

$$T=3.8632L^{\alpha}(\alpha=1.0\pm0.1) \tag{14.23}$$

由式(14.21)至式(14.23)可知，T_{up}、T_{down} 和振荡周期 T 均近似与孔长 L 的 1 次方成正比。

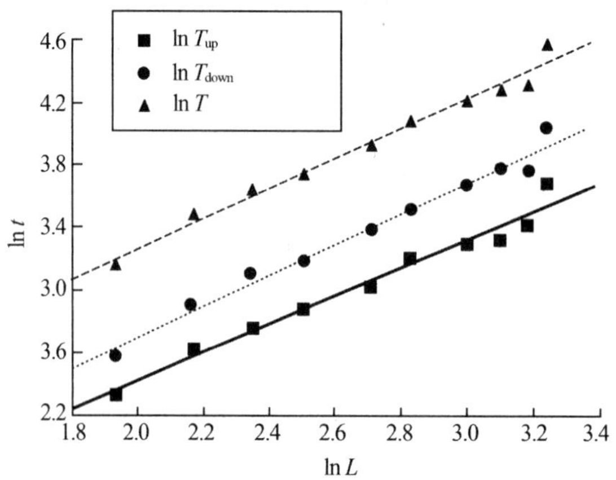

图 14.15 ln(T_{up}/s)、ln(T_{down}/s)随 ln(L/mm)的实验拟合直线

14.6.3 定性实验研究

1. 周期与内筒初始液面高度的关系

在整个汽油与酒精间的周期性振荡中，内筒初始酒精液面高度 h_{in0} 是一个极其容易改变的初始条件，取孔长 $L=20.08$ mm，孔径 $d=1.32$ mm，按表 14.20 参数只改变 h_{in0}，观察内筒初始酒精液面高度 h_{in0} 对 T_{up}、T_{down} 和 T 的影响，数据取平均后见表 14.22。

表 14.22 T_{up}、T_{down} 和 T 与 h_{in0} 的关系($L=20.08$ mm，$d=1.32$ mm)

h_{in0}/mm	T_{up}/s	T_{down}/s	T/s
29.8	25.77	39.15	64.92
42.2	26.39	39.38	65.77
57.0	26.99	39.51	66.50
71.8	25.58	40.37	65.95

从表 14.22 可以看出，在其他条件不变的情况下，可以认为在汽油与酒精的周期性振荡交换中，内筒酒精初始液面高度并不影响振荡周期。

2. 振荡周期与孔径的关系

实验参数如表14.20不变，用孔长 $L=20.30$ mm，分别对孔径 d 为1.32 mm、0.98 mm、0.47 mm、0.35 mm时小孔周期性振荡进行了观测，数据见表14.23。

表14.23 $L=20.30$ mm 不同孔径周期的平均数据

孔径 d/mm	T_{up}/s	T_{down}/s	T/s
0.98	79.86	141.30	221.16
1.32	27.48	40.82	68.30

只有 $d=1.32$ mm 和0.98 mm振荡形成，另两种不能形成振荡，采用和式(14.18)相同方法利用拟合直线求得汽油与酒精的周期性振荡中 $T_{up}\propto 1/d^{3.61}$、$T_{down}\propto 1/d^{4.20}$ 和振荡周期 $T\propto 1/d^{3.98}$，这一结果与振荡周期 T 与小孔的孔径 d 的4次方成反比的理论结果相符较好。（我们注意到：文献中 $T\propto 1/d^{2.84}$ 孔管为厚有机塑料板打孔制作，液体相溶，本书的液体微溶，孔管为金属材料）。

3. 内筒酒精液面与孔长及周期次序的关系

外筒初始汽油液面高度 $h_{out0}=75.0$ mm，内筒初始液面高度 $h_{in0}=57.0$ mm，小孔孔径 $d=1.32$ mm的条件不变，分别对小孔孔长 L 与内筒酒精液面高度 h_{in} 随周期次序的变化进行了观测。由于内筒酒精液面高度 h_{in} 随单个周期次序的变化极其微小，用肉眼很难观测，因此实验时选择每5个周期记下一个高度以便于观察出其变化情况，即记下第 n 个周期的内筒酒精液面高度为 $h_{in}(n)$，第0个周期是初始高度 $h_{in}(0)$。这里 $h_{in}(0)$ 与 h_{in0} 不同，为便于记录，h_{in0} 和 $h_{in}(0)$ 分别为实验开始之前内液面和周期性泄流开始时内液面到内桶底的高度，$h_{in}(n)$ 也是内液面到内桶底的高度，不包括孔长 L，见表14.24。对表14.24进行处理，得不同孔长对应的每5个周期内内筒酒精液面的变化量，列于表14.25。

表14.24 不同孔长对应内筒酒精液面的位置随泄流次数变化量(单位:mm)

孔长 L	$h_{in}(0)$	$h_{in}(5)$	$h_{in}(10)$	$h_{in}(15)$	$h_{in}(20)$
25.66	29.8	26.2	21.0	15.7	10.1
23.98	29.9	26.9	22.8	18.0	12.8
22.09	30.2	27.8	23.9	19.2	14.4
20.08	30.8	28.5	25.2	21.4	16.9
6.92	31.1	31.0	30.5	29.6	28.4

表14.25 不同孔长对应的每5个周期内内筒酒精液面的变化量(单位:mm)

孔长 L	第1个5周期内 Δh_{in}	第2个5周期内 Δh_{in}	第3个5周期内 Δh_{in}	第4个5周期 Δh_{in}
25.66	3.6	5.2	5.3	5.6
23.98	3.0	4.1	4.8	5.2

表 14.25(续)

孔长 L	第 1 个 5 周期内 Δh_{in}	第 2 个 5 周期内 Δh_{in}	第 3 个 5 周期内 Δh_{in}	第 4 个 5 周期 Δh_{in}
22.09	2.4	3.9	4.7	4.8
20.08	2.3	3.3	3.8	4.5
6.92	0.1	0.5	0.9	1.2
$\Delta h_{in}L$ 拟合值	0.175	0.233	0.235	0.235
线的斜率	0.016	0.021	0.012	0.007

表 14.24 和表 14.25 的点线拟合图从略。从表中可看出,对于同一长度的小孔,随着周期次序的增加,内筒酒精液面高度逐渐降低;在同一个周期次序时,随着孔长的增大液面高度减小。对于同一长度的小孔,随着周期次序的增大,在相同的周期数内(实验中为 5 个周期)内筒酒精液面的高度变化越来越大;孔长越长在相同的周期数内内筒流出的酒精越多,汽油与酒精的交换量越大,这是个有趣的现象。

4. 在两不稳定平衡点对应内液面位置高度变化

(1)内筒液体(或说内筒液体下部分)下降高度变化

如图 14.14 所示,设当孔管中充满外液体平衡时,内筒分层的上部分厚度为 Δh_1,密度为 ρ_2,下部分的表面位置为 h_{11},外表面位置为 H_{11},有

$$\rho_2 g\Delta h_1+\rho_1 gh_{11}=\rho_2 gH_{11} \tag{14.24}$$

当孔管中充满内液体平衡时,内筒分层的上部分厚度为 Δh_1,密度为 ρ_2,下部分的表面位置为 h_{12},外表面位置为 H_{12},有

$$\rho_2 g\Delta h_1+\rho_1 g(h_{12}+L)=\rho_2 g(H_{12}+L) \tag{14.25}$$

由连续性,有

$$(h_{12}-h_{11})S_1=-(H_{12}-H_{11})S_2 \tag{14.26}$$

解式(14.24)至式(14.26)得内筒液体流进外筒液体内液面下降的高度,也就是内筒下部分液体下降的高度 $h_{11}-h'_{12}$有

$$h_{11}-h_{12}=\left(1-\frac{\rho_2}{\rho_1}\right)L\Big/\left(1+\frac{\rho_2 S_1}{\rho_1 S_2}\right) \tag{14.27}$$

(2)内筒液体上升过程高度变化

当孔管中再次充满外液体平衡时,内筒分层的上部分厚度为 Δh_2,密度为 ρ_2,下部分的表面位置为 h_{12},外表面位置为 H_{13},有

$$\rho_2 g\Delta h_2+\rho_1 gh_{12}=\rho_2 gH_{13} \tag{14.28}$$

由连续性,有

$$[(h_{12}+\Delta h_2)-(h_{12}+\Delta h_1)]S_1=-(H_{13}-H_{12})S_2 \tag{14.29}$$

解式(14.25)、式(14.28)和式(14.29)得外液体流进内筒,内液体液面上升的变化量 $\Delta h_2-\Delta h_1$(记为 $h'_2-h'_1$)为

$$h'_2-h'_1=\left(\frac{\rho_2}{\rho_1}-1\right)L\Big/\left(1+\frac{S_1}{S_2}\right) \tag{14.30}$$

因 $\rho_1>\rho_2$，故有式(14.27)与式(14.30)的比值$\left(1+\frac{S_1}{S_2}\right)/\left(\frac{\rho_2}{\rho_1}+\frac{S_1}{S_2}\right)$小于1，即每次内筒向外筒泄流量小于外筒向内筒泄流量，符合汽油-酒精实验由最初振荡开始时内液面比外液面低，逐渐趋于相同高度，理论与实验现象是一致的。

14.6.4 结论

(1)汽油与酒精这两种微溶的液体之间能产生周期性振荡现象，且保持着明显的分层现象，自上而下依次为汽油、酒精；随着实验的进行，内筒酒精越来越少，汽油越来越多，外筒则相反，实现内外筒中酒精和汽油的交换。

(2)处理数据所得结论表明：向上扩散流动时间、向下扩散流动时间和振荡周期在实验误差范围内与孔长的1次方成正比，与小孔孔径的3.98次方成反比，这与相关文献理论结果相符很好。

(3)在其他条件不变，内筒初始酒精液面高度并不影响振荡周期；每次内筒向外筒泄流量小于外筒向内筒泄流量，理论分析和实验现象一致。

(4)通过定性探究内筒酒精液面高度与小孔孔长、周期次序间的关系得知，在同一周期次序时，随着孔长的增大，酒精液面位置降低量增大，且在相同个数的周期内高度差变化也越大；在同一孔长下，随着周期次序的增大，酒精液面位置在相同个数的周期内降低量也增大。这是个有趣的现象：实验装置不变、初始条件不变，仅有时间的推移，其在相同周期数内通过小孔的流量却大有不同。

总之，本文实验是非常有趣的新现象，有许多现象还未解释，感兴趣的读者不妨探究。

特别注意事项：除了实验环境稳定外，还要注意安全，每次用液体量要适当，室内空间要大且通风好，不能有明火、高温和不能穿戴容易产生静电的衣物及物品等进行操作验。同时应备好灭火器材，方可实验。建议读者进一步寻找其他微溶的安全液体来进行研究。

14.7 对酒精-水小孔周期性泄流的实验与分析

小孔周期性泄流实验受到人们的关注，部分文献分别给出理论研究和实验观测。有的研究了小孔的渗透压和小孔处的压力差，得出了小孔泄流周期表达式，有的发现周期性泄流维持时间的上限、内外槽中装有不同密度(浓度)不相容性液体时周期性泄流不能进行等结论。而有些问题，如小孔的持续周期性泄流的动力来源，周期性与内外槽的大小等因素是否有关，需要通过实验进一步地研究探讨。有学者提出在交换过程中流体的黏滞性起着非常重要的作用。在研究盐水振荡的理论的同时，有关实际应用的研究也在不断增多，并开始从物理学、化学、生物学以及技术学科等广泛地对这种现象进行了研究。在国内，通过对小容器用显色观察研究酚酞糖水与NaOH水液体之间扩散实验，也发现了小孔泄流振荡现象。笔者通过对糖水与水小孔泄流的周期性进行实验研究,发现泄流周期随着时间进程变化趋于增大,小孔的直径越大泄流的周期越小,不相溶的液体间不能形成小孔周期性泄流现象,还对小孔泄流实验的影响因素进行了定性分析。至今振荡机理尚处于探索阶段,近些年来国内外学者们对此研究主要集中在盐水与水的周期性振荡现象上,为了便于观察实验现象,我们曾用高浓度糖水与水演示周期性振荡现象。而用其他流体材料研究周期性振荡现象还很少,如医用酒精-水之间泄流振荡却未见报道。笔者对医用酒精-水的小孔周期性泄流实验进行了研究。为此以下将介绍该实验的装置,以及所观察到的实验现象,对实验数据进行处理和分析,总结实验中得出来的规律。

14.7.1 实验装置

图 14.16(a)和图 14.16(b)分别是小孔周期性泄流的实验装置照片和结构示意图。它由一个内筒(容积为 50 mL 的医用注射器外筒)和一个与它同轴的外筒(圆柱形的玻璃罐头瓶)组成,且与外界大气相通,将外径为 1.6 mm 的注射针头两头用磨石磨平,分别制作 6 个长短不一的针头,共两组(图 14.16(c)),然后用透明胶布包裹其中一个针头使其恰好能插入内筒底部的小柱孔作为泄流管。图 14.16(a)中外筒的液体为酒精,内筒的液体为水,外筒的高度 $H=20.5$ cm,外径 $\phi_1'=86.3$ mm,内径 $\phi_1=86.0$ mm。内筒的外径 $\phi_2=31.1$ mm。内径 $\phi_2'=29.0$ mm。实验前,内筒未放入外筒时,外筒酒精的体积 $V_1=500$ mL,液面的高度 $h_1=102.4$ mm;内筒水的体积 $V_2=40$ mL。液面的高度(深度)$h_2=59.8$ mm。

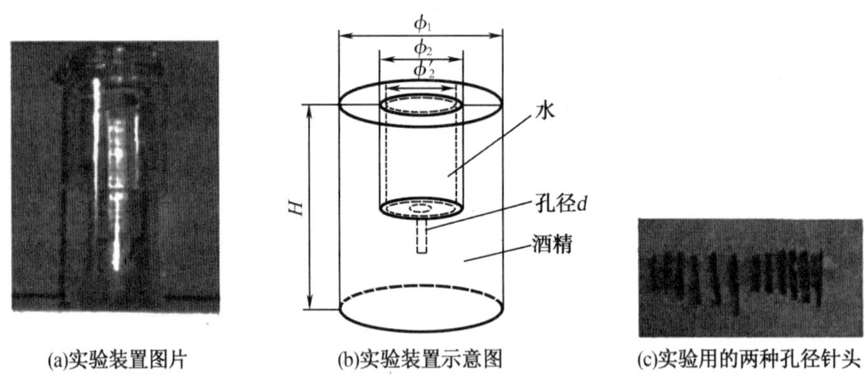

(a)实验装置图片　(b)实验装置示意图　(c)实验用的两种孔径针头

图 14.16　小孔周期性泄流实验示意图

14.7.2 实验现象

实验开始前,堵住内筒的针孔后装入水,然后将内筒插入外筒的酒精中,并将内外筒固定。实验开始时,打开内筒针孔,会发现内筒液体通过小孔向下向外筒底部泄流并扩散,内筒液面逐渐低于外筒液面。经过一段时间,待内筒的水剩下 18~20 mL 时,内筒的水会停止向外筒泄流。紧接着外筒的酒精会通过小孔向内筒上表面泄流并扩散,经过一段时间后,外筒的酒精会停止向上泄流。接着内筒的水又开始向下泄流,两种液体开始了新一轮的轮流泄流,这样,经过了十几个周期后,向下的流束液柱会变细,而向上的流束液柱会变短且呈现波浪式滚动向上状态。随着时间的增加,内外筒的液面高度差变小,总周期随时间的增加趋于增大,且初始外筒酒精向内筒泄流(向上泄流)的时间大于内筒水向外筒泄流(向下泄流)的时间,但随后会逐渐趋于相等,并出现向上流的时间小于向下流的时间,也就是在周期随时间(或周期次序)增加的图像中总会有一个相交点。当孔长 $l=15.45$ mm,孔径太小时(如内直径为 0.417 mm),不能形成周期性振荡现象。实验是在温度为 18~21.5 ℃下进行的,实验时的周围环境不要发生变化,并且实验装置不要振动,以及需将液体中的气泡消除,以免影响周期时间观测的结果。

14.7.3 实验数据

取外径为 1.623 mm,内径为 1.319 mm 的针头 6 个,长度 L 分别为 27.10 mm、25.18 mm、21.71 mm、20.10 mm、18.70 mm、17.45 mm。设向上泄流的时间为 t_1',向下泄流的时间为 $t_2'T=t_1+t_2$ 称为泄流周期。表 14.26 是针管长 $L=25.18$ mm 的实验数据。

表 14.26 $L=25.18$ mm,$d=1.319$ mm 时的实验数据

序号	第一组			第二组		
	t_1/s	t_2/s	T/s	t_1/s	t_2/s	T/s
1	60	43	103	64	45	109
2	56	39	95	57	46	103
3	56	44	100	59	48	107
4	59	49	108	60	51	111
5	63	54	117	61	56	117
6	65	55	120	63	63	126
7	61	60	121	66	68	134
8	61	63	124	65	70	135
9	63	65	128	67	74	141
10	63	67	130	66	75	141

图 14.17 至图 14.22 是内筒不同长度泄流管泄流周期随时间变化的 $T-t$ 曲线图,并按直线 $T=A+Bt$ 拟合定性得出 T 随 t 变化规律的趋向,其变化率汇总于表 14.27,即表 14.27 是用 Qrigin6.0 软件对连续 10 个周期 T 的实验数据随着时间变化作图(图 14.17 至图 14.22)拟合得到的。同理,表 14.28 是周期 T 随泄流次序数 n 的变化率 K_{Tn} 和周期 T 随孔长的变化率 K_{TL}。表 14.27 中 k_1、k_2 和 k_{TS} 分别为向上泄流时间 k_1、向下泄流时间 k_2 和周期时间 T 随实验进程的时间 t 变化的直线拟合斜率,均是量纲量,表 14.28 中 T_{10}、T_4 和 K_{Tn} 分别为前 10 周期、前 4 周期的周期时间的平均值与周期时间随实验周期次序数 n 变化的直线

拟合斜率，K_{TL} 为周期 T 随孔长 L 的直线拟合斜率。

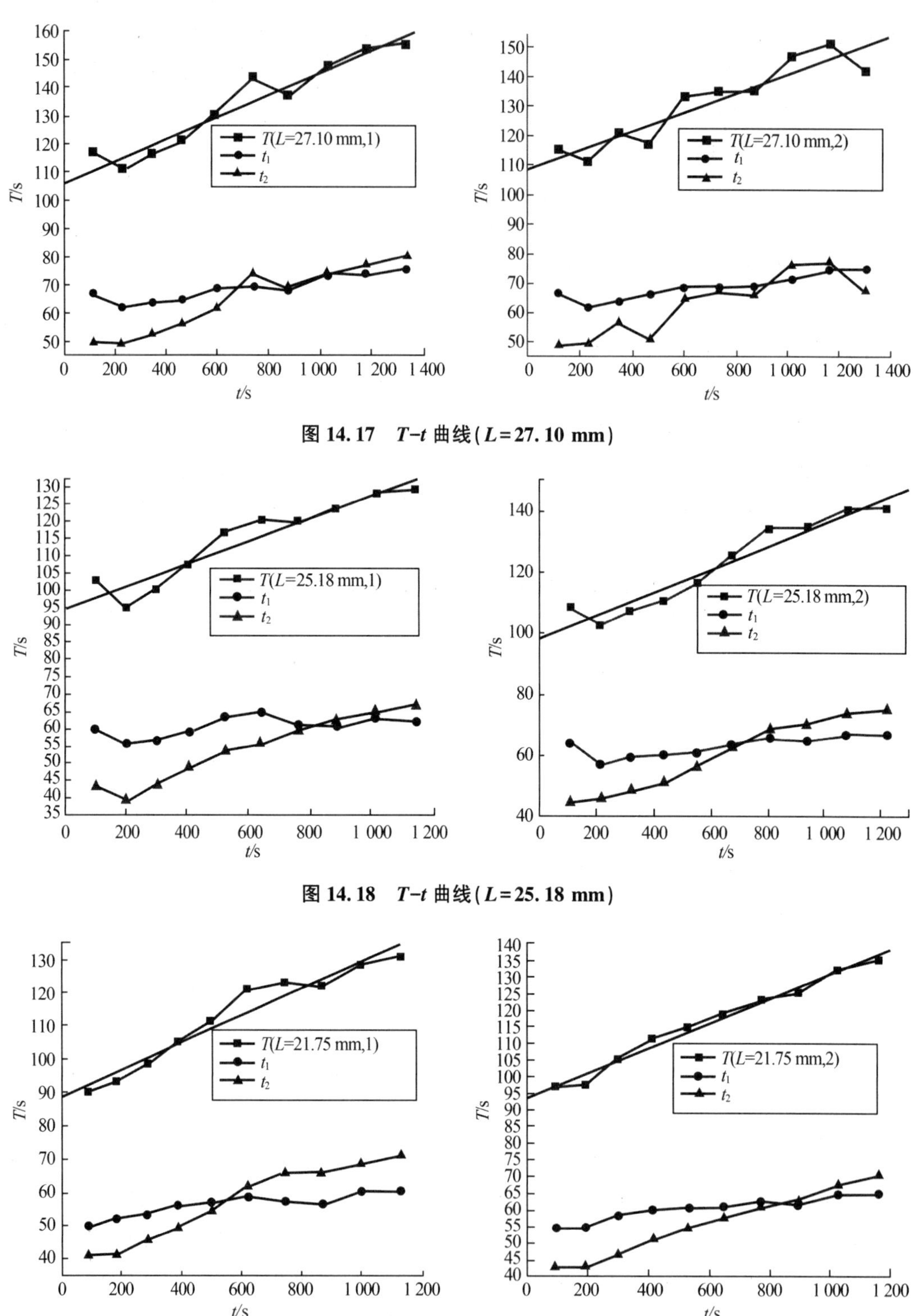

图 14.17 $T-t$ 曲线($L=27.10$ mm)

图 14.18 $T-t$ 曲线($L=25.18$ mm)

图 14.19 $T-t$ 曲线($L=21.75$ mm)

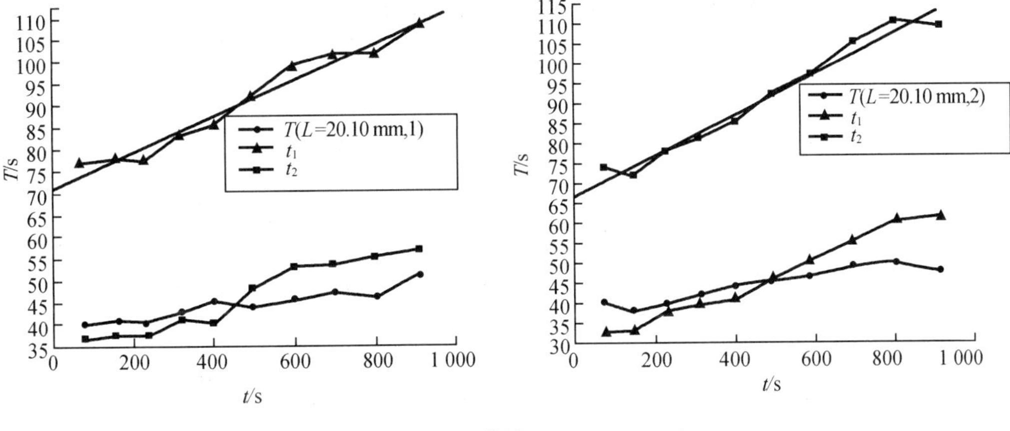

图 14.20 *T*–*t* 曲线(*L*=20.10 mm)

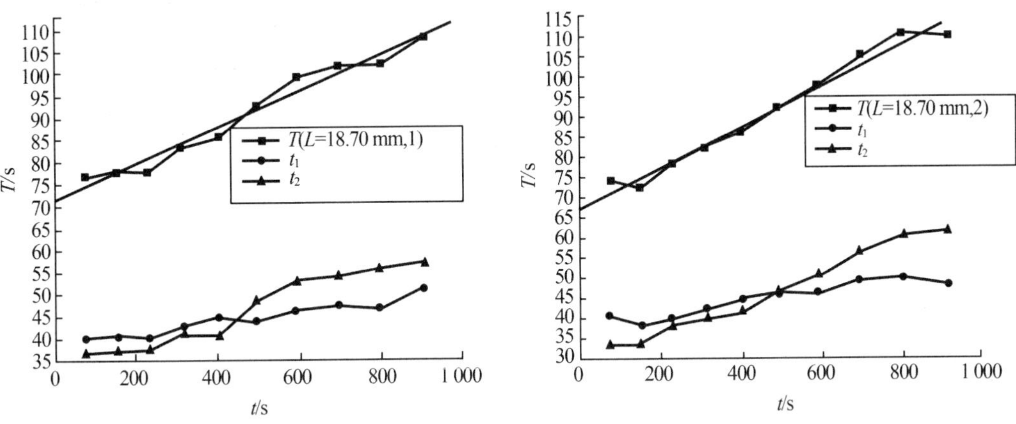

图 14.21 *T*–*t* 曲线(*L*=18.70 mm)

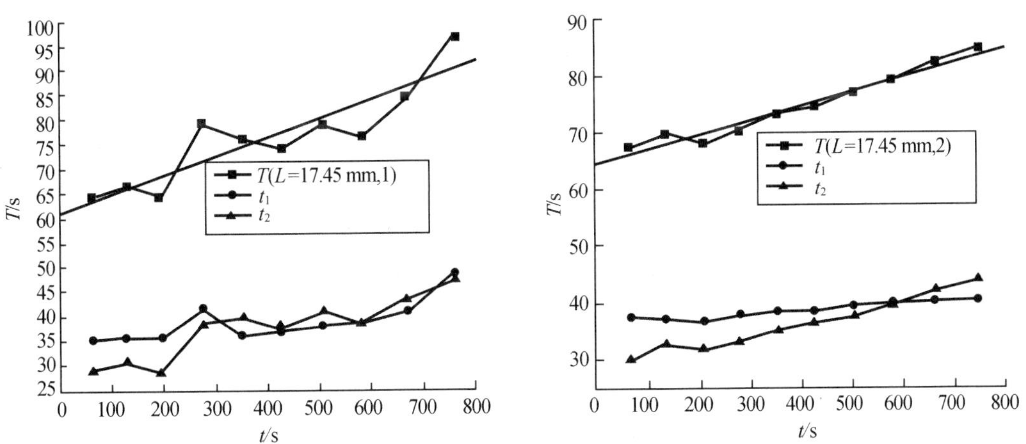

图 14.22 *T*–*t* 曲线(*L*=17.45 mm)

表 14.27　同孔径不同孔长的周期随时间的变化率

孔长 L /mm	第一组变化率			第二组变化率		
	k_1	k_2	k_{is}	k_1	k_2	k_{is}
17.45	0.014	0.024	0.038	0.006	0.020	0.026
18.70	0.012	0.029	0.041	0.014	0.037	0.051
20.10	0.013	0.026	0.039	0.005	0.024	0.029
21.75	0.010	0.027	0.041	0.009	0.032	0.037
25.18	0.006	0.027	0.032	0.007	0.031	0.038
27.10	0.010	0.028	0.039	0.010	0.023	0.032

表 14.28　不同孔长的周期随泄流次序数 n 的变化率 k_{Tn} 与周期随孔长变化率 k_{TL} 汇总

（表中 T_{10} 为 10 个周期的平均值，T_4 为 4 个周期的平均值）

孔长 L /mm	第一组		
	k_{Tn}/s	T_{10}/s	T_4/s
17.45	2.89	76.26	68.70
18.7	3.80	90.63	79.10
20.10	3.42	87.60	77.70
21.75	4.3	112.53	97.01
25.18	3.8	114.40	101.49
27.10	5.3	133.35	116.34
随孔长变化率 k_{TL} /(s·mm^{-1})	0.177±0.06	5.4±0.9	4.6±0.6
孔长 L /mm	第一组		
	k_{Tn}/s	T_{10}/s	T_4/s
17.45	1.94	74.78	69.07
18.7	4.77	91.24	76.93
20.10	2.95	99.35	90.61
21.75	4.38	116.18	102.98
25.18	4.71	122.23	107.29
27.10	4.29	130.72	116.01
随孔长变化率 k_{TL} /(s·mm^{-1})	0.172±0.12	5.3±0.8	4.6±0.7

14.7.4 实验数据的半定量分析

由图 14.17 至图 14.22 可见,随着时间(或周期次序)增加,开始泄流的时间总是向上的比向下时间长,随时间增加向上流的时间与向下流的时间总是会有相交点,而后泄流时间出现向上的比向下时间短,这与我们选择的流体材料是盐水与水或糖水与水所得的向上流的时间与向下流的时间几乎没有相交点情况不同,这也是本实验一个新的特点。对于同一孔径的泄流实验周期随着时间(或振荡次序)都是增加的,且斜率是接近的,范围为 2.6%~5.1%,由表 14.27 可知,向下泄流随时间变化率是向上的 3.2 倍,同一孔径和孔长的两组实验数值不同的原因除了系统自身的非线性外,主要是在不同的时间段测量时实验温度的差异影响黏滞性(如,第一组数据在 2010 年 1 月上旬测量,温度为 19.3~21.5 ℃,第二组数据在 2010 年 1 月下旬测量,温度为 18~19.3 ℃,实验时使用的是凉开水,实验初前 10 个周期内不会有气泡产生,影响成分大的还是温度差异),进而对周期时间有一定影响,同样,实验初始液体与环境温度不但要相同,而且环境温度要稳定,否则在实验过程中(大于 10 min)足以改变液体温度,影响液体黏度进而对数据曲线走势有影响,图 14.28 所示是实验进行过程中环境温度开始升高略高于液体温度,表现出随时间增加液体升温黏度下降,拟合直线与数据曲线走向略有偏差,但对总趋势影响不大,这就要求实验过程中液体及环境温度要稳定。由表 14.28 可见,周期 T_4 随孔长的变化率为 4.6 $s\cdot mm^{-1}$。

1. 数据交叉原因分析

我们对实验前后酒精的密度及黏度作了测量,见表 14.29。

表 14.29 测得酒精密度及黏度有关参数((21°±0.5)℃)

	水	实验前酒精（浓度:90%~95%）	实验后酒精	酒精混合(1:1)（浓度约 50%）
密度 $\rho/(kg\cdot m^3)$	1×10^3	0.82×10^3	0.83×10^3	0.91×10^3
黏度 $\eta/(mPa\cdot s)$	1.01	1.35	1.50	2.11

通过表 14.29 的实验数据可知:实验前后外筒酒精的密度和黏度没有多大变化,虽然酒精与水 1:1的比例混合时密度也恰好介于纯酒精与水的密度之间,但混合溶液的黏度明显增大。由文献可知向下泄流(或向上泄流)流动时间 $t_2=\frac{128\eta_2 L}{\pi d^4 g}/\left(\frac{\rho_1}{s_1}+\frac{\rho_2}{s_2}\right)$。小孔泄流振荡的周期与液体密度和黏度有关,酒精与水的振荡周期性之所以在几个周期后发生较大变化的原因,是因为实验前后内筒水(随着实验进行与酒精混合)的黏度发生了比较大的变化,由于内筒液体量少(液体深度小),每一个周期交换后内筒浓度较外筒浓度都会有较大变化。这一点从表 14.27 也可以看到向下比向上周期增长率明显大,所以出现了向上流的时间与向下流的时间有交叉点的情况。

2. 小孔泄流的振荡周期与孔长的关系

由文献得出小孔泄流振荡周期与其直径的2.84次幂成反比的结论。同样,在其他变量保持不变的条件下针对孔长这一参量有:周期T与孔长具有如下关系:

$$T=CL^B \tag{14.31}$$

对式(14.31)取对数得到

$$\lg T=B\lg L+\lg C \tag{14.32}$$

拟合直线方程为

$$Y=A+BX \tag{14.33}$$

从表14.26和图14.17至图14.22可以看出,前4个周期数值较稳定(接近),液体浓度改变越小,分别取前10个周期平均 T_{10} 和前4周期平均 T_4 来研究泄流振荡周期与孔长之间的关系,表14.30为同孔径的实验数据统计。

表14.30 周期和孔长度及其取对数的数值表

孔长 L/mm	27.10	25.18	21.75	20.10	18.70	17.45
$\lg L$	1.43	1.40	1.34	1.30	1.27	1.24
T_4/s(第一组)	116.34	101.49	97.01	77.70	79.10	68.70
$\lg T_4$	2.07	2.01	1.99	1.89	1.90	1.84
T_4/s(第二组)	116.01	107.30	102.99	90.61	76.93	69.07
$\lg T_4$	2.07	2.03	2.01	1.96	1.89	1.84
T_{10}/s(第一组)	133.36	114.40	112.53	87.60	90.63	76.26
$\lg T_{10}$	2.13	2.06	2.05	1.94	1.96	1.89
T_{10}/s(第二组)	130.72	122.23	116.18	99.35	91.24	74.78
$\lg T_{10}$	2.12	2.09	2.07	2.00	1.96	1.87

图14.23为一组 $\lg T_4$ 与 $\lg L$ 拟合图(限于篇幅,其他不予列出),其斜率为 1.1 ± 0.1。拟合结果表明,取 T_4 和 T_{10} 对得出周期与孔长的关系是一致的,与文献理论的周期与孔长1次方成正比接近,即 $T\propto L^{1.1\pm0.1}$。

3. 小孔泄流的振荡周期实验数据与有关文献理论数值对比

振荡周期

$$T=t_1+t_2=\frac{128(\eta_1+\eta_2)L}{\pi d^4 g}\Big/\left(\frac{\rho_1}{s_1}+\frac{\rho_2}{s_2}\right) \tag{14.34}$$

将 $\eta_1+\eta_2=2.35\times10^{-3}\ \mathrm{Pa\cdot s}$, $d=1.32\times10^{-3}\ \mathrm{m}$, $g=9.8\ \mathrm{m/s^2}$, $\rho_1=1.00\times10^{-3}\ \mathrm{kg/m^3}$, $\rho_2=8.24\times10^{2}\ \mathrm{kg/m^3}$, $s_1=6.6\times10^{-4}\ \mathrm{m^2}$, $s_2=5.047\times10^{-3}\ \mathrm{m^2}$, $\pi=3.14$ 代入上式,得 $T=2.20\times10^{3}L$。

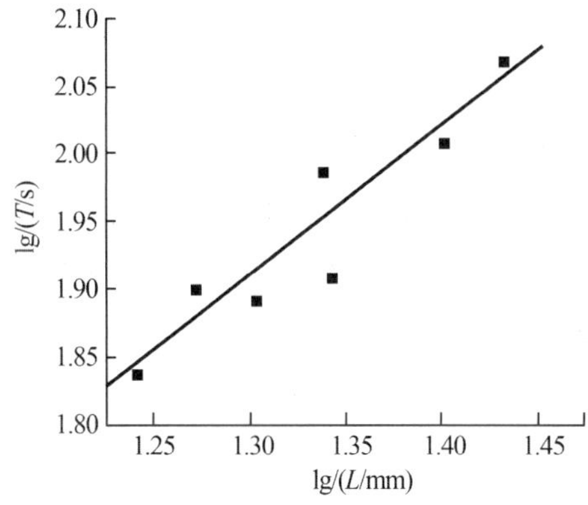

图 14.23 一组泄流振荡前 4 周期平均 T_4 与孔长之间关系的拟合图

我们将实验中小孔泄流的周期的实验数据和文献的理论值作了比较，见表 14.31。

表 14.31 小孔泄流的振荡周期实验数据与文献理论值

L/mm	27.10	25.18	21.75	20.10	18.70	17.45
第一组 T_4/s	116.34	101.48	97.01	77.70	79.10	68.70
第二组 T_4/s	116.01	107.30	102.98	90.61	76.93	69.07
理论 T/s	52.1	48.4	41.8	38.6	35.9	33.5
第一组 T_4/T	2.41	2.43	2.32	2.01	2.20	2.05
第二组 T_4/T	2.40	2.57	2.47	2.35	2.14	2.06
T_4/T 平均	2.28					

经比较，周期 T_4 的实验数值是理论数值的 2.28 倍，理论值和实验值差别原因之一是文献周期 T 为以最大泄流量作为恒量推导的结论，不过文献给出的理论公式还是很有意义的。

14.7.5 总结

溶液的小孔泄流振荡是一种非常有趣的且具有科学研究价值的自然现象，如今科学界开始从物理学、化学、生物学以及技术学科等广泛地对这种现象进行了研究，但研究主要集中在盐水与水的周期性振荡现象上而其他流体材料间的小孔泄流实验研究比较少。这里着重研究酒精与水这一与以往盐水-水、糖水-水不一样的液体振荡现象和规律，得出如下结果。

(1) 观测到振荡周期随着时间的变化趋于增大，且在周期随时间变化曲线中上下泄流时间出现了交叉的一个新现象。原因是实验过程内筒中液体的黏度发生了较大增加，外筒液体变化小，内外筒液体的密度变化较小，以至于向下流的时间由短变长。

(2) 得出孔径为 1.319 mm 泄流周期随时间变化率 K_{TS} 为 2.6%~5.1%，向下与向上泄流时间增长率的比值平均为3.2。周期随周期次序 n 增长率 K_{TS} 数据范围为1.94~5.25,周期 T_4 随孔长变化率为4.6 s/mm。

(3)取前4周期平均 T_4 和前10周期平均 T_{10} 对周期与孔长关系的确定影响不大,泄流周期 $T\infty L^{1.1=0.1}$,接近与文献中理论周期与孔长的1次幂成正比的结论。

(4)周期 T_4 的实验数值是理论数值2.28倍,理论与实验数值不同的原因是文献周期 T 以最大泄流流量作为恒量推导的结论。关于小孔泄流的周期性变化现象还有许多课题值得探讨,有待对此感兴趣的读者进一步研究探索。

第 15 章　磁场力形象化演示

15.1　利用有色跟踪演示带电粒子在电磁场中的运动

在洛伦兹力演示实验中常用 $CuSO_4$ 溶液在电场作用下使 Cu^{2+}、SO_4^{2-}、OH^-、H^+粒子做定向运动，若加以磁场可以看到在 $CuSO_4$ 溶液上漂浮的泡沫物也随溶液运动，由于泡沫漂浮在液面上不能迅速与带电粒子一同运动，因此难于观察到带电某粒子在电场、磁场作用下由初始到稳定的全过程。为此用指示剂（酚酞）来指示 OH^-粒子的动态规律，实现了带电粒子在电磁场中运动规律的演示。

15.1.1　实验装置

中央环形电极（Fe）由包塑料绝缘膜的导线弯成的环状，并使环状处导线等间距漏出导体，玻璃皿中装入适量 NaCl 与酚酞混合水溶液，使中央环形电极和外环型电极被浸没，在玻璃皿的底部中央环形电极处放上环型（或圆型）永久磁铁。两环形电极分别接在学生电源的正、负极上。

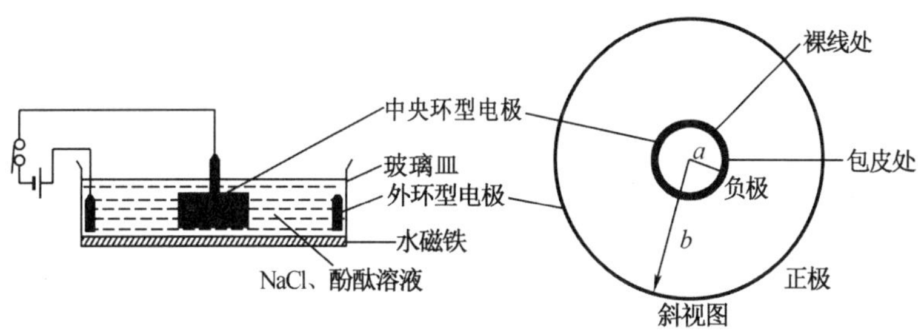

图 15.1　实验装置示意图

15.1.2　实验演示及现象

（1）不加永磁铁时电源以中央圆环为负极，外圆环为正极连接。不接通电路时 NaCl 水溶液与酚酞棍合溶液为透明无色溶液；当接通电路时会看到短时间内从中央电极裸露导体处有气泡产生，并有红色线束沿径向传播，且随电压 U 值增加传播红色线束速度越快。这说明 OH^- 在电场作用下沿径向定向运动。

(2)加上永久磁铁，重复(1)过程，会看到在 U 值较小时，从中央环型极传出来红线会在半径较小范围内就出现圆周运动；当 U 值增大到一定值时，看到的是传出来红曲线做旋涡状前进(即径向速度比横向速度大得较突出的现象)。当改变磁场方向时，溶液中传出的红色线旋转方向也随之改变。这些现象说明带电粒子在电磁场中受力的作用。

15.1.3 理论分析

当不计溶液的阻力时，在电场作用下溶液中的 Na^+、Cl^-、OH^-、H^+ 离子开始做定向运动。以 OH^- 为例，在电场力作用下电场力对 OH^- 做正功，由"负极"向"正极"速度逐渐增大；洛伦兹力不做功，并随粒子速度增大而增大，这样粒子的轨迹(红线)是随 r 增大逐渐趋向圆周运动的(图 15.2)。利用指示剂就可显示出 $OH^->H^+$ 浓度的地方，由于在中央环形电极处使电极导体部分裸露，这样 OH^- 的运动分布就形成线束，也更便于观察。

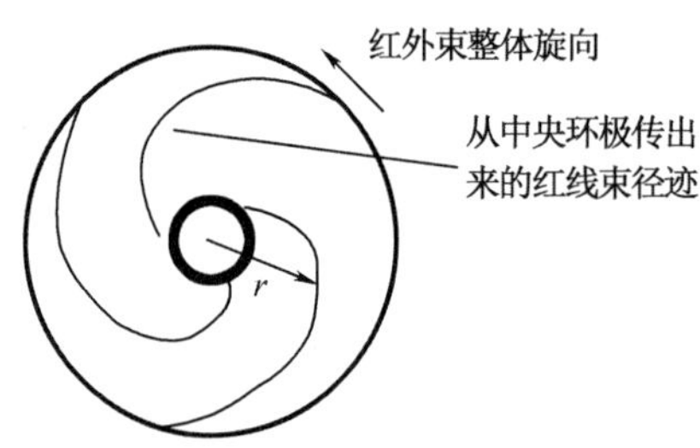

图 15.2 OH^- 在电场中的运动示意图

当质量为 m、电量为 q 速度为 v 的带电粒子在磁场为 B 的作用下做圆周运动时，应满足条件

$$f_m - f_e = m\frac{v^2}{r} \tag{15.1}$$

式中，$f_m = qvB$ 为洛伦兹力，$f_e = q\frac{U}{cr}$ 为电场力(U 为电极上电压，r 为距中央环极中心的半径，$c=\ln\frac{b}{a}r$，环级间电场强度 $E=\frac{U}{cr}$，a、b 分别为中央环极和外环电极的半径)，将 f_e、f_m 值代入式(15.1)整理有

$$\frac{m}{r}v^2 - qBv + q\frac{U}{cr} = 0 \tag{15.2}$$

此方程有解的条件是

$$(-qB)^2 - 4\left(\frac{m}{r}\right)q\frac{U}{cr} \geqslant 0 \tag{15.3}$$

即

$$U \leqslant \frac{cqB^2 r^2}{4m} = U_{\max} \tag{15.4}$$

由(15.4)式得出,若对应在半径为 r 处出现圆周运动,必满足 $U<U_{\max}$。

当 $U<\frac{cqB^2a^2}{4m}$时,可在半径为 $a<r<b$ 内观察到圆周运动,几乎看不到由中央环型极传出来红线逐渐过渡到回周运动的过程,当$\frac{cqB^2a^2}{4m}<U\ \frac{cqB^2b^2}{4m}$时,可在 $a<r<b$ 内观察到由中央环型极传出来红线逐渐随 r 增大过渡到圆周运动的过程;当 $U>\frac{cqB^2b^2}{4m}$时,看到由中央环型极传出来红线束逐渐随 r 增大而向圆周运动过渡的趋势(即此时粒子径向速度明显大于横向速度,亦即,电场力明显大于洛伦兹力)。

注意:本实验应在通风环境中进行。

15.2 液体电池的安培力实验

在中学物理及大学普通物理课中,演示安培力实验的方法很多,近年来,见到的文献多以减小通过电池电流,以免损坏电池的改进方法。本书从实验的学科范围做考虑,特别对化学教育专业的普通物理课演示实验的改革,也是一次有意义的尝试。在教学中引起了学生的广泛兴趣。

15.2.1 制作

在烧杯(玻璃)中盛 100 mL 左右的稀硫酸(20%左右即可),用锌片(干电池锌皮)穿过软木塞中心,细铜丝一束穿过软木塞边缘,一端与锌片连接,另一端(放在稀硫酸中)与锌片靠近(减小液体电阻),做成如图 15.3 所示的形状(可增大对质心的转动力矩,减小漂移)。

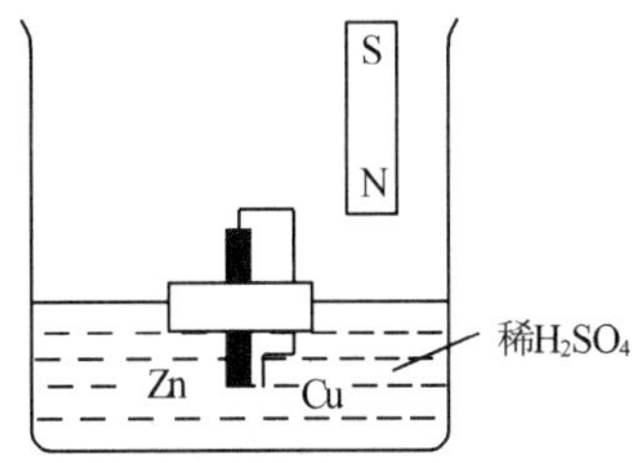

图 15.3 液体电池安培力实验演示仪

15.2.2 操作及现象

1. 操作

(1)当把装有锌片及铜丝的软木塞放在稀硫酸溶液中漂浮,待稳定静止不动。

(2)把条形磁铁沿器壁伸向软木塞铜丝一侧,并靠近铜丝。

2. 现象

软木塞放入硫酸后有大量气泡(H_2)在锌片处产生,当把磁铁靠近铜丝会发现软木塞逐渐开始转动。若磁铁跟随铜丝一同运动,则会发现,软木塞越转越快,并稳定旋转;若改变磁极重新演示,将会发现,软木塞旋转方向与上述相反。

15.3 用液体电池改进安培力实验

在大学普通物理课中,演示安培力实验的方法很多,编者已从实验的学科范围做了分析,引起了广泛兴趣。但该法需要的硫酸量较大,而且烧杯(玻璃)口径小,因液体表面张力作用,常使软木塞易靠近烧杯侧壁影响实验效果。为此,以下给出了用微量稀 H_2SO_4 溶液等做安培力实验,经济、安全、趣味性强且效果明显。

15.3.1 实验仪器制作

如图 15.4 所示,用锌片(干电池锌皮)穿过软木塞中心,细铜丝多束(12 束,每束 3~5 根)穿过软木塞边缘,一端与锌片连接(把锌片作成桶状),另一端与锌片靠近,并处于装稀 H_2SO_4 的小槽中,12 个铜丝束的框架平面等角分布(即相邻平面成 30°),把装稀 H_2SO_4 小槽(医用塑料管即可)用石蜡使之与软木塞封在一起,木塞外层涂一层石蜡,以防水浸入软木塞和小槽中。实验时,可把整个装置放入水中漂浮(这样可省去钢针和轴碗装置),在铜丝附近放一磁铁,然后用注射器向装稀 H_2SO_4 小槽中滴入浓度为 20%左右的 H_2SO_4 溶液,即可进行演示了。

15.3.2 操作及现象

(1)当把做好的实验装置放在装满水的大盆中(最好用透明有机盆可在投影仪上做课堂演示)漂浮,待水稳定静止不动,我们把磁铁靠近铜丝,软木塞不会发生旋转。我们也可按图 15.4 所示进行实验(不放入水中),实验结果软木塞同样未旋转。

(2)当用一次性注射器吸入少许 20%左右稀 H_2SO_4 溶液滴到软木塞中心的小槽中,会发现有气泡产生,这时待软木塞静止不动时,再把磁铁靠近铜丝就会看到软木塞开始转动,如果磁场加强会发现软木塞越转越快，并稳定旋转；若调转磁极重新演示，将会发现，软木塞反向旋转。

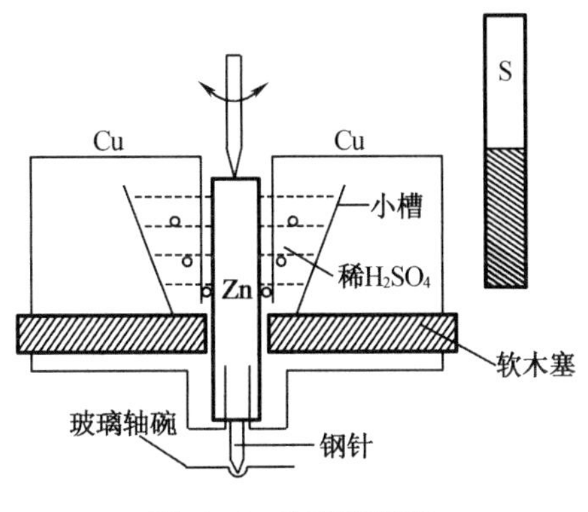

图 15.4　实验装置图

(3)当用水果汁(如熟桃汁)替代稀 H_2SO_4 溶液时，同样会有(2)的情况，但软木塞转动比较缓慢，如果此时往水果汁中加微量稀 H_2SO_4 时，实验现象又如(2)一样明显。

15.3.3　注意事项

用注射器向装液小槽(软木塞中心)中注入稀 H_2SO_4 时应滴入，以免 H_2SO_4 弄到皮肤或眼睛上。制作实验时应将细铜丝束在锌片外围靠近锌片(以减小液体电阻)并尽量增大铜丝与液体(稀 H_2SO_4)间接触面积(以增大通过铜丝束的总电流)。

15.4　一种安培力与静电力驱动的动力机实验仪

在大学物理课中，静电是一个重要的内容，静电感应的应用更是大家关注的内容。多年来，为帮助学生正确理解此概念和应用静电感应，配合教学设置的一些演示实验，如静电跳球实验，静电摆球实验，静电滚筒实验，静电吹风，以及垢块静电跳球实验仪、摆动式静电动力机等，现有静电演示装置虽然在一定程度上解决了一些需要，但缺少对静电动力演示实验的进一步开拓创新，作为动力机方面，目前见到的演示动力机主要包括：热机、电动机(安培力驱动)、驻波马达等动力机，这些具有其独特的优势与局限，缺少有效实现静电动力机方面的设计与装置，特别是静电动力机实验中在电荷交换时形成的电流没有得到利用，如何实现旋转板为平板式获得连续同向驱动的静电动力机且在电荷交换时形成的电流得到利用，为了解决这个问题，即开展一种安培力与静电力驱动的动力机实验仪的设计。

15.4.1 装置结构

如图 15.5 和图 15.6 所示。一种安培力与静电力驱动的动力机实验仪,主要由电极板 1、旋转板 2、塑料转盘转轴 3、塑料转盘 4、电荷交换刷 5、永磁体 6、支架 7、高密度绝缘板 8、连接导线 9、高压静电电源 10 构成。其特征是:电极板 1 包括金属导体板 a、金属导体板 b,金属导体板 a 与金属导体板 b(由暖水瓶金属导体外壳切割而成的)均是柱面形状电极板,电极板 1 垂直并固定于高密度绝缘板 8 上;旋转板 2 是由表面光滑、材料相同、大小相同的非铁磁质金属导体平板 c(网状铝板)和金属导体平板 d(网状铝板)构成,金属导体平板 c 和金属导体平板 d 以塑料转盘转轴 3 为轴对称连接在塑料转盘 4 上并固定,金属导体平板 c 与金属导体平板 d 之间绝缘,金属导体平板 c、金属导体平板 d 与塑料转盘转轴 3 在同一垂直于高密度绝缘板 8 的平面内;塑料转盘转轴 3 穿过塑料转盘 4 的光滑中心孔,塑料转盘 4 绕塑料转盘转轴 3 可以自由转动,塑料转盘转轴 3 一端垂直固定在高密度绝缘板 8 上,另一端穿过支架 7 的光滑中心孔,支架 7 固定在高密度绝缘板 8 上,电荷交换刷 5 固定在旋转板 2 上,电荷交换刷 5 为软包皮导线中的细铜丝组成;永磁体 6 固定在高密度绝缘板 8 上,且置于电荷交换刷 5 与电极板 1 电荷交换时对应的电极板 1 上电荷交换的位置内侧(靠近电荷交换刷 5 的下端),确保使得电荷交换刷 5 在与电极板 1 电荷交换时电荷交换刷 5 中产生的电流在永磁体 6 磁场中产生的安培力力矩与旋转板 2 受到的静电力作用产生的力矩方向一致;在高密度绝缘板 8 上,以塑料转盘转轴 3 为轴,以电荷交换刷 5 外端(电荷交换刷 5 刚好与电极板 1 接触)到塑料转盘转轴 3 的距离为半径在高密度绝缘板 8 上画出圆周 11,将电极板 1 中的金属导体板 a 与金属导体板 b 以塑料转盘转轴 3 为对称轴垂直固定在高密度绝缘板 8 上,且确保金属导体板 a、金属导体板 b 在所述圆周 11 的外侧并与所述圆周 11 相接(与所述圆周 11 相接处的金属导体板 a 边缘与金属导体板 b 边缘,是旋转板 2 中金属导体平板 c 与金属导体平板 d 上的电荷交换刷 5 分别刚好能接触电极板 1 的边缘)。用带绝缘皮的连接导线 9 附于高密度绝缘板 8 表面连接金属导体板 a 与金属导体板 b,再用连接导线 9 分别与高压静电电源 10 两极端连接,并由开关控制供电。圆周 11 的半径等于金属导体板 a、金属导体板 b 的柱面形状电极板半径。

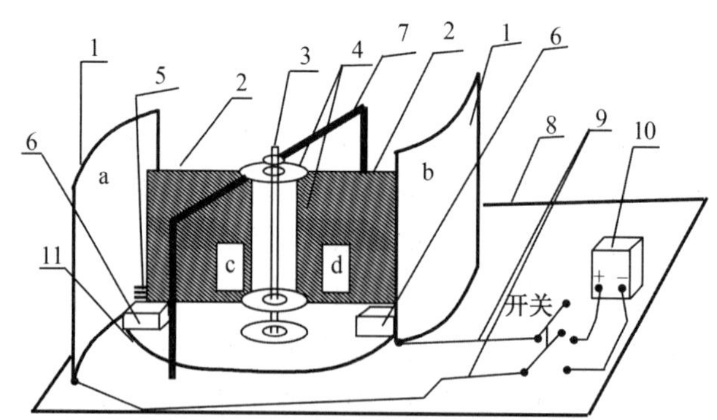

1—电极板;2—旋转板;3—塑料转盘转轴;4—塑料转盘;5—电荷交换刷;
6—永磁体;7—支架;8—高密度绝缘板;9—连接导体;10—高压静电电源;11—圆周。

图 15.5 动力机实验仪侧视图

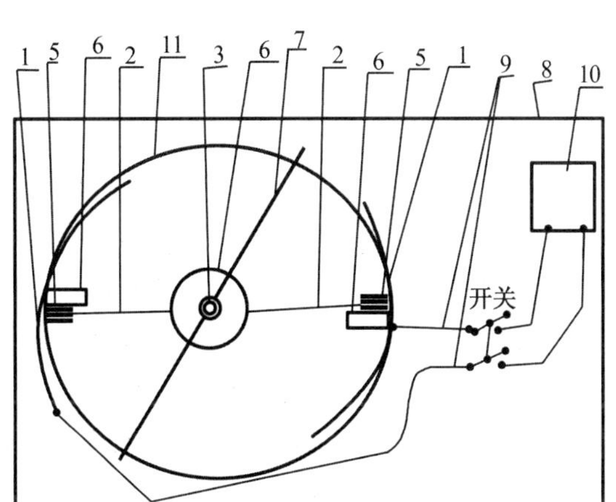

1—电极板；2—旋转板；3—塑料转盘转轴；4—塑料转盘；5—电荷交换刷；
6—永磁体；7—支架；8—高密度绝缘板；9—连接导体；10—高压静电电源。

图 15.6 动力机实验仪顶视图

15.4.2 参数优选

圆周 11 的半径与金属导体板 a、金属导体板 b 的柱面形状电极板半径相同，均为 12.4 cm，塑料转盘转轴 3 为金属轴，长 10 cm、直径 0.2 cm；绝缘塑料转盘 4 中心孔径为 0.3 cm、外径为 5 cm、厚度为 4 mm；电荷交换刷 5 长为 1 cm，宽为 0.5 cm；高密度绝缘板 8 长为 57 cm、宽为 45 cm；电极板 1 为不锈钢电极板，由暖水瓶金属导体外壳切割而成的柱面形状电极板，弧长为 9.89 cm、高为 6.62 cm；高压静电电源 10 为 10 000 V；旋转板 2 为铝质板，长为 7.89 cm，高为 6.62 cm；永磁体 6 为表面 1 mm 处磁场为 0.5 T。

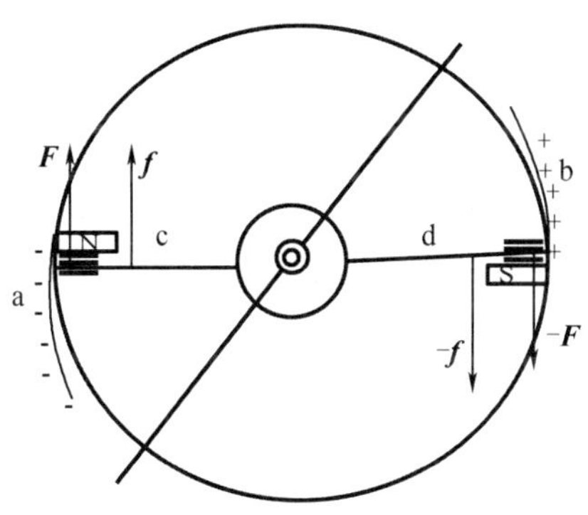

图 15.7 受力示意图

15.4.3 演示实验

(1)先将旋转板中的金属导体平板 c 与金属导体平板 d 上的电荷交换刷分别刚好能接触电极板，再启动开关供电，旋转板就随之定向转动了。

原理分析：如图 15.7 所示，旋转板的金属导体平板 c 和金属导体平板 d 上的电荷交换刷分别与电极板中金属导体板 a、金属导体板 b 接触，接通开关，金属导体平板 c 和金属导体平板 d 上的电荷交换刷分别与电极板中金属导体板 a、金属导体板 b 电荷交换，分别获得与电极板中金属导体板 a、金属导体板 b 的同性电荷，由于同性电荷排斥产生推力，也就是金属导体板 a 与金属导体平板 c 排斥，静电力为 $\boldsymbol{f}$，同理，金属导体板 b 与金属导体平板 d 排斥，静电力为 $-\boldsymbol{f}$；与此同时电荷交换刷及旋转板在电荷交换过程时形成了瞬间电流，此电流在永磁体的上方，永磁体产生的平行于旋转板垂直于电荷交换刷在电荷交换时形成的瞬间电流，此时电荷交换刷及旋转板受到安培力，也就是，金属导体平板 c 及其上的电荷交换刷受到安培力 $\boldsymbol{F}$，金属导体平板 d 及其上的电荷交换刷受到安培力 $-\boldsymbol{F}$，因此静电力产生的旋转力矩与安培力产生的旋转力矩同向；这比单一的静电力产生的旋转力矩更充分利用电能，电极板与旋转板在电荷交换时静电力由吸引向排斥过度时静电力也发生变化(强-弱-强变化)，利用由电荷交换刷在电荷交换时形成的瞬间电流在磁场中产生安培力增加了旋转板的驱动力矩。在电极板与旋转板分离后，安培力消失，金属导体板 a 与金属导体平板 c 排斥，金属导体板 b 与金属导体平板 c 吸引，同理，金属导体板 b 与金属导体平板 d 排斥，金属导体板 a 与金属导体平板 d 吸引；产生同向驱动力矩，这样就形成了持续的同向驱动力矩。

(2)撤出永磁体，将电极板中的金属导体板 a 与金属导体板 b 以塑料转盘转轴为对称轴垂直固定在高密度绝缘板上，且确保金属导体板 a 与金属导体板 b 在圆周上(与圆周重合)，先将旋转板中的金属导体平板 c 与金属导体平板 d 上的电荷交换刷分别刚好能接触电极板中的金属导体板 a 的一侧边缘与金属导体板 b 的一侧边缘，启动开关供电，将会出现旋转板中的金属导体平板 c 与金属导体平板 d 在电极板中的金属导体板 a 与金属导体板 b 之间往复摆动，而不是定向转动了。

原理分析：将图 15.6 中金属导体板 a 与金属导体板 b 放置在圆周上(与圆周重合)，旋转板的金属导体平板 c 和金属导体平板 d 上的电荷交换刷分别与电极板中金属导体板 a、金属导体板 b 接触，接通开关，金属导体平板 c 和金属导体平板 d 上的电荷交换刷分别与电极板中金属导体板 a、金属导体板 b 电荷交换，分别获得与电极板中金属导体板 a、金属导体板 b 的同性电荷，由于同性电荷排斥产生推力，也就是金属导体板 a 与金属导体平板 c 排斥，静电力为 $\boldsymbol{f}$，金属导体板 b 与金属导体平板 d 排斥，静电力为 $-\boldsymbol{f}$；同理，在静电力力矩驱动下旋转板的金属导体平板 c 和金属导体平板 d 又分别与电极板中金属导体板 b、金属导体板 a 电荷交换，受到反向静电力矩驱动，就这样旋转板在电极板中的金属导体板 a 与金属导体板 b 之间往复摆动。

15.4.4　总结

正负电极板为柱面形状电极板，且在电压一定时，旋转板为平板，而非球状或柱状，获得连续同向驱动力矩，同时把电荷交换刷在电荷交换时形成的瞬间电流，转化为安培力驱动，增大作用力；也实现电极板相对圆周的位置演示，把静电力与安培力融于一体的设计更有利于学生的创新精神与实践能力的培养，这种动力机是低制造成本、低运行成本和无污染的，制作极其简易，效果明显，在教学中会增加更多的教育功能，是一项很有意义具有开拓前景的工作。

第16章　一种富于启发性的热机实验演示与分析

在大学普通物理热力学教学中，热机循环是一个重要内容，然而，多年来学生只能计算一些热机的习题，很难有亲身体会和动手研制的机会。为弥补这一不足，本着理论联系实际、培养学生具有较强创造能力和创新精神的原则，研制了取材方便、效果明显、富有启发性的、可看作为斯特林正循环的热机，应用于教学，深受学生欢迎。

1. 实验材料和装置

大试管(长20 cm、内径1.6~1.7 cm)，玻璃球(5个、直径1.5 cm)，酒精灯(或蜡烛、电热丝、半径为10 cm的凸透镜)，∏形铁架(高18 cm)，软木塞，玻璃弯管，橡胶套，注射器(2 mL玻璃)，金属丝，螺丝杆，运动转换杆，圆盘(直径20 cm、厚0.5 cm的有机板)。按图16.1所示，将转换杆与注射器外套固定在一起，转换杆的水平槽使圆盘上一螺杆P(距圆盘中心O为1 cm)通过，圆盘中心轴(螺杆)一端固定在铁架上，另一端通过圆O(可活动)，使试管通过软木塞与玻璃弯管及注射器连通并构成一封闭系统，试管可绕固定于铁架上的轴活动。开始时使试管倾斜一些，即试管中的玻璃球在试管口端，注射器的活塞要固定于铁架底面上，热源置于试管底部，整个装置中的工作物质为试管、弯管及注射器中的空气。图16.2为热机实物图。

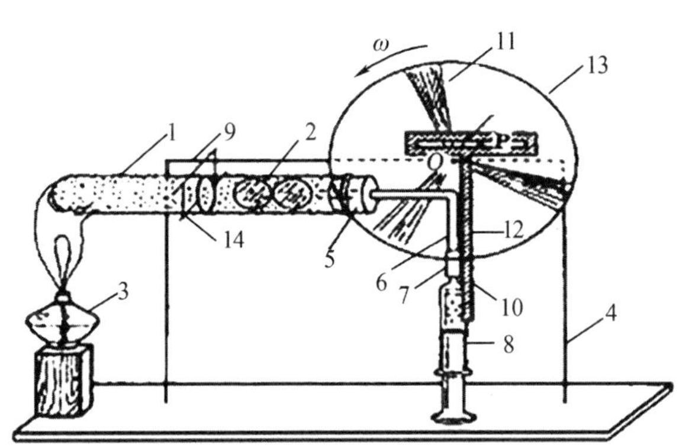

1—大试管；2—玻璃球；3—酒精灯；4—铁架；5—软木塞；6—玻璃管；7—橡胶管；8—玻璃注射器；9—金属丝；10—螺杆；11—转动标示图案；12—运动转换杆；13—有机圆盘；14—试管转动轴。

图16.1　实验装置示意图

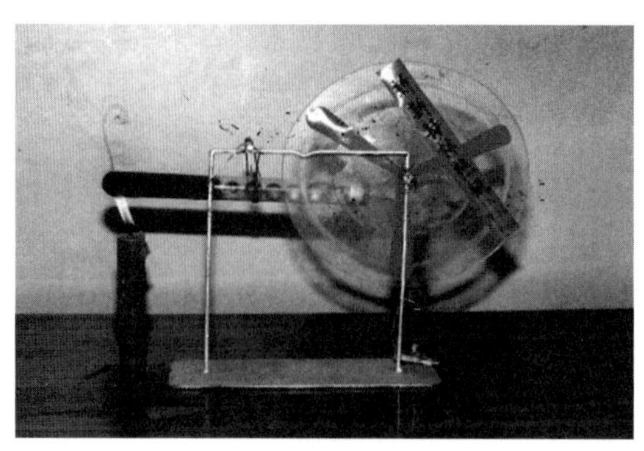

图 16.2　热机实物图

2. 实验现象

点燃酒精灯(或蜡烛等热源)对试管底部进行加热,加热一段时间后,注射器(外套)伸长(上举),试管口也随之上举,玻璃球向左(试管底)滚动,当滚到底部时注射器又开始收缩,试管左部上举,右部下倾,玻璃球又在重力作用下向试管口滚动,紧接着注射器又开始伸长(上举),……这样注射器不断地往复伸长和收缩。由于转换杆是与注射器外套固定的,所以注射器的伸长和收缩也带动了转换杆的上下直线往复运动,通过转换杆的水平槽及圆盘自身的转动惯性就可看到注射器的上下往复运动变成了圆盘的定向圆周转动,实现了直观、生动的、有较强启发性的热机演示。如果我们再从能源利用角度上引导学生,把热源由燃烧式(污染大气)变为用电热式(通过电流对电阻丝加热),或在移去酒精灯后改用凸透镜把太阳光(在光线充足时)会聚于试管底部(事先用蜡烛烟灰将底部涂黑),用以维持高温热源的温度,成为太阳能动力热机,它既无大气污染,又经济、效果同样明显。学生观看后赞不绝口,有许多同学在此基础上又提出了一些新的设想。

3. 原理分析

可把试管底部加热处看作高温热源(温度为 T_1),试管上部及玻璃弯管和注射器看作低温热源(温度 T_2),在工作物质工作时玻璃球的放热与吸热抵消。当给试管加热时,试管中气体(工作物质)等温(T_1)吸热,气体膨胀对外做功(图 16.3 中 $A \to B$),使注射器伸长,当注射器伸长到最大时(气体膨胀体积最大,即为 V_1 时),玻璃球在重力作用下迅速下滚到试管底部,把高温气体迅速移到低温热源 T_2,此过程(图 16.3 中 $B \to C$)可看作工作物质进行等容放热;紧接着气体在低温(即环境温度 T_2)下进行等温放热过程($C \to D$),气体体积收缩,注射器也就随之收缩。当收缩到气体体积最小时(V_2),玻璃球又在重力作用下迅速滚到试管口端,试管口处的低温气体也就迅速被玻璃球转运到高温热源处(温度为 T_1),此过程($D \to A$)为等容吸热。气体吸热回到高温热源处,完成了一个循环过程。如此往复就会不断地从高温热源吸热,源源不断地对外做功,即圆盘将不断地转动下去。直到移去高温热源,高、低温热源的温度逐渐接近,才停止转动。

其工作效率,可根据图 16.3 计算,考虑到循环过程中不计玻璃球净吸热和摩擦等因素,以及在 $B \to C$、$D \to A$ 等容过程放热与吸热抵消($Q_{BC} = \gamma C_V(T_2 - T_1)$,$Q_{DA} = \gamma C_V(T_1 - T_2)$,系统在等温 $A \to B$ 过程中吸收热量

$$Q_1 = Q_{AB} = \gamma R T_1 \ln \frac{V_1}{V_2} \tag{16.1}$$

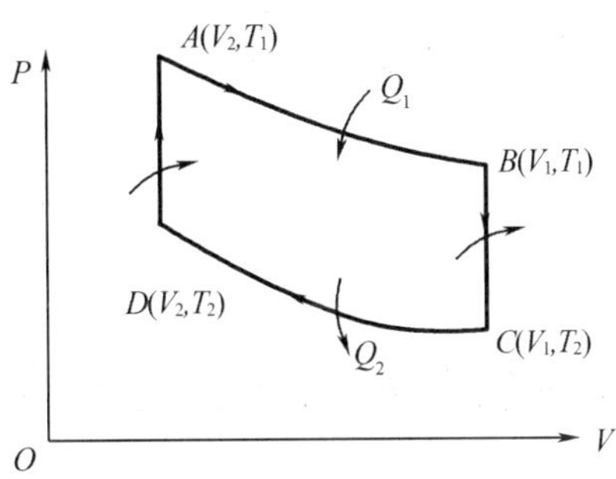

图 16.3 循环过程曲线

在 $C \to D$ 过程中放出热量

$$Q_2 = \gamma R T_2 \ln \frac{V_1}{V_2} \tag{16.2}$$

故循环过程系统对外作净功

$$A = Q_1 - Q_2 = \gamma R(T_1 - T_2) \cdot \ln \frac{V_1}{V_2} \tag{16.3}$$

热机效率为

$$\eta = \frac{A}{Q_1} = \frac{\gamma R(T_1 - T_2)\ln\left(\frac{V_1}{V_2}\right)}{\gamma R T_1 \ln\left(\frac{V_1}{V_2}\right)} = 1 - \frac{T_2}{T_1} \tag{16.4}$$

可见,效率高低与 T_1、T_2 有关。实验结果也同样发现,用酒精灯比用蜡烛作为热源时,热机效率要高,动力大。理论与实践相符。

这一实验的演示不但使学生对概念、原理有一个直观、形象的理解,使理论与实践相统一,同时也激发了学生的创造性思维,培养学生动手、动脑的实践能力,也可增强学生的环保意识。

4. 注意事项

为了提高热机效率,在不改变低温热源温度的情况下可提高高温热源温度,但温度不宜过高,以防试管玻璃熔化变形,使用前要在注射器中加少量水拉动几下注射器,使之阻力减小,并确保弯管的畅通和工作物质的封闭性,把圆盘中心轴及转换杆水平槽加一些润滑油,以保证实验的演示成功。

第 17 章　光现象演示与分析

17.1　一种可以计算几何光学习题的计算尺

多年来几何光学教学的研究大多数在笔和粉笔上进行，有关演示方面的仪器并不多见，有关用数学知识计算方面的仪器更是少见。本书就是在这一背景下充分利用数、形、量之间的有机联系，设计制作了一可以计算 100% 几何光学习题的计算尺，对教学颇有意义。该仪器误差小，使用方便，实用经济，具有推广价值，在此笔者愿与同行进行交流。

主要技术指标：相对误差<1%。

17.1.1　结构与原理

如图 17.1 所示，直尺（带刻度）x、y 相互垂直且通过螺丝固定在平面圆盘上，直尺 3 即斜率尺带有直窄槽，槽的延长线通过 x、y 轴的交点 O，直角游标尺（直尺 4、5 构成直角）通过一螺钉使直角游标尺沿斜率尺槽可滑动，6 为控制直角游标尺 4 与 x 直尺垂直的滑板，此板可控制直角游标尺沿 x、y 尺（或说 x、y 坐标）移动。

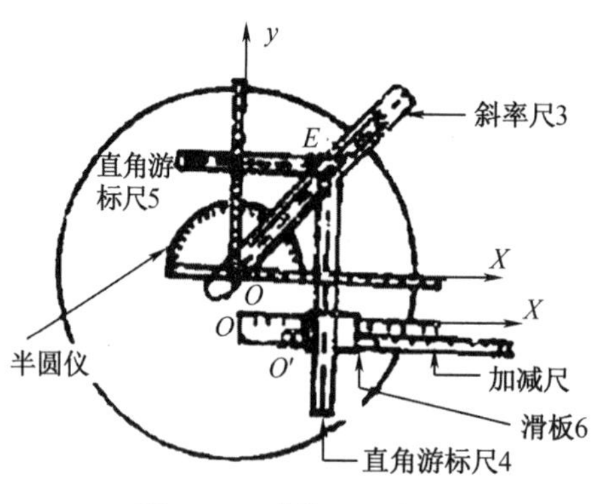

图 17.1　计算尺示意图

根据解析方程，$y=\dfrac{y_0}{x_0}x$ 或 $\dfrac{y}{x}=\dfrac{y_0}{x_0}\left(\text{或 } y=\dfrac{y_1 \pm y_2}{x_1 \pm x_2}\right)$ 与几何的对应关系，一旦斜率 $k=\dfrac{y_0}{x_0}\left(\text{或}\dfrac{y_1 \pm y_2}{x_1 \pm x_2}\right)$ 被确定，给出一个 x 就确定了 y 值，如图 17.2 所示。据此，也就可计算 $\tan\theta\left(\tan\theta\dfrac{y_0}{x_0}\cdot 1\right)$、

$\sin\theta\left(\sin\theta=\dfrac{y_0}{r}=\dfrac{y_0}{\sqrt{x_0^2+y_0^2}}\right)$、反三角函数及平方之和的开方 $r=\sqrt{x_0^2+y_0^2}$。利用几何长度相加减可计算 $y_1\pm y_2$ 或 $x_1\pm x_2$。

在几何光学中所有公式均可直接或间接化成 $y=\dfrac{y_0}{x_0}x$ 形式，如像视深公式 $y'=\dfrac{n'}{n}y$、牛顿公式、高斯公式、折射公式（$n_1\sin i=n_2\sin r$）等。

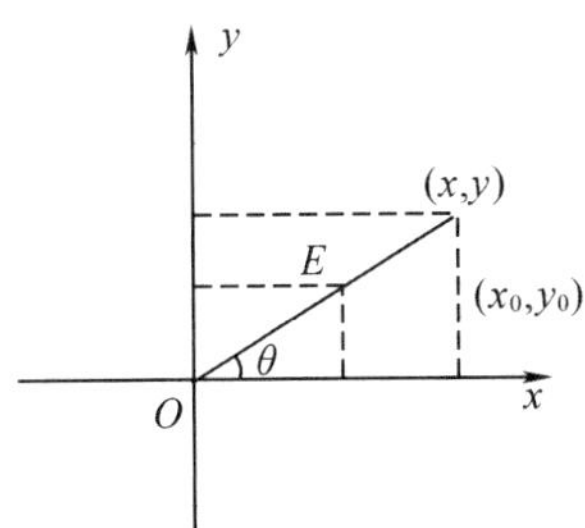

图 17.2　计算尺解析图

17.1.2　使用方法简介

1. 对于如 $y=\dfrac{y_0}{x_0}x$ 形式，已知 x_0、y_0、x

如图 17.1 所示，首先，通过直角游标尺 4、5 两刻度线分别对应 x_0、y_0 值，如图 17.3 所示。并固定斜率尺 3，再滑动直角游标尺 4 使刻线对应 x 尺刻度值 x 位置上，则尺 5 刻线指示 y 坐标值就为所求 y 值。

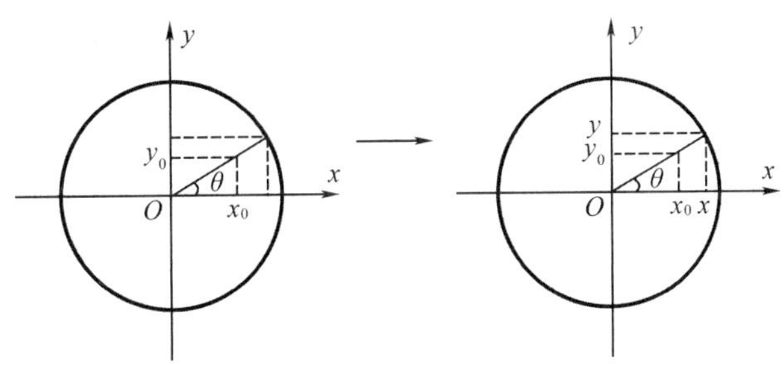

图 17.3　计算尺使用方法解析图 I

2. 计算 $\tan\theta$

使用关系 $\tan\theta=\dfrac{y_0}{x_0}\cdot 1$，通过斜率尺按照给定角 θ 固定斜率尺，然后使直角游标尺滑到 $x=1$ 值，此时尺 5 指示的 y 值就是 $\tan\theta$ 值。

3. 计算 ctan θ 值

使用关系 ctan $\theta=\frac{x_0}{y_0}y\big|_{y=1}$，不过此时在给定角 θ 固定斜率尺，然后使直角游标尺滑动到 $y=1$ 值，此时尺 4 指示的 x 值就是 ctan θ 值。

4. 计算反正切值

使用方法正是上面操作的逆过程，即对于给定的 tan θ 值，需化成分子分母为整数形式 $\frac{y_0}{x_0}\cdot 1$，通过直角游标尺对应 y_0、x_0，这样固定斜率尺，斜率尺所指示的角度就是 θ 值了。同理，反余切也能确定(略)。

5. 计算 sin θ 值、cos θ 值及其反三角函数

使用 $\sin\theta=\frac{y_0}{r}=\frac{y_0}{\sqrt{x_0^2+y_0^2}}$，如图 17.4 所示，对于给定 θ 角，确定斜率尺，即使斜率尺与 x 轴夹角为 θ 角。固定斜率尺，在斜率尺上任找一点 E，对应 y 坐标为 y_0，再用斜率尺量得 $\overline{OE}$ 长($r=\overline{OE}$)，使此值放到 x 轴上，调节直角游标尺对应 $x=r$、$y=y_0$，再固定斜率尺。滑动直角游标尺指示 $x=1$，则直角游标尺与 y 坐标指示值即为 sin θ 值。同理，可计算 cos θ 值以及进行逆操作求得它们的反三角函数(略)。

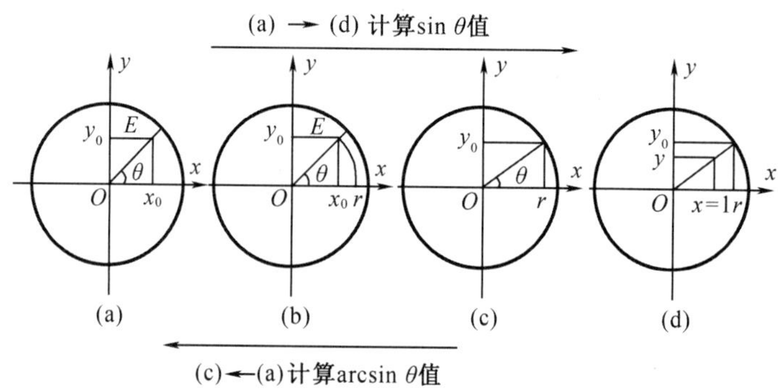

图 17.4　计算尺使用方法解析图Ⅱ

当然，我们也可用如下方法来计算：

用 $\sin\theta=\frac{y}{r}$，由已给定的 θ 角确定斜率尺，即斜率尺与 x 轴夹角为 θ 角。固定斜率尺，在斜率尺上调节直角游标尺，使 $\overline{OE}=r=$ 单位长度(如取 10 cm 为一个单位)，则此时直角游标尺的 y 坐标指数，就是所求 sin θ 值，它的反三角函数 $\theta=\arcsin\frac{y}{r}$。若 sin θ 值为小数，调节游标尺，使 $y=\sin\theta$ 值，$r=1$ 单位，则此时斜率尺所对应角度 θ 为所求反三角函数。若 sin θ 为分数，调节直角游标尺，使 y 取分子，r 取分母，此时斜率尺对应的角度为 $\arcsin\frac{y}{r}$ 值(图 17.5)。

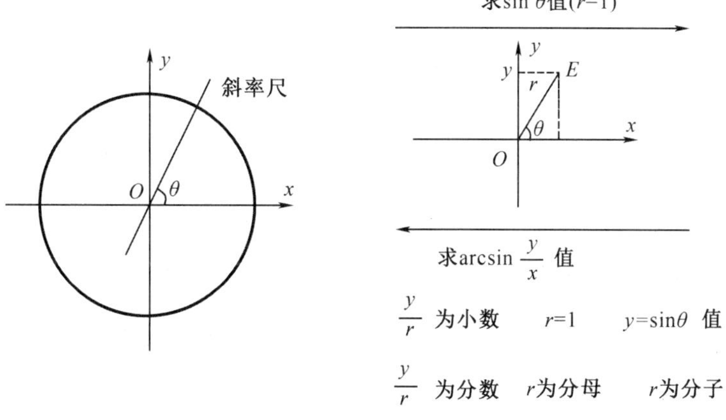

图 17.5 计算尺使用方法解析图Ⅲ

同理,$\cos\theta=\frac{x}{r}$,调节直角游标尺,使斜率尺与 x 轴夹角为 θ 值,固定斜率尺,使直角游标上 E 与 O 距离 r 为 1 个单位(如取 $\overline{OE}=10$ cm),则直角游标尺上 x 坐标即为所求 $\cos\theta$。若 $\cos\theta$ 为小数,调节直角游标使 r 等于 1 个长度单位,则直角游标尺上 x 坐标指示数值为 $\cos\theta$ 值。若 $\cos\theta$ 值为分式$\frac{x}{r}$,其中 r 为分母,x 为整数分子,此时固定斜率尺,其中心刻度线 OE 对应角度即为所求 θ 值(图 17.6)。

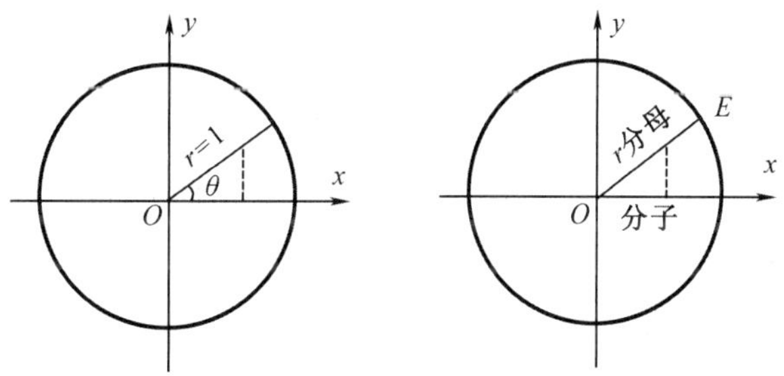

图 17.6 计算尺使用方法解析图Ⅳ

17.1.3 应用示例

一物体置于半径为 12 cm 的凹面镜顶点左方 4 cm 处,求像的位置。

解:由题意 $r=-12$ cm,$s=-4$ m

再根据球面镜成像公式

$$\frac{1}{s'}+\frac{1}{s}=\frac{2}{r}$$

求得像距

$$s'=\frac{sr}{2s-r}=\frac{(-4)\times(-12)}{2\times(-4)-(-12)}=12\ \text{cm}(\text{理论值})$$

用角计算尺先算 2 s,即 $2\times(-4)=-\left(\frac{2}{1}\times4\right)$其值为 x_1,滑动直角游标尺对应 $x_0=1$,$y_0=2$,固定斜率尺,然后再滑动直角游标尺对应 $x=4$,则直角游标尺对应 y 坐标就是$\frac{2}{1}\times4$ 值,即 $x_1=-8$,然后通过加减尺算出分母 $x_1-(-12)=x_1+12$,用加减尺的零刻度 O'对应坐标 x 轴上 x_l 值,那么加减尺的坐标值 12 对应 x 轴坐标就是 x_1+12 值,并以 x_l+12 为分母,有 $\frac{(-4)\times(-12)}{x_1+12}=\frac{4}{x_1+12}\times12$,由$\frac{4}{x_1+12}$确定斜率尺的位置,然后再滑动直角游标尺,使对应 x 坐标值 $x=12$,则直角游标尺所指 y 坐标值即为计算的结果。

虽然我们的计算尺不能与电子计算器相比,但它在几何光学习题的计算中具有广泛的应用。同时,它还能激发学生学习的积极性,培养学生的创造力,提高教学效果。因此,我们在教学中应大力提倡教具的设计与制作。

17.2　一种变角度的单缝衍射实验仪

大学物理课中,夫琅禾费单缝衍射是大学物理教学中的重要内容之一,它的应用比较广泛,如用于测量金属的杨氏模量等,为了使学生对狭缝衍射的理解,人们设计了在实验室中常用的分立的或连续改变的不同宽度的狭缝(狭缝等宽)来进行单狭缝衍射实验,也有设计光的单缝衍射装置通过改变狭缝出光的宽度也就是狭缝的宽度来进行实验等等。目前现有技术都不能实现一个单一小功率光源在同一个屏幕上同时进行比较缝宽度对衍射图样的影响,而且制作复杂,因此实现构思巧妙、简单易行、成本低、便于学生探索研究的新实验成为解决这一问题的新目标。

17.2.1　装置结构

如图 17.7 所示,一种变角度的单缝衍射实验仪,主要由变角度狭缝 1、屏幕 2、激光笔 3、条形磁体 4、平铁板 5 构成。其特征是:变角度狭缝 1 是由两个相同的表面光滑不透光直圆柱杆(不透光塑料笔壳)的一端靠在一起,另一端分别固定一铁片 6 构成,再用一条形磁体 4 吸住铁片 6,变角度狭缝 1 通过条形磁体 4 竖直固定在水平放置的平铁板 5 上;屏幕 2 竖直固定在水平放置的平铁板 5 的一端,激光笔 3 尾端(出光孔的另一端)固定一磁体 7,使激光笔 3 通过磁体 7 吸附(固定)在水平放置的平铁板 5 的另一端竖直固定的条形钢材质直杆 8 上,且满足激光笔 3 发出的光通过变角度狭缝 1 可射到屏幕 2 中心上。

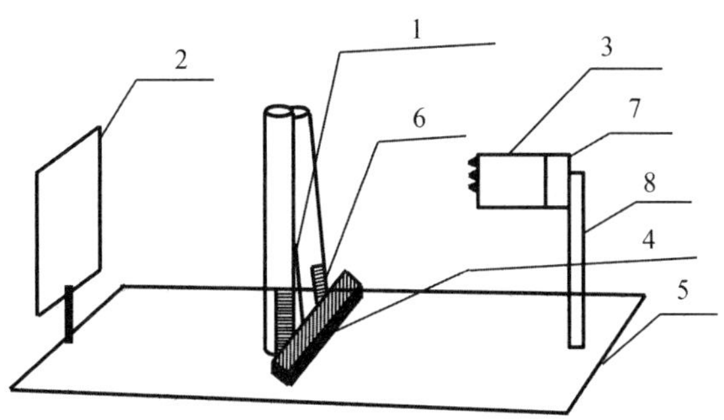

1—变角度狭缝;2—屏幕;3—激光笔;4—条形磁体;5—平铁板;6—铁片;7—磁体;8—直杆。

图 17.7 变角度单缝衍射实验仪示意图

17.2.2 演示实验

实验时候,调整变角度狭缝在屏幕与激光笔之间的位置,然后调节激光笔在直杆上的位置,改变变角度狭缝的角度(狭缝张角)大小,以达到激光笔激光光源射向变角度狭缝在屏幕上出现明显清晰衍射图样。当变角度狭缝(1)的角度为零,调节缝宽,就是我们熟知的单缝(狭缝等宽)衍射情形。

可以看到,变角度狭缝的角度不为零时,衍射图样靠近缝宽的方向较缝窄的方向中央衍射光斑窄,在中央条纹两侧的同级条纹距离中心随着缝宽变小,这样在同一个狭缝下就能得出同级衍射条纹随着缝宽的增大衍射角变小现象。有助于对单缝衍射公式理解,增大趣味性,新颖性,激发探索的欲望,直观形象易于对比研究,还可以定量测量研究。

17.2.3 小结

本设计与现有技术不同,实现了在同一个狭缝下就能得出同级衍射条纹随着缝宽的增大衍射角变小现象,构思巧妙,制作极其简易,效果明显,在教学中推广会增加更多的教育功能。

第 18 章　静电演示与分析

18.1　一种有趣的石蜡火焰垢块静电跳球实验与分析

在大学物理课中，静电是一个重要的内容，静电感应的应用更是大家关注的内容。多年来，为帮助学生正确理解此概念和应用静电感应，配合教学设置的一些演示实验，如静电摆球实验、静电滚筒实验、静电跳球实验等，其中，静电跳球演示装置是在两金属板电极之间放置轻质的用铝箔做成的金属小球，金属小球在两个通电的电极板之间往复跳动。现有静电跳球演示装置虽然在一定程度上解决了一些需要，但实验必须外接高压直流电源才能完成，且给学生认为只有金属电极板和金属球才会出现静电跳球现象，在使用过程中不便于移动，受限较大，缺少进一步为学有余力学生探讨的新实验为弥补这一不足，我们本着理论联系实际、培养学生具有较强创造能力和创新精神的原则，研制了取材方便、效果明显、富有启发性、探索性与以往不同的新颖的静电跳球实验，在此给以介绍。

18.1.1　实验装置与现象及实验思想的产生

1. 实验装置

如图 18.1 所示，装置是由火焰垢块（或多个锡箔纸筒与火焰垢粉末）、透明方盒和塑料梳子构成的，其中火焰垢块是石蜡火焰烧玻璃试管形成的（厚度为 2 mm~4 mm）火焰灰垢制成小块（长宽均为 2 mm~5 mm）；透明方盒是用透明塑料片（投影仪用的投影胶片）围成的长方体（长 5 cm、宽 4 cm、高 2 cm~2.5 cm）；塑料梳子是宽度不小于透明方盒宽度的塑料梳子，将火焰垢块（或多个锡箔纸筒与火焰垢粉末）放入透明方盒中密封，本书火焰垢块是近于球形，直径有三种：大垢块 5 mm、中等垢块 2 mm 与小垢块 0.5 mm，锡箔纸筒高与直径分别为 10 mm 与 5 mm。

2. 实验现象

（1）装置中为石蜡火焰垢块时

将透明方盒放在水平桌面上，一手握住塑料梳子梳理几下头发带电（室内空气干燥，北方的春冬秋季节较适合）后平放在透明方盒上表面，这时候看到火焰垢块上下跳动多次才停止，过一会，再重新用塑料梳子梳理几下头发后平放在透明方盒上表面，实验现象又出现了。除了有与现有技术静电跳球实验相同的现象外,不同的是:随着跳块跳跃次数的增加跳块分裂,跳块越来越小,且有时经过塑料梳子带电演示静电跳球的火焰垢块停止跳跃后,在移开塑料梳子后瞬间火焰垢块又开始跳动几次,实验中小垢块最易跳跃只是颗粒小不易观察,也就是垢块跳跃从易到难顺序为:小垢块、中等垢块、大垢块。当我们用的梳子较窄,约为透明方盒上表面宽的一半,火焰垢块停止跳跃后移开塑料梳子的瞬间火焰垢块很难再跳跃,如在梳子带电实验时大垢块跳跃 20 次停止跳跃及大垢块跳跃 8 次停止跳跃的两次实验中,在移除梳子后均未发现大垢块和中等垢块再次跳跃,只有许多小垢块跳跃;当我们用的带电梳子较宽为大于透明方盒上表面宽时,火焰垢块停止跳跃后移开塑料梳子的瞬间,火焰垢块特别是中等垢块(及小垢块)易再开始跳跃。本书提到的较宽梳子(宽为 4.5 cm)为大于透明方盒上表面宽,本书实验跳跃次数数据为实验录像后通过绘声绘影 Ulead VideoStudio 11 编辑软件慢播放读取。

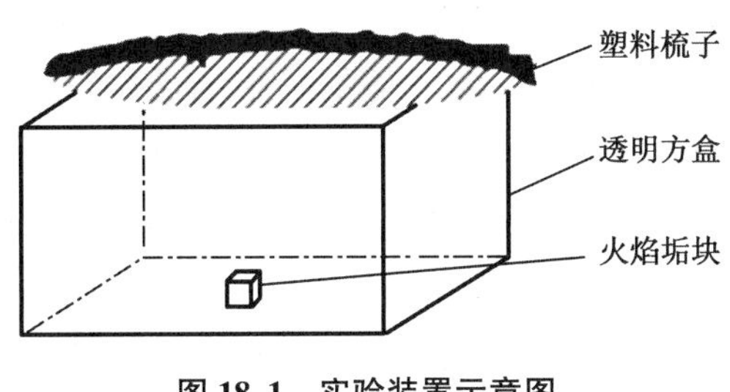

图 18.1　实验装置示意图

(2)用锡箔纸筒替换石蜡火焰垢块重复上面的实验操作

可以看到在方盒中放置多个锡箔纸筒条件下会出现上下跳跃的现象,当在没有其他杂质颗粒塑料方盒中只放置一个锡箔纸筒时未发现持续跳跃现象,只见锡箔纸筒被拉伸变形,这一点不同于石蜡火焰垢块能出现持续往复跳跃现象;当把一个锡箔纸筒放入石蜡灰垢后的演示中(锡箔纸筒与一定量火焰垢的颗粒放入方盒中)出现了与石蜡火焰垢块的实验相近的往复跳跃现象,如在梳子带电实验时锡箔纸筒持续跳跃 14 次(约用 9 s)停止跳跃,移除梳子后锡箔纸筒又开始跳跃 4 次(约用 3 s)才停止跳跃。这足以说明火焰垢的外围颗粒在实验过程中起到的作用(以往的电极板作用)。

(3)用锡箔纸筒与一定量火焰垢块放入方盒中的实验视频截图

如图 18.2 所示,这组实验现象(鉴于小垢块跳跃的较多录像中不易观测记录,暂不描述,只描述大垢块及中等垢块的现象)为在带电梳子作用下先是大体积和中等大体积的火焰垢块跳跃(实验视频连续截图,即图 18.2 中图(a)至图(e)黑色的块),大垢块跳到第 11 次时结束跳跃,中等垢块继续跳跃并在跳完第 15 次结束跳跃,此时装置内垢块全部结束跳跃,当移(图(f))除梳子后,锡箔纸筒开始跳跃(图(g)与图(h)),锡箔纸筒连续跳跃 3 次静止下来,并被吸附在装置的侧壁上(图(i)中锡箔纸筒吸附到装置的右侧壁上不动),接着中等垢块(图(i)与图(j))又重新开始跳跃 8 次结束,此时装置内垢块全部结束跳跃。

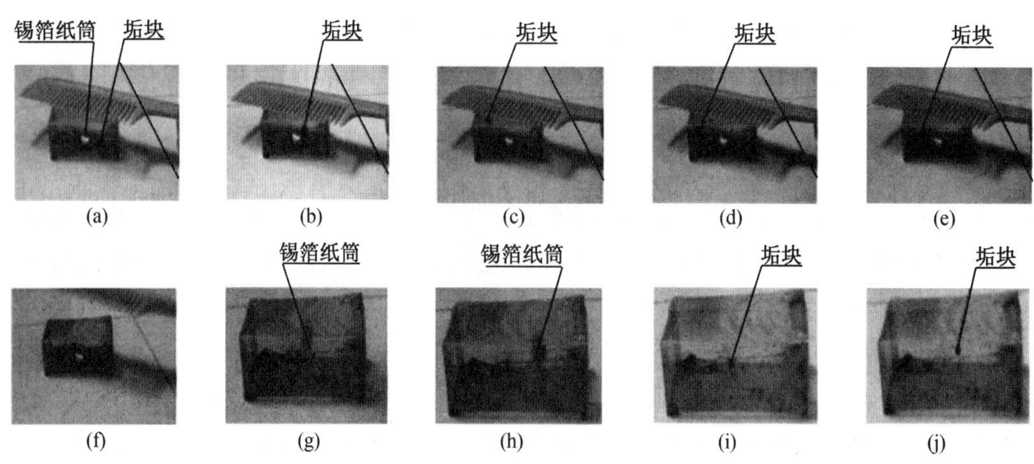

(a) (b) (c) (d) (e)

(f) (g) (h) (i) (j)

图 18.2　火焰垢块与锡箔纸筒混合实验的一组视频截图

而另一组实验现象(图像略)是在大垢块跳到第 7 次时锡箔纸筒与其一同开始跳跃,在大垢块跳完第 8 次时跳块结束跳跃,而锡箔纸筒仍然跳跃并在跳完第 4 次(从开始连续跳跃)静止下来,并被吸附在装置的侧壁上,待装置内垢块及锡箔纸筒全部结束跳跃,当移除带电梳子后,锡箔纸筒上跳 1 次吸附在上板面静止下来,随后一小垢块跳跃 4 次静止下来;如果锡箔纸筒竖直放置(图 18.2 实验锡箔纸筒为水平放置)实验现象是锡箔纸筒先于垢块(锡箔纸筒竖直放置高度大于垢块)开始跳跃;如果梳子带电量较大,锡箔纸筒与垢块将同时跳跃,在移除梳子后锡箔纸筒与垢块易于复跳,图像壮观。

3. 实验思想的产生

在研制热机实验仪时用石蜡火焰作为热源,在热机工作的试管外结下了厚厚的黑色火焰灰垢,弄下来用塑料梳子梳头带静电后靠近火焰垢块一定距离,只见它被吸上接着又被猛烈弹出(说明不是绝缘材料),而且被吸引上的距离远比所见的铝箔小球材质的大好多,就用透明投影胶片围成的小盒子装起来试验。为了证实火焰垢块导电属性,我们将火焰垢块装入塑料细管对其做电学测量,其电导率在导体与绝缘体范围之间,由于火焰垢块主要是由炭黑颗粒组成,炭黑的微观结构类似石墨,是一种导体,只是由于结构疏松,有很多孔隙,所以宏观上电阻比较大。同时火焰垢块的密度小很容易被静电力作用克服重力,易于实现静电跳球现象。火焰垢块也是相对较松散的团块,外表的部分颗粒容易在静电力作用下与团块分开散落(或吸附)在方盒的上下板面形成一层薄薄的稀疏的颗粒层,几乎不影响塑料片的透明程度,这方盒板上下的火焰垢的颗粒层就充当了以往的电极板作用。

18.1.2　定性分析

1. 机理分析

如图 18.3 所示,以火焰垢块向上跳起过程进行研究(向下跳跃同理)。塑料梳子与头发摩擦带负电,在此电荷电场 E_0 的作用下透明塑料方盒上下板表面的内外表面感应出等量异号电荷(束缚电荷)及火焰垢块的上下表面层(较松散的颗粒层)两面感应出等量异号电荷,面密度为 σ。最初,火焰垢块一部分颗粒因外场作用掉落在下板面,形成了火焰垢块的表面层与掉落在下板面同性电荷排斥,整体受到向上的电场力大于重力 mg,垢块向上跳跃接触上表面,同理,垢块的上表面也因形成了火焰垢块的表面层与掉在上板面同性电荷排斥,整体受到向上的电场力小于重力,垢块向下跳跃接触下表面,就这样,垢块上下周期性运动形成了,随着运动开始,在塑料方盒上下板表面的内表面因不断附着垢块掉下来的颗粒形成颗粒层,也就在方盒上下板表面的内表面感应出等量异号电荷形成电场 E_{1n},随着垢块运动逐渐地增大,方盒上下表面内层颗粒层的电荷形成的反抗外电场(塑料梳子的电场)E_{1n} 也随之增大。也就是在跳块上下表面感应出异号电荷,跳块下表面接触方盒下板面内层颗粒层,跳块下表面的负电荷会转移到方盒下板面的火焰垢的颗粒层上(其表面的火焰垢的颗粒层就充当了以往的电极板作用,方盒上下板内层附着颗粒层相当于以往静电跳球实验的两个电极板),这样一旦形成方盒上下表面颗粒层,即便垢块不掉下颗粒其跳跃也可形成。

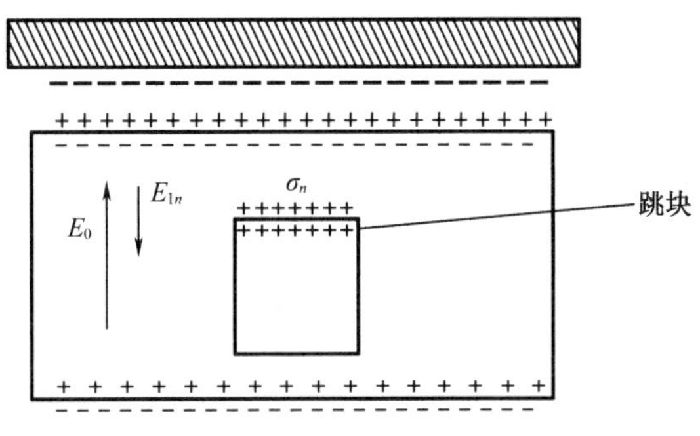

图 18.3 实验原理分析图

如图 18.2 所示,考虑最初为垢块放置在方盒下表面上,我们考虑跳块内部的场强近似为零,设跳块上下表面面积均为 S,方盒上下板表面面积均为 S_1,为研究方便看作由跳块的上表面层感应出电荷产生的电场与跳块的外电场抵消(转移到方盒下板的等量异号电荷分布在更大的板面上 $S \ll S_1$,这部分电荷面密度很小,产生的场强也很弱,远小于跳块的上表面层感应出电荷产生的场)。

2. 当有塑料梳子电场作用下跳块上下跳跃的次数分析

我们以方盒上下表面形成颗粒层时,垢块外表面不再掉下颗粒的情况下垢块继续跳跃来研究。即有塑料梳子电荷产生电场为 E_0,最初方盒的上下板表面电荷(束缚电荷)产生合电场为零,接下来随着跳块上下跳跃接触方盒的上下表面并在其上形成火焰垢的颗粒层,火焰垢的颗粒层电荷不为零。跳块第 n 次向上运动其上表面产生的电荷面密度为 σ_n,方盒的上下板表面的火焰垢的颗粒层电荷产生合电场为 E_{1n},由静电感应,静电力克服重力 m_0g。跳块向上运动的条件应满足

$$(E_0-E_{1n})q_n-m_0g>0 \tag{18.1}$$

其中 $q_n = S\sigma_n$。式(18.1)决定在有梳子作用情况下上跳的次数。

3. 当塑料梳子移走后跳块上下跳跃的次数分析

跳块第 n 次向上运动后结束跳跃,移除梳子(外场除去)此时方盒中的电场只剩下方盒上下板火焰垢的颗粒层电荷产生的电场了,即为 E_{1n}。如果它满足

$$E_{1n}q'-m_0g>0 \tag{18.2}$$

跳块将重新跳起,其中,q'代表跳块在移除梳子后带的电荷。

跳块跳跃 m 次后方盒内上下内表面火焰垢的颗粒层因电荷改变引起方盒内的场强改变量为 ΔE_{1m} 跳块满足继续向上跳跃条件为

$$(E_{1n}-\Delta E_{1m})q'_m-m_0g>0 \tag{18.3}$$

其中,跳块带的电荷取为 $q'_m=S\sigma'_m$,跳块第 m 次向上运动其上表面产生的电荷面密度为 σ'_m,式(18.3)决定了移走带电梳子后的跳跃次数。

总之,我们实现了火焰垢块(非金属导体)取代铝箔金属球(金属导体),用透明塑料片围成的方盒更便于观察,且不需要单独高压直流电源,体积小便于携带操作,制作极其简易,效果明显,创新性强,为学生提供了一新颖的实验。如果把本书方盒内部上下板表面内侧固定金属板(锡箔纸),跳球改为空心锡箔纸球或筒,效果更好,会看到在梳子带电作用下静电跳球的上下跳跃次数多,在停止跳跃后,在移除梳子后重新跳跃的次数几乎与有梳子电荷作用过程跳跃的次数接近,鉴于篇幅所限,定量研究在此不予介绍,感兴趣的读者,可以进一步研究,将不同情况的演示实验进行比较,可作为学生的课外拓展研究的一个课题。

18.2 一种避雷针

自从富兰克林发明避雷针后,世界各地开始广泛应用,相继人们又提出多种使雷电得到有效防护的方法,有些装置成本高,还受许多条件制约,如激光引雷电,就是在闪电产生前较早将云中的雷电通过强激光产生的电离通道,将雷电引入地下以保护建筑物等,受条件限制还未能推广。早期的避雷针在尖端放电时由于其尖端接闪电面积小,当遇到强雷电时电荷过多易转移,被保护建筑物等易接闪电,不能有效地被保护,目前避雷针的物理演示仪器也只是在早期的模型下的实验,因此设计一种构造简单、成本低、在强雷电时对建筑物等也能起到有效地保护作用的避雷针成为新的研究目标。

18.2.1 装置结构

如图 18.4 所示,一种避雷针,是由树枝形接闪器 1、球形接闪器 2、电离激发器 3、放电尖柱 4、导电杆 6 和接地线固定盘 7 构成。其特征是:将树枝形接闪器 1 垂直焊接在球形接闪器 2 上,将电离激发器 3 中心孔通过绝缘环 5 套在导电杆 6 上固定,将导电杆 6 的上端在球形接闪器 2 上与树枝形接闪器 1 对称位置处焊接固定,导电杆 6 的下端焊接在接地线固定盘 7 上,保证树枝形接闪器 1、球形接闪器 2、导电杆 6 和接地线固定盘 7 的中心在一直线

上;树枝形接闪器 1 是仿照树枝形用导体材料焊接而成,球形接闪器 2 是用导电球体下端焊接放电尖柱 4 构成;电离激发器 3 是由中心带孔圆盘的上表面焊接放电尖柱 4 构成。

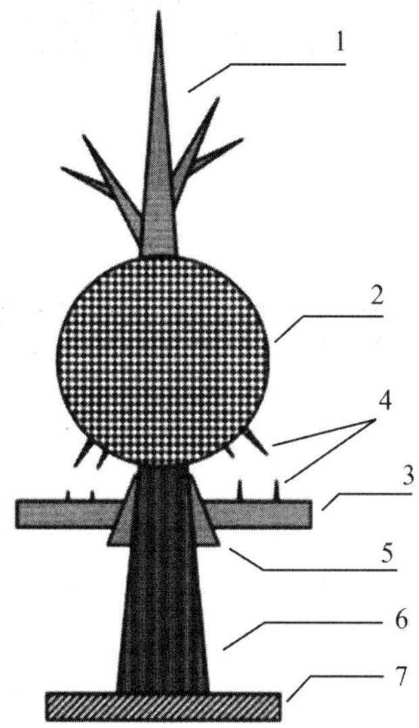

1—树枝形接闪器;2—球形接闪器;3—电离激发器;4—放电尖柱;5—绝缘环;6—导电杆;7—接地线固定盘。

图 18.4　避雷针示意图

18.2.2　工作原理

当将避雷针与大地接地完好时,根据在雷电产生前带电云层对避雷针的静电感应,除了使得树枝形接闪器尖端感应带电,也使球形接闪器下端焊接放电尖柱与电离激发器圆盘的上表面焊接放电尖柱之间感应带异号电荷,首先形成放电,产生电离气体分布在接闪器周围,诱导雷电提前到来,在树枝形接闪器最高处尖端首先接雷电,随着云层下来的电荷加大将为树枝形接闪器的其他分支尖端接闪,引导云地电荷中和,如果树枝形接闪器还不够用,雷云中雷电电荷将由球形接闪器引导与大地电荷中和,实现了最大限度的接雷电使云层与地电荷及时中和,保障被保护建筑物等免遭雷击的破坏。

18.2.3　小结

本设计易于实现、成本低和易操作,利用树枝形接闪器和球形接闪器实现了引导强雷电与大地的中和,有利于对被保护建筑物或古树的保护,形状美观,可以根据保护的范围增减避雷针的数量和尺寸,同时对物理演示实验教学也提供了一新颖演示仪器,有利于开拓学生的创新思维和实践能力。

第 19 章　量子物理问题研究

19.1　单层与多层石墨烯应变因子的对比研究

石墨烯在 2004 年被实验发现,它比其他材料更坚固和柔韧。这种新颖的材料引起了许多科学界的兴趣,且成为重要的研究课题。由于在理论和实验中发现了其许多优异的性能,所以使石墨烯成为各个领域非常有前途的材料。到目前为止,人们已经投入了大量的精力将石墨烯应用于电子器件,如导电电极、超级电容器和传感器。电子器件的发展主要是由于性能的不断改进。对于利用石墨烯的力电特性设计的电子器件,其灵敏度是电子器件性能优良的关键评价指标。应变因子反映了电子器件的灵敏度。为了使这些器件更灵敏,许多研究人员深入研究了石墨烯的应变因子。

前人对石墨烯应变因子的实验研究表明,该因子与层数呈负相关性。石墨烯应变因子的调控方法多种多样,如修饰表面活性分子、改变形貌或传感机制、掺杂石墨烯等。尽管进行了大量的实验工作,但实验数据都是在特定的实验条件下获得的,并且容易受到环境因素的影响,难以消除。更糟糕的是,石墨烯对温度、湿度和气体吸附等环境因素极其敏感。为了获得石墨烯的精确灵敏度,去除环境因素的影响是很重要的。特别是必须从理论上研究层数对石墨烯灵敏度的影响,以指导基于石墨烯的电子器件的设计。

本书利用线性化玻尔兹曼输运方程的理论模型和密度函数理论,计算了不同变形条件下不同层数石墨烯的应变因子,评价了层数对灵敏度的影响。

19.1.1　方法

1. 理论分析

由线性化玻尔兹曼输运方程建立的理论模型可以准确地描述带有载流子密度和迁移率的应变因子。

石墨烯的载流子密度近似与费米速度的平方成反比:

$$N_e(\varepsilon) \sim 1/v_F(\varepsilon)^2 \tag{19.1}$$

考虑缺陷的散射效应,石墨烯载流子的迁移率为

$$\mu_e(\varepsilon) \sim v_F(\varepsilon)^4 \tag{19.2}$$

因此,电阻率近似与费米速度的平方成反比:

$$\rho_e(\varepsilon) \sim 1/v_F(\varepsilon)^2 \tag{19.3}$$

当石墨烯被拉伸时,其电阻可以定义为

$$R=\rho \frac{L'}{W'}=\frac{1}{2qN_e\mu_e} \frac{(1+\varepsilon_{xx})L}{(1+\varepsilon_{yy})W} \tag{19.4}$$

式中,ε_{xx} 和 ε_{yy} 分别为石墨烯沿 x、y 方向的应变分量;q 是基本电荷;L'和 W'分别为应变石墨烯的长度和宽度。电阻进一步表示为

$$R \sim \frac{1}{v_F(\varepsilon)^2} \frac{(1+\varepsilon_{xx})L}{(1+\varepsilon_{yy})W} \tag{19.5}$$

因此,应变石墨烯电阻的相对变化表示为

$$\frac{\Delta R}{R_0}=\frac{R-R_0}{R_0}=\frac{v_F(0)^2}{v_F(\varepsilon)^2} \frac{(1+\varepsilon_{xx})L}{(1+\varepsilon_{yy})W}-1 \tag{19.6}$$

应变因子能反映石墨烯的灵敏度,可以通过式(19.7)确定:

$$G=\left|\frac{\Delta R}{R_0\varepsilon}\right| \tag{19.7}$$

2. DFT 计算

为了说明不同层数石墨烯的敏感性,采用第一性原理密度泛函理论方法计算了应变石墨烯的费米速度。每个石墨烯系统的初级原胞由两个碳原子构成。在石墨烯表面添加大约 30 Å 的真空,以便分离 c 轴方向的重复单元。为了简单计算,将石墨烯表面网格化为 10×10 的 k 网格;沿 c 轴方向使用一个网格点。

19.1.2 结果与讨论

根据玻尔兹曼理论,石墨烯的灵敏度可以用同一系统的变形和非变形费米速度平方的相对变化来解释。初始费米速度随石墨烯层数的变化而变化。总的来说,单层石墨烯具有比其他石墨烯体系更高的初始费米速度。正是初始费米速度之间的差异导致了石墨烯系统之间的灵敏度差异。

通过上述理论模型计算不同层石墨烯的应变因子(即灵敏度指标),并在图 19.1 中进行比较。图 19.1(a)显示,单层石墨烯在所有应变条件下都具有很高的灵敏度。特别是,在严重变形的情况下,它的灵敏度仍然很高,这使单层石墨烯比其他层石墨烯具有显著的优势。图 19.1(b)显示,双层石墨烯不像单层石墨烯那样在全应变范围内都有高灵敏度。在部分应变条件下,双层石墨烯的灵敏度较低。图 19.1(c)显示,三层石墨烯在整个应变范围内灵敏度较低。在较大变形时,灵敏度特别低。图 19.1(d)显示,四层石墨烯具有与三层石墨烯相同的特征。图 19.2 展示了图 19.1 所示应变范围的平均应变因子,进而大体比较不同层石墨烯的灵敏度。可以看出,单层石墨烯的灵敏度略高于双层石墨烯,明显高于三层和四层石墨烯。这些结果为提高石墨烯力电器件的灵敏度提供了理论依据。

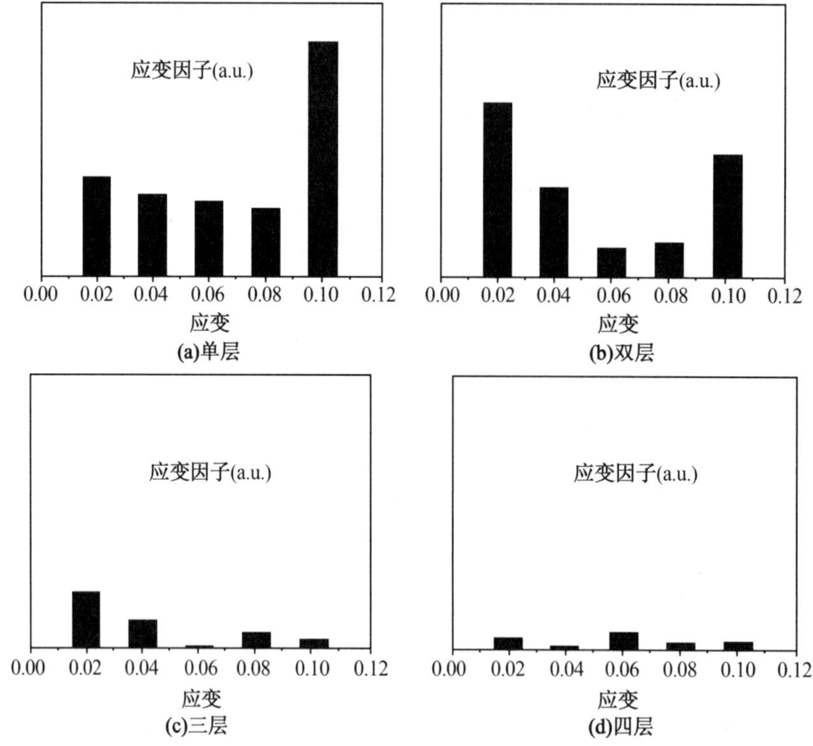

图 19.1　石墨烯的应变因子

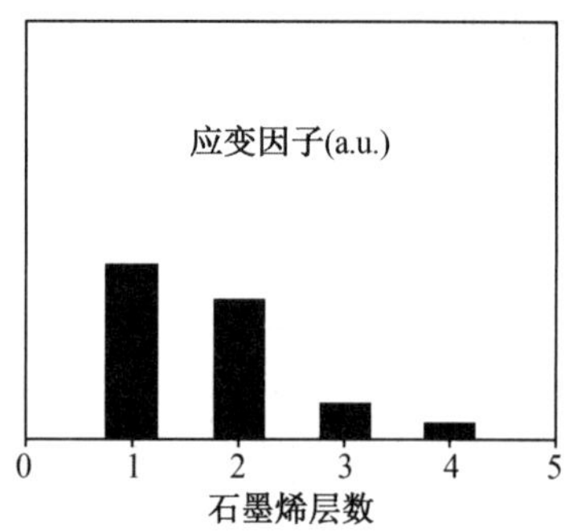

图 19.2　不同层石墨烯的平均应变因子

19.1.3　结论

为了揭示层数对石墨烯灵敏度的影响,我们将线性化玻尔兹曼输运方程的理论模型与第一性原理密度泛函理论相结合,从理论上研究了不同变形条件下不同层数石墨烯的应变因子。结果表明,单层石墨烯在各种应变条件下均具有较高的灵敏度。相比之下,单层石墨烯的灵敏度略高于双层石墨烯,明显高于三层和四层石墨烯。特别是,单层石墨烯在大变形下仍然保持较高的灵敏度,使其比其他层石墨烯具有明显的优势。

19.2 CS^+势能曲线和光谱常数的理论研究

硫化碳分子(CS)及其离子(CS^+)在光谱学和天文学具有重要意义而受到广泛关注。研究者们在星际空间内探测到许多含硫化合物,其中CS^+是在星云中探测到第一种含硫分子。对分子势能曲线和光谱常数的研究可以更好地探究反应机理,同时也是研究分子性质的有效手段。精确的光谱常数对今后的实验和理论研究具有重要意义。

实验上,Frost 等最早对CS^+分子离子进行研究,1972 年获得了基态和低激发电子态的电离势,并得到了 $A^2\Pi$ 态自旋-轨道劈裂之后的结果。自此之后,研究者们开始对CS^+的低能级电子态的光谱性质进行研究。Coxon 等测量出亚稳态 He 与 CS_2 反应得出的CS^+离子体系中 $A^2\Pi-X^2\Sigma^+$跃迁的波长。Horani 和 Vervloet 通过傅里叶转换的方法测量出 $A^2\Pi-X^2\Sigma^+$跃迁的电子光谱。Bailleux 等测量出CS^+离子体系中 X 态的亚毫米波谱。

在理论上,Honjou 等使用从头计算方法对CS^+分子离子的基态以及低激发态的势能曲线进行研究。随后,Chenel] 等通过多参考组态相互作用(MRCI)的方法对CS^+分子离子体系的双重和四重电子态的势能曲线进行计算,并且使用量子化学方法和半经典的方法得出了电荷转移截面。Li 等使用考虑戴维森修正(+Q)的多参考组态相互作用的方法计算了与 2 个最低能级的解离极限相对应的 18 个 Λ-S 电子态的势能曲线,并考虑自旋-轨道耦合效应得出束缚态的光谱常数。Lin 等采用内收缩的多参考组态相互作用方法(ic-MRCI)计算了最低 3 个电子态的振动和转动能级,并计算了不同温度下的不透明度,得出随着温度的升高,振动态和激发态的电子密度增加的结论。

19.2.1 计算方法

本书使用 MOLPRO 2010 程序包对CS^+分子离子体系最低 2 条解离极限 $C(^3P_g)+S^+(^4S_u)$和 $C^+(^2P_u)+S(^3P_g)$的 18 个 Λ-S 电子态的势能曲线和光谱常数进行计算。为了计算CS^+分子离子的结构,使用态平均的完全活性空间自洽场方法(CASSCF)和多参考组态相互作用方法(MRCI)对分子离子的势能曲线进行计算。在计算之前对C^+和S^+以及 C 和S^+的基组进行测试,最后选取 aug-cc-pV6Z 基组。

本书是在 $C_{\infty v}$ 的阿贝尔子群 C_{2v} 下开展的计算,$C_{\infty v}$ 和 C_{2v} 之间的不可约表示具有的对应关系:$\Sigma^+=A_1$,$\Pi=B_1+B_2$,$\Delta=A_1+A_2$,$\Sigma^-=A_2$。对 18 个 Λ-S 电子态的本征能量进行计算,第一步,使用 Hartree-Fock(HF)方法计算出CS^+离子基态的单组态波函数;第二步,将 HF 方法得出的单组态波函数当作初猜波函数并使用完全活性空间自洽场方法对初猜波函数进行优化得到参考波函数;第三步,在 CASSCF 方法计算的基础上使用 MRCI 方法计算得出 Λ-S 电子态的本征能量。在 CASSCF 计算中,活性空间的选取起着十分关键的作用,因此选取了 C 的 2p 轨道、S 的 3s3p 轨道和 S 的外层 $4s4p_x4p_y$ 轨道。随后使用 MRCI 方法计算了 CS^+的 18 个 Λ-S 电子态的能量。根据束缚态的 Λ-S 电子态和 Ω 电子态的势能曲线,根据 LEVEL 程序得到了相应的光谱常数和弗兰克-康登因子。

19.2.2 结果与讨论

1. Λ-S 电子态的势能曲线和光谱常数

使用 MRCI+Q 的方法计算了 CS^+分子 2 个较低解离极限对应的 18 个 Λ-S 电子态,给出这 18 个电子态的势能曲线(图 19.3)。本书计算了核间距 $R=0.12\sim0.37$ nm 的势能曲线,这些能量以相对于基态 $X^2\Sigma^+$的最小能量点来描述。

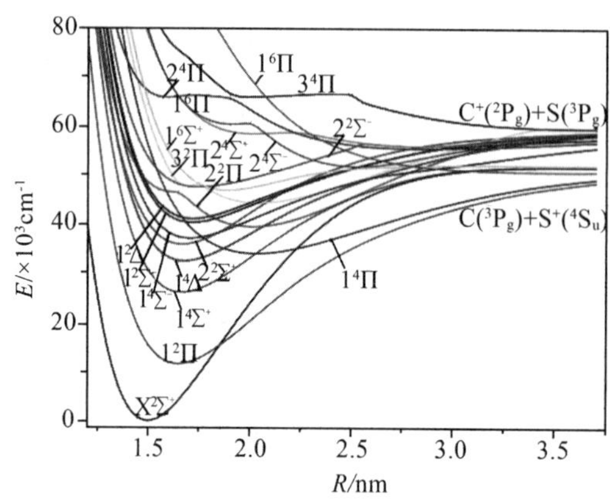

图 19.3 CS^+分子 Λ-S 电子态的势能曲线

在计算得到势能曲线的基础上,通过数值求解的方法得到了包括平衡核间距 R_e,绝热激发能 T_e,谐波振动频率 ω_e 和非谐波振动频率 $\omega_e\chi_e$,转动常数 B_e 以及势阱深度 D_e。为了更好地说明计算的准确性,给出了早前的实验结果和理论结果进行对比(表 19.1)。采用多参考组态相互作用的方法进行计算,因此在表 19.1 中列出来束缚电子态在平衡核间距位置附近的主要波函数以及占据的百分比。计算得到的基态 $X^2\Sigma^+$的光谱常数与早前的结果符合得很好,如本书算出来的平衡核间距 R_e,谐波振动频率 ω_e 和非谐波振动频率 $\omega_e\chi_e$,转动常数 B_e 分别是 0.149 83 nm,1 366,7.740 1,0.860 7 cm^{-1},与早前的实验值仅相差 0.000 61 nm,11,0.071 9,0.007 cm^{-1},与文献的理论值仅存在 0.000 02 nm,6,0.052 4,0.000 2 cm^{-1} 的偏差。基态 $X^2\Sigma^+$ 在平衡位置的电子组态是 $6\sigma^27\sigma^12\pi^4$(79.9)$6\sigma^27\sigma^12\pi^33\pi^1$(6.9),$6\sigma^27\sigma^12\pi^23\pi^2$(3.6),文献列出的 2 个重要的电子组态分别是 $6\sigma^27\sigma^12\pi^4$(80)和 $6\sigma^27\pi^12\pi^33\pi^1$(5),这不仅说明本书的结果与早前结果符合较好,更说明了多参考组态相互作用方法计算的可靠性。通过电子组态可以看出,CS^+分子的基态对应着 CS 分子最外层 7σ 分子轨道的电子转移,而 $1^2\Pi$ 态的主要电子结构来源于 CS 分子 2π 轨道中的电子转移。对第一激发态 $1^2\Pi$ 来说,本书计算的绝热激发能 T_e 为 11 614 cm^{-1},与实验结果相比误差仅为 3%,而与理论结果仅相差 62 cm^{-1},其误差为 10^{-3},可忽略不计。

表 19.1 CS^+分子 Λ-S 电子态的光谱常数

States	Ref.	R_e/nm	T_e/cm^{-1}	ω_e/cm^{-1}	$\omega_e\chi_e$/cm^{-1}	B_e/cm^{-1}	D_e/eV	Main configuration at R=0. 15 nm(%)
$X^2\Sigma^+$	Thiswork	0. 149 83	0	1 366	7. 740 1	0. 860 7	6. 423 7	$6\sigma^2 7\sigma^1 2\pi^4$(79. 9)
	Calc. [8]	0. 149 81	0	1 372	7. 792 5	0. 860 9		$6\sigma^2 7\sigma^1 2\pi^3 3\pi^1$(6. 9)
	Calc. [9]	0. 149 46	0	1 007	7. 050 7	0. 712 3		$6\sigma^2 7\sigma^1 2\pi^2 3\pi^2$(3. 6)
	Expt. [1]			1 384				$6\sigma^2 7\sigma^1 2\pi^4$(80)
	Expt. [12]	0. 150 30	0	1 377		0. 867 7	4. 591 4	$6\sigma^2 7\sigma^1 2\pi^3 3\pi^1$(5)
$1^2\Pi$	This work	0. 164 67	11 614	1 007	6. 435 9	0. 712 3		$6\sigma^2 7\sigma^2 2\pi^3$(88. 5)
							4. 591 4	$6\sigma^2 7\sigma^2 2\pi^1 3\pi^2$(1. 4)
	Calc. [8]	0. 164 45	11 676	1 014	6. 549 7	0. 714 3		$6\sigma^2 2\pi^3 7\sigma^2$(89)
$1^4\Sigma^+$	Expt. [1]			972				$6\sigma^2 7\sigma^1 2\pi^3 3\pi^1$(88. 1)
	Expt. [12]	0. 163 96	11 987	1 014	6. 842(48)	0. 718 7(90)		$6\sigma^2 7\sigma^1 2\pi^1 3\pi^3$(2. 8)
	This work	0. 166 27	26 171	965	7. 814 4	0. 698 5	3. 189 7	$6\sigma^2 7\sigma^1 2\pi^2 3\pi^2$(1. 4)
$1^4\Delta$	Calc. [8]	0. 166 05	26 205	973	7. 861 1	0. 700 4		$6\sigma^2 2\pi^3 3\pi^1 7\sigma^1$(88)
	ThisWork	0. 16788	32662	913	10. 719 8	0. 687 6	3. 163 4	$6\sigma^2 7\sigma^1 2\pi^4 3\pi^1$(91. 0)
$2^2\Sigma^+$								$6\sigma^2 2\pi^3 3\pi^1 7\sigma^1$(91)
	Calc. [8]	0. 167 64	32 731	920	10. 705 3	0. 689 6		$6\sigma^2 7\sigma^1 2\pi^4$(4. 5)
	ThisWork	0. 166 68	36 087	905	7. 617 3	0. 696 3	5. 854 3	$6\sigma^2 7\sigma^1 2\pi^3 3\pi^1$(57. 4)
								$6\sigma^2 7\sigma^1 2\pi^4$(25. 8)

2. Λ-S 电子态的跃迁性质

本书使用 MRCI 方法计算了基态和低激发态的电偶极矩(PDM)和跃迁偶极矩(TDM,如图 19.4 和图 19.5 所示)。由图 19.4 可以看出,基态的电偶极矩的绝对值随核间距的增加而逐渐增加。CS^+ 分子离子的最低的 2 个解离极限为 $C(^3p)+S^+(^4s)$ 和 $C^+(^2p)+S(^3p)$,2 个解离极限的电荷转移使得最低 2 个解离极限的电子态在解离极限位置处的电偶极矩分别为负值和正值。由图 19.5 可以看出跃迁偶极矩随核间距的变化,$2^2\Sigma^+-X^2\Sigma^+$ 的跃迁偶极矩远大于其他跃迁结果。因此,将其单独给出。本书给出重要跃迁的弗兰克-康登因子(图 19.6),从图 19.6 中可以看出,弗兰克-康登因子的变化趋势是不规则的,$1^2\Pi-2^2\Sigma^+$ 的弗兰克-康登因子和跃迁偶极矩均是首次被报道。

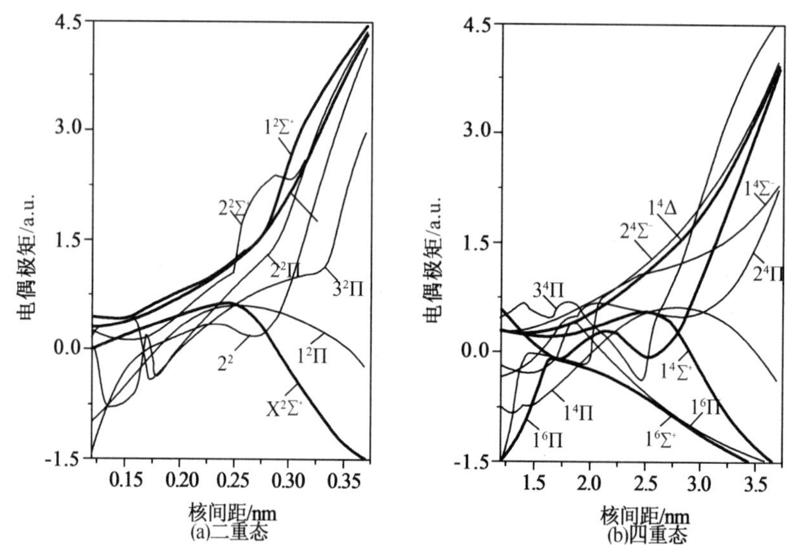

图 19.4　CS^+ 分子的电偶极矩随核间距的变化

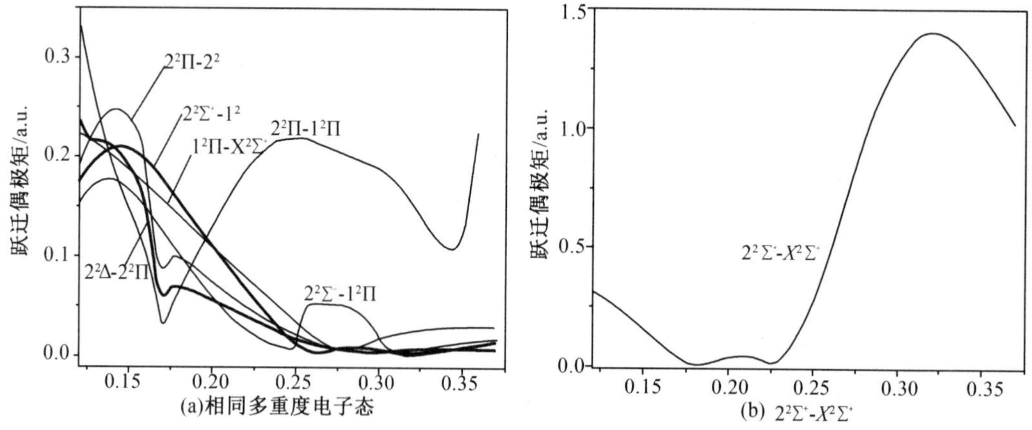

图 19.5　CS^+ 分子的跃迁偶极矩随核间距的变化

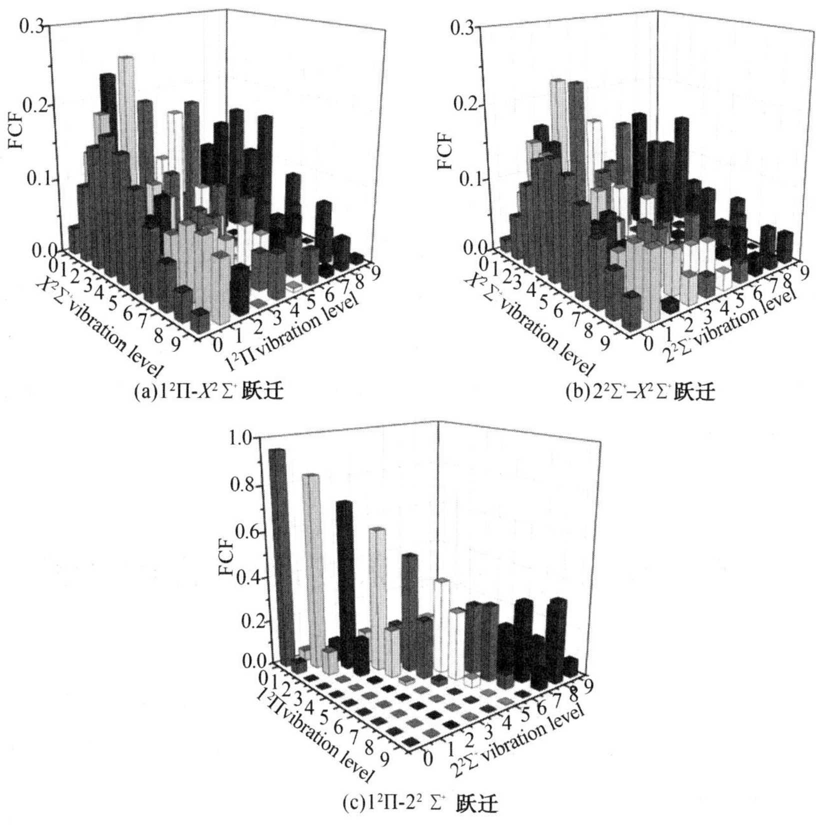

(a) $1^2\Pi$-$X^2\Sigma^+$ 跃迁

(b) $2^2\Sigma^+$-$X^2\Sigma^+$ 跃迁

(c) $1^2\Pi$-$2^2\Sigma^+$ 跃迁

图 19.6 CS^+分子离子的弗兰克-康登因子

根据这些跃迁信息，能够得到相应振动能级的辐射寿命，辐射寿命可以根据公式进行计算

$$\tau_{v'} = (A_{v'})^{-1} = \frac{3h}{64\pi^4 |a_0 \times e \times V_{\mathrm{TDM}}|^2 \sum_{v''} q_{v',v''} (\Delta E_{v',v''})^3} = \frac{4.936 \times 10^5}{|V_{\mathrm{TDM}}|^2 \sum_{v''} q_{v',v''} (\Delta E_{v',v''})^3} \tag{19.8}$$

式中，q、v'、v''代表弗兰克-康登因子；V_{TDM} 代表跃迁偶极矩的平均值（本次计算中，用平衡核间距 R_e 对应的跃迁偶极矩替代跃迁偶极矩的平均值），单位是原子单位（a.u.）；ΔE 代表振动能级分别为 v'和 v''之间的能级差；τ 代表辐射寿命，单位 s。

将分子的辐射寿命进行计算，结果见表 19.2。

表 19.2 分子激发态的辐射寿命

跃迁	数量级	辐射寿命/s				
		$v=0$	$v=1$	$v=2$	$v=3$	$v=4$
$1^2\Pi-X^2\Sigma^+$	$\times10^{-5}$	2.81	2.26	1.92	1.68	1.51
$2^2\Sigma^+-X^2\Sigma^+$	$\times10^{-7}$	7.45	7.57	7.68	7.76	7.89
$1^2\Pi-2^2\Sigma^+$	$\times10^{-7}$	9.70	9.84	9.98	10.12	10.26

19.2.3 总结

应用高精度的组态作用方法对 CS^+ 分子离子的电子结构进行计算,计算获得了 CS^+ 分子离子能量最低的 2 条解离极限对应的电子态的势能曲线,并基于电子态的势能曲线求解 CS^+ 分子离子一维核运动薛定谔方程获得振动转动能级及波函数,拟合出束缚态的光谱常数。与之前的理论和实验结果进行对比,本书的计算结果更为精确。同时绘制了 CS^+ 分子的电偶极矩随核间距变化的曲线,还给出了跃迁偶极矩和弗兰克-康登因子,并基于获得的结果进一步计算了束缚态的辐射寿命。该研究结果对后续进行 CS^+ 分子离子的光谱性质的研究具有积极推动作用。

19.3 PF^+ 分子离子激发态的理论研究

PF 及其 PF^+ 分子离子在气相能量存储,化学激光器以及在各种含磷化合物的转化过程中扮演重要的角色,引起了科研工作者的极大兴趣。由于 PF 和 PF^+ 分子离子在研究上的应用价值,人们对它们的电子结构和跃迁性质进行了一些研究。

目前,有关 PF 分子的探究较多,而对 PF^+ 分子离子的研究较少。实验方面,Douglas 等对 PF_3 进行放电,采用高分辨率摄谱仪对 PF 分子的 5 个谱带和 PF^+ 分子离子的一个谱带进行了系统研究,对每个体系的转动结构进行了细致的分析,给出了转动和振动常数。Berkowitz 对 PF_2、PF_2I、P_2F_4 进行质谱分析给出了 PF 分子的第一绝热电离能为(9.81±0.43) eV。理论方面, Kim 等采用组态相互作用方法对 PF^+ 分子的第一解离限的 12 个 Λ-S 态进行了理论研究,给出了这些 Λ-S 态势能曲线,并计算了束缚态 $X^2\Pi$、$1^2\Sigma^+$、$1^4\Pi$、$1^4\Sigma^-$ 的光谱常数。Li Q-N 等对采用考虑自选-轨道耦合效应、标量相对论效应和 Davidson 修正的多参考组态相互作用方法对 PF^+ 分子离子第一解离限的 12 个 Λ-S 态的电子结构进行了高精度的理论研究,给出了 $A^2\Pi$-$X^2\Sigma^-$,$1^2\Sigma^+$-$X^2\Pi$ 的跃迁偶极矩以及 $1^2\Sigma^+$ 态的低振动能级的辐射寿命。Liu Hui 等采用多参考组态相互作用方法对 PF^+ 分子离子 4 个解离限对应的 27 个 Λ-S 态的电子结构进行了研究,考虑自旋-轨道耦合效应后对 27 个 Λ-S 态劈裂后的 60 个 Ω 态的势能曲线进行了细致研究,探讨了这些电子态的光谱参数和振动性质。

19.3.1 计算方法

研究中,应用从头计算的 Molpro 程序计算了 PF^+ 分子离子的最低的一个解离极限对应的 12 个 Λ-S 态的电子结构。理论计算中所应用的对称点群为 C_{2v} 群。PF^+ 分子离子的激发态的电子结构计算由 3 步构成:

(1)应用 Hartree-Fock 方法计算 PF^+ 分子基态的单组态波函数;

(2)以基态的单组态波函数作为初始波函数，应用完全活性空间自洽场方法(CASSCF)计算 12 个 Λ-S 态的电子结构；

(3)使用完全活性空间自洽场方法计算得到的电子态的能量作为参考能量，应用多参考组态相互作用方法(MRCI)计算这 12 个 Λ-S 态的能量。由于多参考组态相互作用的计算不具有大小一致性，通过 Davidson 校正对电子态的电子关联能进行修正。在 CASSCF 计算中，选取的活性空间为 PF^+ 分子离子价壳层对应的 $4a_1$、$2b_1$、$2b_2$ 分子轨道。基于理论计算得到的势能曲线，应用 Level 程序求解分子核运动薛定谔方程获得束缚态的光谱常数。

19.3.2 结果与讨论

1. PF^+ 分子离子的 Λ-S 态的势能曲线和光谱常数

参考 Winger-Witmer 规则，通过解离极限原子的电子状态确定分子的电子状态，即

$$P^+(^3P_g)+F(^2P_u)\rightarrow(^2\Sigma^++2^2\Sigma^-+2^2\Pi+^2\Delta)+(^4\Sigma^++2^4\Sigma^-+2^4\Pi+^4\Delta) \tag{19.9}$$

利用 MRCI+Q 方法计算 PF^+ 分子离子的最低解离极限 $P^+(^3P_g)+F(^2P_u)$ 对应的 12 个 Λ-S 电子态的势能，通过计算得到的势能曲线，如图 19.7 所示。由图 19.7 可见，12 个 Λ-S 电子态有 6 个二重态($X^2\Pi$、$1^2\Sigma^+$、$2^2\Pi$、$1^2\Delta$、$1^2\Sigma^-$、$2^2\Sigma^-$ 态)和 6 个四重态($1^4\Sigma^+$、$1^4\Pi$、$2^4\Delta$、$2^4\Pi$、$1^4\Sigma^-$、$2^4\Sigma^-$ 态)。其中 $X^2\Pi$、$1^2\Sigma^+$、$2^2\Pi$、$1^4\Sigma^-$、$1^4\Pi$ 为束缚态。为了能够清楚地表现出不同电子态之间的相对位置，在图 19.7(a)和图 19.7(b)分别画出二重态和四重态的势能曲线。这 12 个 Λ-S 态在核间距 $R=1.1\sim3.0$ Å(1 Å$=10^{-10}$ m)，$R=3.0\sim4.0$ Å，之间的计算步长分别为 0.05 Å 和 0.1 Å。

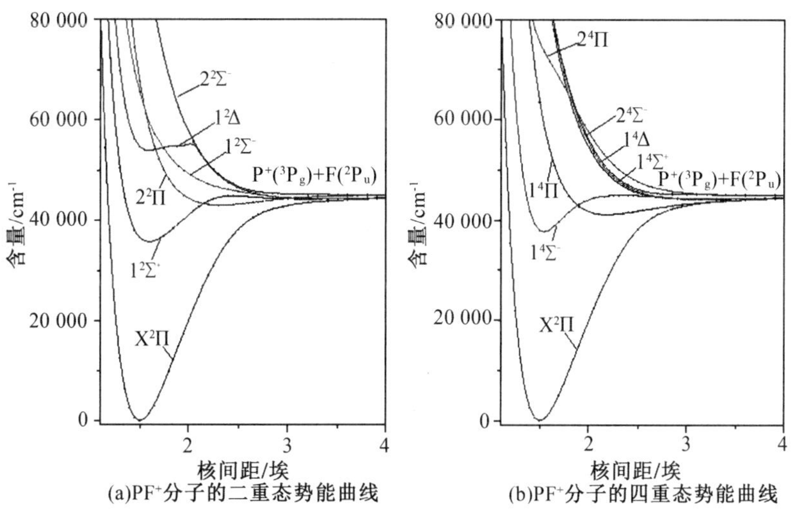

图 19.7 PF^+ 分子离子的第一解离极限 Λ-S 态的势能曲线

从图 19.7 中的势能曲线可以看出，基态 $X^2\Pi$、$1^2\Sigma^+$、$1^4\Sigma^-$、$1^4\Pi$ 都是典型的束缚态。$2^2\Pi$ 为弱束缚态，此电子态的势阱在平衡核间距 $R_e=2.30$ Å 处，深度约为 1 973 cm^{-1}。剩下的 $1^2\Sigma^-$、$1^2\Delta$、$2^2\Sigma^-$、$1^4\Sigma^+$、$2^4\Pi$、$2^4\Sigma^-$、$1^4\Delta$ 都是典型的排斥态。$1^2\Delta$ 的势能曲线在核间距 $R=$

2.10 Å 点发生突变,这是由于具有相同对称性的电子态之间发生避免交叉导致的。

基于图 19.7 中的势能曲线,利用 Level 程序求解一维核运动的薛定谔方程拟合得到了 5 个束缚的 Λ-S 态的光谱常数(绝热激发能 T_e、简谐振动常数 ω_e、非谐性常数 $\omega_e\chi_e$、平衡转动常数 B_e、平衡核间距 R_e 和解离能 D_e),见表 19.3。为了讨论 Davidson 校正对计算出的光谱数据的影响,在表 19.3 中也给出了排除 Davidson 校正(MRCI)的光谱数据,与 MRCI+Q 的数据进行对比。此外,表 19.3 还列出了部分前人的实验值与理论值作为参考。

表 19.3　PF^+ 分子离子的 Λ-S 态的光谱常数

Λ-S		T_e/cm^{-1}	ω_e/cm^{-1}	$\omega_e\chi_e$/cm^{-1}	B_e/cm^{-1}	R_e/ Å	D_e/eV
$X^2\Pi$	MRCI+Q	0	1 051.845 8	4.951 1	0.632 6	1.504 3	5.498 2
	MRCI	0	1 051.906 5	5.376 8	0.636 3	1.500 0	5.261 3
	Expt[a]	0	1 053.250 0	5.047 0	0.636 0	1.500 3	
	Calc[b]		1 028.000 0		0.604 8	1.538 0	
$1^2\Sigma^+$	MRCI+Q	35 605.455 8	644.096 8	5.562 2	0.561 7	1.596 2	1.136 8
	MRCI	35 907.970 1	628.263 2	8.333 7	0.571 3	1.583 0	0.903 1
	Expt[a]	35 434.640 0	619.000 0	4.615 0	0.559 3	1.599 8	
	Calc[b]		710.000 0		0.526 0	1.650 0	
$2^2\Pi$	MRCI+Q	4 2951.562 9	226.647 7	5.523 1	0.267 2	2.314 5	0.244 6
	MRCI	41 356.974 1	220.024 1	6.690 2	0.259 4	2.349 1	0.204 4
$1^4\Sigma^-$	MRCI+Q	37 562.652 7	932.838 3	25.169 3	0.601 0	1.543 7	0.909 2
	MRCI	37 808.107 2	810.984 4	23.766 2	0.589 8	1.558 4	0.661 5
$1^4\Pi$	MRCI+Q	41 072.311 5	264.802 0	5.192 6	0.300 6	2.182 6	0.406 7
	MRCI	39 386.437 9	255.823 2	5.209 9	0.298 7	2.189 5	0.378 4

由表 19.3 可知,Davidson 修正对于 $X^2\Pi$ 的 R_e、ω_e 和 B_e 的结果影响不大,偏差仅为 0.004 3 Å,0.060 7 cm^{-1} 和 0.003 7 cm^{-1}。然而,对于 $X^2\Pi$ 的 $\omega_e\chi_e$ 的结果有显著改善,使其与实验值的误差减小到 0.095 9 cm^{-1}(1.9%)。$1^2\Sigma^+$的 T_e 和$^0\omega_e\chi_e$ 的结果都有明显改善,与实验值的误差分别减小到 170.815 8 cm^{-1}(0.48%)和 0.947 2 cm^{-1}(20.52%)。而 Davidson 校正对于 $1^2\Sigma^+$的 B_e 和 R_e 没有产生很大的影响,偏差仅为 0.009 6 cm^{-1},0.012 8 Å。通过数据的分析,发现 Davidson 修正能较好的描述电子的动力学关联效应,Davidson 校正的光谱常数结果与实验值更接近。我们的理论计算给出的 $X^2\Pi$ 和 $1^2\Sigma^+$态的光谱数据与实验结果的吻合程度较之前的理论计算有明显的改善。

为了确认计算的准确性,给出了 $X^2\Pi$、$1^2\Sigma^+$、$2^2\Pi$、$1^4\Sigma^-$、$1^4\Pi$,$1^2\Delta$ 态的振动能级(表 19.4)。在表 19.4 中,计算结果接近于实验结果和现有理论值。其中 $1^2\Sigma^+$、$2^2\Pi$、$1^4\Sigma^-$、$1^2\Delta$ 态势阱非常浅,计算得到的最大振动能级分别为 $v=18$,$v=13$,$v=12$,$v=4$ 而 $X^2\Pi$ 和 $1^4\Pi$ 的势阱非常深,所以本书仅列出前 20 个振动能级。所有光谱常数和振动能级都可以为计算光谱提供重要的参数。

表 19.4 PF^+分子离子束缚态($X^2\Pi$、$1^2\Sigma^+$、$2^2\Pi$、$1^4\Sigma^-$、$1^4\Pi$、$1^2\Delta$)的振动能级

v	$X^2\Pi$	$1^2\Sigma^+$	$2^2\Pi$	$1^4\Sigma^-$	$1^4\Pi$	$1^2\Delta$
0	524.936 8	35 925.922 1	43 057.273 9	37 997.649 6	4 1203.371 9	54 087.386 6
1	1 567.053 3	36 557.262 9	43 263.542 9	38 847.741 8	41 457.836 2	54 561.834 0
2	2 599.170 8	37 177.820 8	43 463.211 5	39 665.189 0	41 701.720 8	54 854.466 0
3	3 621.341 8	37 788.047 0	43 656.092 7	40 445.858 1	41 935.104 4	55 093.699 0
4	4 633.515 6	38 387.922 5	43 841.606 6	41 187.219 4	42 158.200 5	
5	5 635.7276	38 977.271 2	44 018.729 5	41 886.384 9	42 371.114 4	
6	6 627.966 4	39 555.812 6	44 186.019 5	42 539.332 0	42 573.762 6	
7	7 610.392 5	40 123.148 2	44 341.675 5	43 140.635 5	42 766.016 4	
8	8 582.980 6	40 679.227 9	44 483.592 6	43 683.643 3	42 947.824 0	
9	9 545.779 6	41 223.826 3	44 609.352 5	44 160.365 2	43 119.204 3	
10	10 498.776 7	41 755.047 3	44 716.204 9	44 557.410 0	43 280.200 9	
11	11 442.012 5	42 269.599 8	44 801.058 5	44 837.401 9	43 430.884 9	
12	12 375.499 6	42 764.358 4	44 863.130 0		43 571.347 2	
13	13 299.243 0	43 236.658 2			43 701.718 2	
14	14 213.255 6	43 683.315 7			43 822.185 0	
15	15 117.511 6	44 097.525 8			43 932.999 4	
16	16 011.9947	44 466.5205			44034.5364	
17	16 896.704 5	44 754.164 7			44 127.426 5	
18	17 771.642 4				44 212.986 9	
19	18 636.823 5				44 294.463 3	

2. PF^+分子离子的 Λ-S 态电偶极距

分子的电偶极距可以很好地反映出分子的成键性质。因此,给出了 PF^+分子离子的最低解离极限 $P^+(^3P_g)+F(^2P_u)$对应的 12 个 Λ-S 态的电偶极距沿着核间距变化的曲线(图 19.8)。为了清楚起见,在图 19.8(a)和图 19.8(b)中分别绘制了二重态和四重态的 Λ-S 态的电偶极矩。PF^+分子离子的基态 $X^2\Pi$ 在平衡位置的电偶极距为-0.980 74 a. u. 。$1^2\Delta$ 态的电偶极距在核间距 $R=2.05$ Å 之后发生急剧变化,这是由于 $1^2\Delta$ 存在避免交叉点导致的。此外,$1^4\Pi$ 态和 $1^2\Pi$ 态的电偶极矩曲线在核间距 $R=1.35$ Å 前后呈现互补的变化,这可以通过在避免交叉点附近具有相同对称性的电子态之间波函数发生混合来解释。当核间距 R 增大时,这 12 个 Λ-S 态的电偶极矩逐渐趋近于负无穷,这表明了 PF^+的极性分子特征。

3. PF^+分子离子的弗兰克-康登因子和爱因斯坦系数

研究了 PF^+分子离子的跃迁性质,计算了 PF^+分子离子激发态到基态之间和低激发态之间的跃迁偶极矩,利用 Level 程序计算得到了电子态之间的 Franck-Condon 因子,最后根据计算得到的跃迁偶极矩和 Franck-Condon 因子计算出了 $2^2\Pi-X^2\Pi$,$1^4\Delta-1^4\Sigma^+$,$1^4\Delta-1^4\Sigma^-$ 跃迁的爱因斯坦系数。

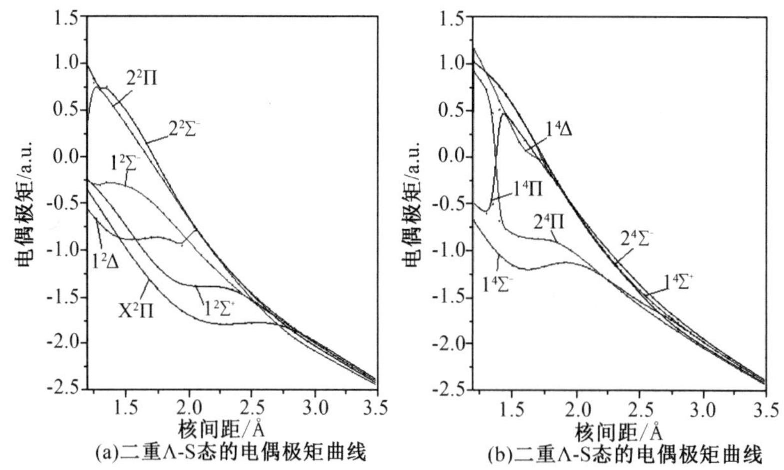

图 19.8 Λ-S 态的电偶极矩随核间距的变化

$2^2\Pi-X^2\Pi$,$1^4\Delta-1^4\Sigma^+$,$1^4\Delta-1^4\Sigma^-$跃迁的 Franck-Condon 因子见表 19.5。这些 FCFs 随振动量子数 v'或 v''呈现出不规则的变化规律。对于 $2^2\Pi-X^2\Pi$ 和 $1^4\Delta-1^4\Sigma^-$,随着 v'和 v''的增大 FCFs 也在增大,其中 FCFs 的最小值分别为 9.1×10^{-24} 和 7.7×10^{-38}。但对于 $1^4\Delta-1^4\Sigma^+$,随着 v''的增大 FCFs 逐渐增大,而随着 v'的增大 FCFs 逐渐减小。

根据获得 FCFs 计算了 $2^2\Pi-X^2\Pi$,$1^4\Delta-1^4\Sigma^+$,$1^4\Delta-1^4\Sigma^-$跃迁的爱因斯坦系数。振动能级 v'和 v''间的爱因斯坦系数 $A_{v'v''}$定义为

$$A_{v'v''}=2.026\times10^{-6}\tilde{v}^3(TDM)^2q_{v'v''} \tag{19.10}$$

其中,$\tilde{v}$ 是振动能级 v'和 v''间的能量差,单位为 cm^{-1}。*TDM* 是振动平均跃迁偶极矩,电子态的振动波函数 φ_v 和振动能级可通过求解一维径向 Schrödinger 方程获得,其中 Schrödinger 方程的径向势能项为 Λ-S 电子态的势能加上离心畸变项。计算得到不同振动量子数 v'对应的爱因斯坦系数(表 19.6)。通过表 19.6 可知,$2^2\Pi-X^2\Pi$,$1^4\Delta-1^4\Sigma^+$,$1^4\Delta-1^4\Sigma^-$跃迁的爱因斯坦系数有相同的变化规律,都对着振动量子数 v'的增大而增大。

表 19.5 PF^+分子离子激发态跃迁的 Franck-Condon 因子

跃迁	v'	v''					
		0	1	2	3	4	5
$2^2\Pi-X^2\Pi$	0	9.1×10^{-24}	7.1×10^{-22}	2.6×10^{-20}	6.3×10^{-19}	1.1×10^{-17}	1.5×10^{-16}
	1	2.1×10^{-22}	1.5×10^{-20}	5.2×10^{-19}	1.2×10^{-17}	2.0×10^{-16}	2.6×10^{-15}
	2	2.2×10^{-21}	1.6×10^{-19}	5.2×10^{-18}	1.2×10^{-16}	1.9×10^{-15}	2.4×10^{-14}
	3	1.6×10^{-20}	1.1×10^{-18}	3.5×10^{-17}	7.6×10^{-16}	1.2×10^{-14}	1.5×10^{-13}
	4	8.8×10^{-20}	5.7×10^{-18}	1.8×10^{-16}	3.8×10^{-15}	5.8×10^{-14}	7.0×10^{-13}
	5	3.8×10^{-19}	2.4×10^{-17}	7.4×10^{-16}	1.5×10^{-14}	2.3×10^{-13}	2.7×10^{-12}

表 19.5(续)

跃迁	v'	v''					
		0	1	2	3	4	5
$1^4\Delta-1^4\Sigma^+$	0	9.6×10^{-1}	–	–	–	–	–
	1	4.5×10^{-2}	8.7×10^{-1}	–	–	–	–
	2	4.7×10^{-5}	8.8×10^{-2}	8.0×10^{-1}	–	–	–
	3	8.8×10^{-7}	1.3×10^{-4}	1.2×10^{-1}	7.5×10^{-1}	–	–
	4	2.2×10^{-11}	1.2×10^{-5}	2.5×10^{-5}	1.5×10^{-1}	–	–
跃迁	v'	v''					
		4	5	6	7	8	9
$1^4\Delta-1^4\Sigma^-$	0	7.7×10^{-38}	1.1×10^{-33}	7.0×10^{-30}	5.5×10^{-26}	9.6×10^{-22}	–
	1	2.0×10^{-36}	1.5×10^{-32}	8.1×10^{-29}	5.6×10^{-25}	8.0×10^{-21}	–
	2	1.9×10^{-35}	1.1×10^{-31}	5.0×10^{-28}	3.1×10^{-24}	3.7×10^{-20}	–
	3	1.3×10^{-34}	6.0×10^{-31}	2.5×10^{-27}	1.4×10^{-23}	1.4×10^{-19}	–

表 19.6 PF^+分子离子的爱因斯坦系数

v'	$2^2\Pi-X^2\Pi$	$1^4\Delta-1^4\Sigma^+$	$1^4\Delta-1^4\Sigma^-$
0	$1.530\,0\times10^{5}$	$3.754\,9\times10^{-18}$	$4.487\,3\times10^{-30}$
1	$2.105\,4\times10^{5}$	$3.305\,4\times10^{-19}$	$5.726\,7\times10^{-29}$
2	$2.506\,8\times10^{5}$	$1.993\,3\times10^{-17}$	$3.856\,5\times10^{-28}$
3	$2.896\,3\times10^{5}$	$6.555\,0\times10^{-16}$	$2.132\,4\times10^{-27}$
4	$3.056\,1\times10^{5}$	$2.886\,7\times10^{-15}$	–
5	$3.251\,8\times10^{5}$	–	–

19.3.3 结论

应用高精度的多组态相互作用方法计算了 PF^+ 分子离子最低的一个解离极限对应的12个 Λ-S 态的精确的电子结构。基于理论计算得到的电子态的精确势能曲线,应用数值方法求解分子的核运动薛定谔方程获得束缚态的光谱常数和振动能级。理论计算得到的 $X^2\Pi$ 态和 $1^2\Sigma^+$ 态的光谱常数与之前的实验结果吻合较好。在考虑到 Davidson 校正效应后,理论计算的光谱常数与实验结果吻合更好。根据理论计算的电子态之间的跃迁偶极矩和 Franck-Condon 因子得到了爱因斯坦系数。

第三编　总结与展望

第20章　总　　结

理工科物理课程兼有物理基础知识教育和科学素质教育两种基本作用,是科学技术进步和创新的源泉。无论是知识发展和创新,通过科技增强国家综合实力,推动社会发展,还是从人的发展,提高人的科学素质层面,物理课程的作用都是不言而喻的。物理课程教学目的是要让学生真正地理解和掌握物理规律,培养学生的实践能力。实现这一目的有效的方法是将教学内容与物理实验相结合。以往通过习题讨论课来培养学生对物理概念、原理的理解,缺少理论联系实际的实验,而本书将自行设计的简易实验引入课堂教学中,能更有效地培养学生的创新精神和实践能力。

在驻波教学过程中,以培养学生创新精神和实践能力为宗旨,指导鼓励学生参与研制可以带入课堂的演示仪,充分发挥学生现有的知识,有效地利用物理知识。经过近十余次的改进,我们研制出了一台适合学生制作的,能带入普通课堂的,具有一体化、质量小、小巧精致、易于调整、使用安全、造价低廉、故障率低和实验效果明显等优点的便携式纵驻波演示仪。经过几个学期在物理教学课堂上的使用,受到教师和同学们的好评,使同学们受到鼓舞,激发了同学们的创新精神,提高了创新能力。在刚体教学中,刚体的转动是一个重要的内容,通常把这一内容与振动问题联系起来而使其变得更有意义。在课堂教学中可供学生演示研究的内容并不多见,通过研制系列对称型刚体在平面上的运动规律演示实验,有效地提高了教学质量,而对于质量偏心外形对称的刚体,以往只是在习题课中才出现,并且一般模型是单一的半柱状刚体,学生们只是计算它的微振动周期。对于学有余力的学生缺少促进其进一步探索的演示实验。为此,我们进一步研制了不同材料偏心柱体的运动规律演示仪器,在教学中引导学生将其与对称性刚体的运动演示对比,有效地提高了学生的创新与实践能力。再如热力学教学过程中,热机循环是一个重要内容,然而,多年来学生只能计算一些热机的习题,很难有亲身体会和动手研制的机会。为弥补这一不足,本着理论联系实际、培养学生具有较强创造能力和创新精神的原则,我们研制了取材方便、效果明显、富有启发性的、可看作斯特林正循环的热机,将其应用于教学,深受学生欢迎。除常规的典型问题外,我们适当引入了前沿科学问题作为学生的探究问题,如液体泄流密度振荡问题;经过指导几届本科生毕业论文和课外探究活动得出了如酒精与汽油自动交换的分层振荡实验研究等有价值的实验结论。这些实验可有效培养学生的科学探究能力,具有重要意义。

可见,将演示实验及部分前沿科学问题引入教学,不仅提高了教学质量,而且培养了学生观察、分析及实践能力。学生通过亲手研制和使用仪器,排除故障等实践活动,增强了学习兴趣。

第21章　展　　望

大量的实践研究表明,理工科教学中适当引导学生分析日常现象和科学前沿问题,同时把本不能进入课堂的实验通过教师的创造性工作,自行设计、简易制作等方式引入教学,是教学改革促进培养学生的创新精神和实践能力的有效途径,也是培养具有卓越工程师素养的有效方法。经过多年的教学实践表明,此种教学模式的尝试效果好,深受学生欢迎。这一模式2013年也得到了清华大学国家名师陈信义教授的肯定。为此,广大热衷于教育的同行有必要在此基础上进一步拓展。目前还有许多典型问题尚未开展系统研究,今后的教学研究可在未涉及的物理问题上继续引导学生理论联系实际,进行分析、参与研制和对使用演示仪器进行探索。同时,编制部分多媒体辅助教学软件,结合实验用于教学,从而使教学形式多样化,也是今后发展的一个方向。实验演示是其他手段不能替代的,是不可或缺的内容。此外,将实验引入教学时,要力争做到典型性原则、趣味性原则、启发性原则、难度适宜性原则等。

参考文献

[1] 梁法库. 自行车急刹车时的力学现象与分析[J]. 力学与实践,2000,22(5):63-65.

[2] 赵凯华,罗蔚茵. 新概念物理教程 力学[M]. 北京:高等教育出版社,1995.

[3] 周衍柏. 理论力学教程[M]. 北京:高等教育出版社,1986.

[4] 王瑞旦. 变质量物体的运动方程与链条运动问题[J]. 物理通报,1995(9):5-6.

[5] 梁法库. "自心"运动定理及其应用[J]. 天中学刊,1995,10(1):28-31.

[6] 田中一. 关于柔软链条从桌面滑下问题的讨论[J]. 大学物理,1992(11):47-49.

[7] 石照坤. 变质量问题的教学之浅见[J]. 大学物理,1991(10):18-21.

[8] 胡子雄. 对" 变质量方程"的讨论[J]. 大学物理,1985(7):14-15.

[9] 袁林. 应用动量定理研究变质量物体运动的另一方法[J]. 大学物理,1992(6):40.

[10] 梁法库. 变质量系统的"自心"运动定理及其应用[J]. 克山师专学报,2000(3):25-28.

[11] 梁法库,路峻岭,汪荣宝,等. 力矩突变时角动量变化规律的实验演示与分析[J]. 大学物理,2004,23(2):42-43.

[12] 梁法库,刘道森,路峻岭. 等质量与递增质量球体碰撞仪[J]. 教学仪器与实验,2007,23(2):10.

[13] 梁法库. 开拓一道力学题[J]. 大学物理,1987(10):48.

[14] 梁法库. 摩擦力矩对高速旋转体升起运动的简易实验演示及理论分析[J]. 物理实验,1996,16(6):289-290.

[15] 梁法库,闫公敬,张敏贤. 一种可自动改变力矩方向的课堂角动量定理演示实验[J]. 大学物理,2005,24(12):38-39.

[16] 梁法库,张敏贤,徐艳玲. 一种用于室内演示的小水火箭[J]. 教学仪器与实验,2005(8): 40.

[17] 梁法库. 瞬时气压记忆型水箭的制作[J]. 物理实验,2001,21(7): 45-46.

[18] 梁法库,梁帅. 可以任意角度发射的水火箭[J]. 物理实验,2010,30(10):31-32.

[19] 杨燕. 自旋磁陀螺的反向倾斜和公转[J]. 自然杂志,1992(4):304-320.

[20] 梁法库. 电驱自转式陀螺进动演示仪[J]. 物理通报,1999(8):36-37.

[21] 梁法库,崔凤利,王晨阳. 对自旋磁陀螺反向倾斜和公转运动的讨论[J]. 物理实验,1997(6):283-285.

[22] 梁法库. 环电流磁矩进动的演示与分析[J]. 大学物理,2005,24(6):34-35.

[23] 梁法库,路峻岭. 可倒陀螺的机理研究与制作[J]. 物理实验,2002,22(3):39-41.

[24] 梁法库,路峻岭,刘道森. 不同材料全等形摆的演示与分析[J]. 物理与工程,2008,18

(6):16-17,24.

[25] 梁法库,路峻岭,陈丽娜,等. 偏心类柱体的运动规律演示与分析[J]. 物理实验,2006,26(8):41-43.

[26] 路峻岭,汪荣宝. 几种演示影响刚体滚动因素的物理实验仪[J]. 大学物理,2004(6):40-42.

[27] 梁法库,迟卓君,郝斌政,等. 一类相似形刚体滚动运动规律的演示与分析[J]. 高师理科学刊,2009,29(6):48-49.

[28] 梁法库. 一种声传播机理演示与分析[J]. 物理实验,2000,20(12):33-35.

[29] 吴代鸣. 固体物理学[M]. 长春:吉林大学出版社,1986.

[30] 程守洙. 普通物理学(热学部分)[M]. 北京:高等教育出版社,1982.

[31] 梁法库,徐宝辰,刘道森. 非均匀介质的驻波演示及分析[J]. 物理与工程,2005,15(4):59-60.

[32] 马大猷. 现代声学理论基础[M]. 北京:科学出版社,2004.

[33] 梁法库,路峻岭,耿志,等. 便携式纵驻波演示仪的制作[J]. 物理与工程,2010,20(5):24-25.

[34] 梁法库,吴建波,孟庆伟,等. 气体火焰驻波演示实验的理论分析[J]. 物理实验,2007,27(10):40-41,46.

[35] 梁法库. 流体-流体模型裸眼井的声场理论分析与数值计算[J]. 吉林大学学报(理学版),2002,40(4):383-387.

[36] 梁法库. 在柱状多层介质体系下直接场被抵消的证明[J]. 黑龙江大学自然科学学报,2002,19(2):77-80.

[37] 梁法库,赵华,宋志国. 在流体:流体模型下直接场被抵消的证明[J]. 克山师专学报,2001(3):22-24.

[38] 梁法库. 两种无色液体间周期性有色扩散实验的现象与分析[J]. 物理通报,1999,(2):24-25.

[39] 路峻岭,汪荣宝. 对小孔泄漏振荡演示实验的研究[J]. 大学物理,2005,24(7):28-31.

[40] 梁法库,路峻岭. 小孔周期性泄流的实验与分析[J]. 物理实验,2005,25(12):31-33.

[41] 梁法库,邵华峰. 小孔持续周期性泄流的实验与观测[J]. 大学物理,2008,27(10):32-35.

[42] 梁法库,梁帅,张玲,等. 对葡萄糖水-水小孔周期性泄流的实验与分析[J]. 物理实验,2011,31(1):37-38,42.

[43] 朱文涛. 物理化学(下册)[M]. 北京:清华大学出版社,1995.

[44] 梁法库,梁帅,卢峻国,等. 对酒精-水小孔周期性泄流的实验与分析[J]. 大学物理,2012,31(4):33-39.

[45] 梁法库,李浩,梁帅,等. 汽油与酒精自动交换的周期性分层振荡的实验研究[J]. 大学物理,2012,31(3):35-39.

[46] 梁法库,梁帅,白志强,等. 盐水-水的小孔周期性泄流实验与分析[J]. 大学物理,2012,31(1):31-34,53.

[47] 梁法库. 液体电池的安培力实验[J]. 物理通报,1998(6):31.

[48] 梁法库. 利用有色跟踪演示带电粒子在电磁场中的运动[J]. 物理实验,2000,20(6):36-37.

[49] 梁法库,车元利,杨广武. 用液体电池改进安培力实验[J]. 物理实验,2000,21(3):39-48.

[50] 梁法库. 一种富于启发性的热机实验演示与分析[J]. 大学物理,2000,19(7):26-27,31.

[51] 梁法库,安兴泰. 一种可以计算几何光学习题的计算尺[J]. 物理通报,1996(12):18-19.

[52] 梁法库,梁帅. 一种有趣的石蜡火焰垢块静电跳球实验与分析[J]. 大学物理,2015,34(4):22-25.

[53] 李瑞,桑纪群,艾瑞波,等. CS^+势能曲线和光谱常数的理论研究[J]. 高师理科学刊,2022,42(3):46-50.

[54] 刘晓军,刘鑫鹏,徐林轩,等. PF^+分子离子激发态的理论研究[J]. 高师理科学刊,2020,40(11):36-40,53.